高职高专会计专业项目化系列教材

EXCEL

数据处理与分析

（第3版）

赵 萍 主 编

刘玉梅 张家鹤 副主编

清华大学出版社

北 京

内 容 简 介

本书以多岗位的多项工作任务为主线，将统计分析理论与数据分析实践技巧相结合，突出统计分析方法的应用。书中内容涵盖 Excel 数据分析基础、商务数据分析、人事数据处理与分析、调查问卷分析、账务信息处理与分析等。全书分为 5 个项目，每个项目中都包含学习情境及相应任务，案例真实，任务明确，方法多样，步骤清晰，总结全面。

本书既可作为高职高专财务、管理、统计等相关专业学生的教材，也可以满足广大社会工作人员职业技能提升、Excel 办公效率提升的需要。

图书在版编目(CIP)数据

EXCEL 数据处理与分析 / 赵萍主编. -- 3 版.

北京：清华大学出版社，2025.5. -- (高职高专会计专

业项目化系列教材). -- ISBN 978-7-302-69063-4

Ⅰ. TP391.13

中国国家版本馆 CIP 数据核字第 2025L4U695 号

责任编辑： 高　屾
封面设计： 高娟妮
版式设计： 思创景点
责任校对： 马遥遥
责任印制： 刘海龙

出版发行： 清华大学出版社
网　　　址： https://www.tup.com.cn，https://www.wqxuetang.com
地　　　址： 北京清华大学学研大厦 A 座　　　　**邮　　编：** 100084
社 总 机： 010-83470000　　　　**邮　　购：** 010-62786544
投稿与读者服务： 010-62776969，c-service@tup.tsinghua.edu.cn
质 量 反 馈： 010-62772015，zhiliang@tup.tsinghua.edu.cn
印 装 者： 三河市少明印务有限公司
经　　　销： 全国新华书店
开　　　本： 185mm×260mm　　　**印　　张：** 17.5　　　**字　　数：** 460 千字
版　　　次： 2018 年 3 月第 1 版　　2025 年 6 月第 3 版　　**印　　次：** 2025 年 6 月第 1 次印刷
定　　　价： 59.00 元

产品编号：110565-01

前　　言

在数字经济蓬勃发展的时代浪潮下，大数据已成为驱动社会经济发展的核心引擎。各行业积极运用数据洞察问题、把握机遇，数据分析能力日益成为现代职场不可或缺的基本技能。党的二十大报告明确指出，要"加快发展数字经济，促进数字经济和实体经济深度融合"，这为新时代数据分析人才培养指明了方向。为响应国家加快发展数字经济、建设现代化产业体系的战略部署，助力培养高素质数字技能人才，我们在第 2 版的基础上进行了全面的补充与修订(本书思维导图附在前言后)。

本次修订紧密对接国家"十四五"数字经济发展规划，在保留原有精髓的基础上，更新数据体系，优化内容布局与行业应用深度，突出以下三大特色。

1. 紧扣数字经济时代脉搏

本书积极响应"实施国家大数据战略"的号召，夯实电商数据分析、数字化转型等内容，涵盖电商行业竞争数据分析、网店运营与推广数据分析等新兴领域，助力培养适应数字经济新业态的复合型人才。本书立足真实企业场景，以全真业务背景、账表和要求为蓝本，按照岗位工作流程，系统介绍市场调查、行政人事、销售管理、财务分析等核心岗位所需的数据处理与分析能力，融理论、经验与技巧于一体。本书以工作任务为主线，以"钩元提要[1]"为任务要点的总结，内容兼具理论高度与实践深度，既能满足学生在校学习所需，亦契合未来职场对其数据分析知识、技能与思维的要求。

2. 强化高质量发展导向

本书深入贯彻新发展理念，在案例设计中融入可持续发展主题，聚焦数据分析的工具性、管理性与实用性，引入大量代表性强的工作实例，精选大数据分析师、电商数据分析师等相关职业资格考试真题进行重点讲解，从而实现岗位对接、书证融通，为读者职业能力提升与可持续发展提供明确路径，服务国家强化现代化建设人才支撑的要求。本书遵循最新政策规范，采用项目教学法有机融合理论与实践、课堂学习与岗位实践，有效落实"做中学"的教学理念革新，帮助读者在掌握 Excel 2016 核心操作的同时，提高运用多种分析方法独立处理、分析多源数据的能力，实现与多行业、多岗位的无缝对接，达到"学会即可上岗"的目标。

3. 深化产教融合，突出价值引领

本书引入真实商业数据集，与企业共建"数字工匠"培养体系；同时，精心设计"素质目标""豁目开襟[2]"等模块，提升学生认知，培养创新思维，将知识传播、技能培养与价值引领深度融合，于润物细无声中启迪思想、开阔视野、深植职业素养，落实立德树人根本任务。

本书既可作为高职高专财务、管理、统计等相关专业学生的教材，也可以满足广大社会工

---

[1] 钩元提要，意思是"探取精微，摘出纲要"，形容探求事物的精髓、精义之处。本书的"钩元提要"部分主要是对任务要点进行总结。

[2] 豁目开襟，意思是"极目远视，开阔胸襟"，简而言之，就是开拓思路和视野。本书的"豁目开襟"部分主要是为了提升学生的职业素养，旨在强调"提升"学生的认知。

作人员职业技能提升、Excel办公效率提升的需要。

　　本书提供了丰富的教学资源，主要包括：PPT教学课件，为教师教学提供便利；课后习题资源包，方便读者进行课后训练；教学案例资源包，为教师演示任务执行过程提供必备的数据资料，读者可通过扫描右侧二维码获取。同时，本书还提供教学视频，读者可通过扫描书中二维码观看。

教学资源

　　本书由赵萍任主编，刘玉梅、张家鹤任副主编。本书在编写过程中，得到了多家企业提供的宝贵实例支持和帮助，在此致以诚挚谢意！

　　虽经反复推敲与精心打磨，限于编者水平，书中难免存在疏漏之处。我们热忱期待广大读者和专家提出宝贵意见与建议，以臻完善，共同为培养适应数字经济发展的高素质技能人才、服务经济社会高质量发展贡献力量。

编　者

2025 年 6 月

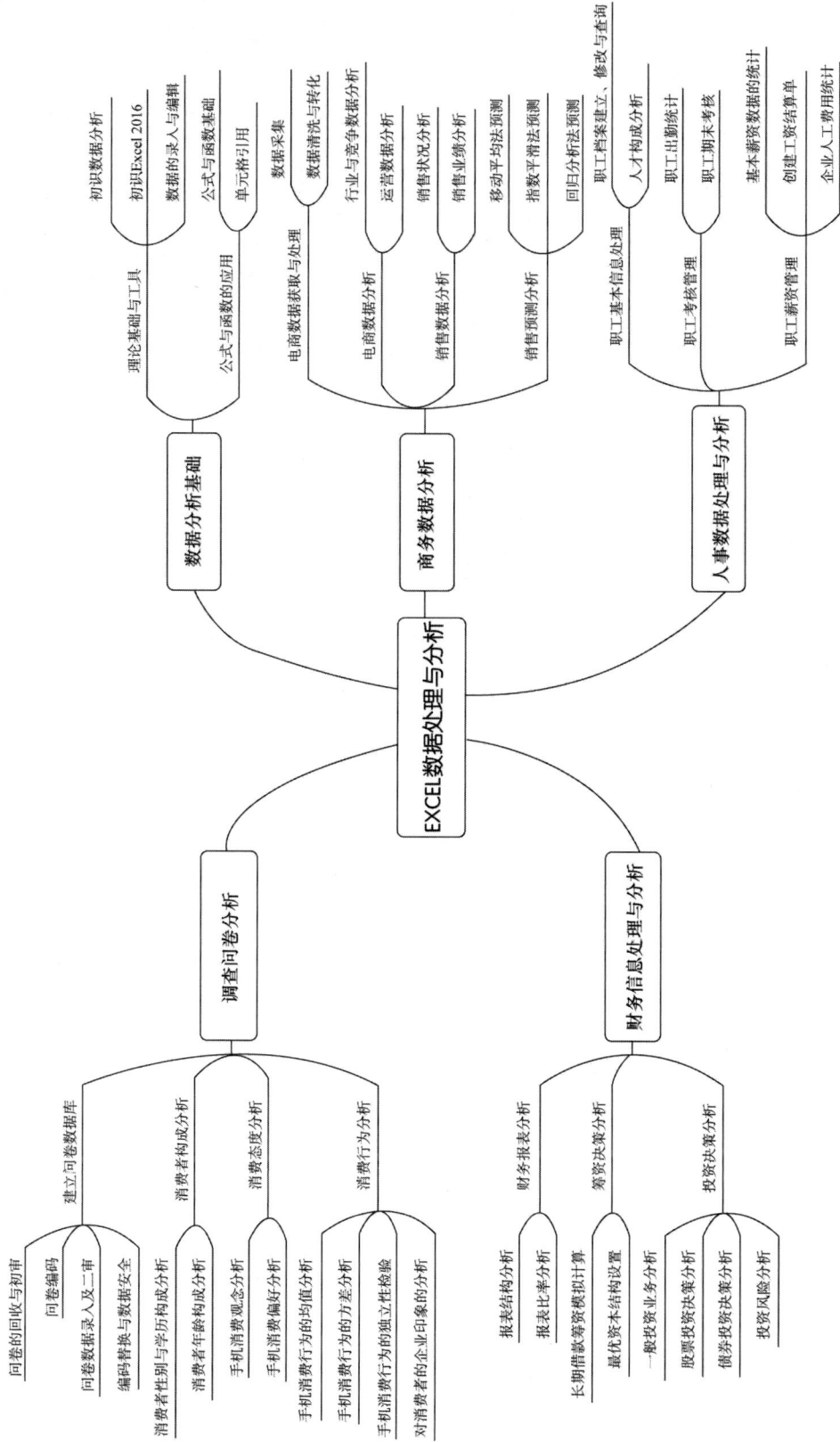

EXCEL数据处理与分析

数据分析基础

理论基础与工具
- 初识数据分析
- 初识Excel 2016
- 数据的录入与编辑

公式与函数的应用
- 公式与函数基础
- 单元格引用

商务数据分析

电商数据获取与处理
- 数据采集
- 数据清洗与转化

电商数据分析
- 行业与竞争数据分析
- 运营数据分析
- 销售状况分析
- 销售业绩分析

销售数据分析
- 移动平均法预测
- 指数平滑法预测
- 回归分析法预测

销售预测分析

人事数据处理与分析

职工基本信息处理
- 职工档案建立、修改与查询
- 人才构成分析

职工考核管理
- 职工出勤统计
- 职工期末考核

职工薪资管理
- 基本薪资数据的统计
- 创建工资结算单
- 企业人工费用统计

调查问卷分析

建立问卷数据库
- 问卷的回收与初审
- 问卷编码
- 问卷数据录入及二审
- 编码替换与数据安全

消费者构成分析
- 消费者性别与学历构成分析
- 消费者年龄构成分析

消费态度分析
- 手机消费观念分析
- 手机消费偏好值分析

消费行为分析
- 手机消费行为的均值分析
- 手机消费行为的方差分析
- 手机消费行为的独立性检验
- 对消费者的企业印象的分析

财务信息处理与分析

财务报表分析
- 报表结构分析
- 报表比率分析

筹资决策分析
- 长期借款筹资模拟计算
- 最优资本结构设置

投资决策分析
- 一般投资业务分析
- 股票投资决策分析
- 债券投资决策分析
- 投资风险分析

目　　录

项目一 数据分析基础

🔍 能力目标

(1) 理解不同数据结构的特征，能够正确判断数据类型。

(2) 理解数据分析工作的价值，能根据实际情况判断需求。

(3) 掌握数据分析流程，能规范进行数据分析工作。

🔍 知识目标

(1) 认识数据及其结构类型划分方法，了解数据分析的重要意义。

(2) 掌握数据分析的环节和各环节的主要内容、注意事项。

(3) 认识数据分析的常用工具。

🔍 素质目标

(1) 了解数据分析的起源，增强文化自信和民族自豪感。

(2) 理解数据分析于国、于家、于己的意义，激发自信自强、护国报国的决心与热情。

(3) 养成认真仔细、严谨求实的工作态度与职业习惯。

项目框架

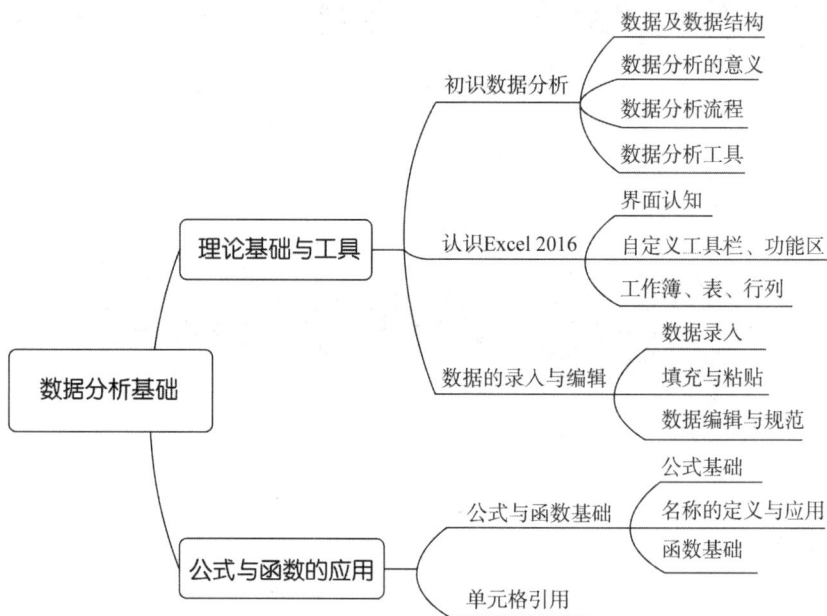

项目导入

　　人类对"数据"早期的认知是极为有限的，只有"结绳记事""书契记数"等比较简单的方式。西周是我国奴隶制度的全盛时期，此时数据记录也有了很大的进步。为适应国家统治与管理的需要，西周设立了专门进行统计分析的组织，创建了统计报告制度，数据分析工作已扩展到民族、粮食、赋税等方面，产生了统计调查、分组、预测、平均等思想。历经几千年的发展，数据正在社会、经济、政治、科技等各个领域发挥着重要的作用，数据分析工作也成为一切工作的基石和支撑。

　　习近平总书记在党的二十大报告中强调："加快发展数字经济，促进数字经济和实体经济深度融合，打造具有国际竞争力的数字产业集群。"包括数据采集、数据处理、数据分析在内的大数据技术成为新经济的关键。

关键词： 数据　数据结构　流程　工具
课程启思： 家国情怀　文化自信　勤思敏行

学习情境一　理论基础与工具

　　大数据时代，海量且多样的数据高速席卷而来，占据了生产生活的各个方面，任何微小的数据都可能产生不可思议的价值。认识数据、把握数据，掌握数据分析工具，锤炼数据分析能力，发掘数据背后的价值为我们所用，是新环境下的重大课题。学习数据分析，应先夯实数据分析的理论基础。

任务一　初识数据分析

一、任务描述

数据分析作为一项基础而必要的工作，面向各个领域、各个环节、各个对象广泛应用。认识数据、理解数据结构、把握数据分析软件是数据分析工作的开端。

二、入职知识准备

(一) 数据及数据结构

对于数据的定义各有不同，通常数据是指事实或观察的结果，是对客观事物的逻辑归纳，用于表示客观事物的未经加工的原始素材。数据是对客观事物进行记录并可以鉴别的符号，是对客观事物的性质、状态及相互关系等进行记载的物理符号或其组合，表现为符号、文字、数字、语音、图像、视频等形式。

数据结构是存储、组织数据的方式。在 Excel 中，数据结构可以通过数据表加以展示，表格的设计问题就是数据结构问题。表 1-1 和表 1-2 为宏发公司 2024 年 8 月部分销售数据表。

表 1-1　宏发公司 8 月部分销售数据表(1)

月份	区域	品牌	销量/台
8 月	和平	华为	31
8 月	沈河	华为	38
8 月	沈河	苹果	49
8 月	大东	华为	72
8 月	沈河	OPPO	49
8 月	和平	苹果	30
8 月	大东	苹果	42
8 月	和平	OPPO	36
8 月	大东	OPPO	31

表 1-2　宏发公司 8 月部分销售数据表(2)

区域	品牌		
	OPPO	华为	苹果
大东	31	72	42
和平	36	31	30
沈河	49	38	49

1. 一维数据和二维数据

数据表是由多条数据集合而成的。如果数据表的每个字段都是独立参数，字段名表示该列数值的共同属性，且每一行表示一条独立记录，那么这样的数据表称为一维数据表，如表 1-1 所示，月份、区域、品牌、销量等为字段，每一行为一条数据，也称为一条记录；反之，字段非独立，以交叉形式排列(区域和品牌)，称为二维数据表，如表 1-2 所示。

2. 静态数据和动态数据

静态数据是相对固定不变的，或者变化不太频繁的数据。通常静态数据变化之后要采用覆盖原数据的方式。例如，客户的姓名、性别、ID、联系方式等都属于静态数据。

动态数据则是持续增加的，并且增加时往往采用叠加的方式，并不覆盖原来的数据，反映发展变化过程。例如，客户的交易数据等。从某种意义上说，动态数据比静态数据更有价值，对客户动态数据进行分析，才能对客户行为和偏好有深层次的理解和把握。

3. 结构化数据、半结构化数据与非结构化数据

结构化数据是指在数据存储和处理过程中汇总结构设计比较合理的数据。一般情况下，结构化数据要求数据的结构是由行和列组成的，每列表述了数据所描述对象的要素、属性和特征，而每一行代表一个数据所描述的对象。一维数据和二维数据都属于结构化数据。表中的每一列表示对象的一个属性，用来区分对象之间的差异；每一行表示一个对象，该表中共有×个对象，它们在不同属性上有不同的值。结构化数据随着人数的增加，表的结构不会改变，但数据可以不断累计。结构化数据就是由行和列组成的数据集，分别表示不同对象的属性差异。

非结构化数据指不具备预定义数据模型或固定组织形式的信息类型，其存储不依赖于由行和列构成的二维表结构。这类数据的特点在于格式多样、模式灵活，通常不包含明确的字段划分或层级关系。典型的非结构化数据包括纯文本文件、图像、音频、视频等。

介于结构化数据与非结构化数据之间的数据，称为半结构化数据。该类数据的结构和内容混杂在一起，没有明显区分，如 XML、HTML 文档等。

对于结构化以外的数据，可以通过多表关联的方式进行结构化处理。其最核心的方法是先按照数据的行为(或属性主体)区分静态数据和动态数据，再分别进行结构化处理。对于静态数据要采用单独的表格来记录事物的属性和要素，然后将动态数据也建立成单独的表格并与静态数据进行关联，从而构成动静结合的数据表集。

在数据分析中，一维数据的组织形式更便于数据分析、数据表之间的关联、建模分析等，能够大幅度节省数据清洗及存储空间，是数据分析的基础。因此，获取的其他类型结构的原始数据要采用一定的数据处理工具和方法进行挖掘、降噪、清洗、转化等，这也大幅提高了数据分析工作的难度。

(二) 数据分析的意义

数据分析是指用适当的统计分析方法，对收集来的数据进行分析，将它们加以汇总和理解消化，以求最大化地开发数据的功能以便发挥数据的作用。其目的是把隐藏在一堆杂乱无章的数据背后的关键信息提炼出来，总结出所研究对象的内在规律。

大数据时代，数据分析工作的意义越来越重大，无论是国家、团体、企事业单位或个人，无论是生产经营或工作生活，科学合理的决策都离不开数据分析的支撑。

对企业来说，利用数据分析可以实现数字化精准生产与营销，通过深度分析用户购买行为、消费习惯等，刻画用户画像，将数据分析结果转化为可操作执行的客户管理策略，以实现销售收入的增长。通过数据分析，企业可实现对财务、人力、物力的管理，及时锁定问题、解决问题，从而控制各项成本、费用的支出，实现降低成本的作用；通过数据分析，揭示市场当前状态和未来发展趋势，企业可以更好地把握市场发展规律，抢占先机，提升决策效率和投资效益；通过数据分析，帮助企业进行实时数据监测反馈，对偏离了预算的部分、对偏离了正常范围的数值进行主动预警，降低企业风险等。总之，数据分析可以帮助企业提升管理的科学性，决策

的准确性，帮助企业增收益、降成本、提效率、控风险，在经营中立于不败之地。

（三）数据分析流程

1. 明确数据分析目标

数据分析要有目标性，漫无目的地分析得到的很可能是无用的结果。因此，在数据分析前，首先要明确数据分析的目标，然后根据目标选择需要分析的数据，进而明确数据分析想要达到的效果。带着清晰的目标进行数据分析才不会偏离方向，才能为企业决策者提供有意义的指导意见。明确数据分析目标是确保数据分析过程有序进行的先决条件，同时也为后续的数据采集、处理、分析提供清晰的方向。

确定目标后，要先梳理分析思路并搭建分析框架，把数据分析目标分解成若干个不同的分析要点，确定从哪些方面展开分析；然后再针对每个分析要点确定分析方法和具体分析指标，便于具体地实施分析工作。

2. 数据采集

数据采集又称数据获取，它是建立在数据分析目标之上，按照确定的数据分析框架，运用各种信息采集工具和渠道，收集相关数据的过程。它为数据分析提供了素材和依据，保证分析过程合理有效。数据采集可分为内部获取和外部获取两种渠道。

从企业内部获取的数据主要为企业生产经营过程中收集的生产数据、机器类数据、库存数据、订单数据、销售数据、客户关系管理数据，以及企业对内实施调查问卷获取的数据等。

外部数据则一般包括政府部门、行业协会、新闻媒体、出版社等发布的统计数据、政府公开数据，上市公司的年报、季报，研究机构的调研报告；权威网站、数据机构发布的调研报告、白皮书；电子商务平台和指数工具提供的电商行业数据、需求图谱；运用爬虫技术从互联网上获取的其他海量数据等。

3. 数据处理

数据处理是指对采集到的数据进行加工整理，其基本目的是从大量的、散乱的、难以理解的数据中抽取出对解决问题有价值的部分，并根据数据分析目标加工整理，形成适合数据分析的样式，保证数据的一致性和有效性。数据处理是进行数据分析前必不可少的阶段，根据获取原始数据的质量不同，一般要进行如下操作。

首先，数据清洗。数据清洗是对数据进行重新审查和校验的过程，其目的在于删除重复信息、纠正存在的错误，并保证数据一致性。

其次，数据转化。数据转化是将数据从一种表现形式变为另一种表现形式的过程，即将原始数据转换成适合数据分析的形式。

再次，数据提取。数据提取是从数据源中抽取分析必备数据，删除无用部分的过程。

最后，数据计算。数据计算是对数据表中的数据有目的地进行加、减、乘、除等计算，以求最大化地开发数据价值，提取有用信息。

4. 数据分析

数据分析是用适当的分析方法和工具，对处理过的数据进行分析，提取有价值的信息，形成有效结论的过程。通过对数据进行探索式分析，对整个数据集有一个全面的认识，以便后续选择恰当的分析策略。

要想驾驭数据、开展数据分析，就要涉及数据分析工具和方法的使用。一方面要熟悉常用的数据分析方法，如描述性统计分析、趋势分析、对比分析、频数分析、分组分析、平均分析、结构分析、交叉分析等；另一方面要熟练掌握数据分析工具，便于进行专业的统计分析、数据建模等。常用的数据分析工具包括 Excel、SPSS、SAS、Python、R 语言等。其中，Excel 涵盖了大部分数据分析功能，能够有效地对数据进行整理、加工、统计、分析及呈现。掌握 Excel 的基础分析功能，就能解决大多数的数据分析问题。

除了 Excel 外，常用的专业数据分析工具还有 Python、R 语言、SAS、SPSS、MATLAB、EViews、Stata 等。这些工具与 Excel 比起来，专业性和针对性更强，学起来较难，使用者通常要具备一定的编程语言基础和数理统计知识。各类数据分析工具的特点如表 1-3 所示。

表 1-3 各类数据分析工具的特点

软件名称	主要功能	优劣势
Excel	用于各种数据的处理、统计分析和辅助决策	功能强大，模型内置，简单易学，适用性广；专业性相对较弱
Python	跨平台的计算机程序设计语言，十分适合数据抓取工作	异常快捷的开发速度，代码量少；丰富的数据处理包，使用十分方便；适用于大数据处理
SPSS	最早的统计分析软件，具有完整的数据录入、编辑、统计分析、报表、图形制作等功能	操作简便，编程方便，功能强大；能够读取及输出多种格式的文件；初学者、熟练者及精通者都比较适用
SAS	专业统计软件，将数据存取、管理、分析和展现融为一体	功能强大，几乎囊括了所有最新分析方法，技术先进可靠；可编程；学习难度大，适合高级用户
EViews	计量分析和统计分析	时间序列分析功能强大，易上手，但持续性较弱；多用于计量经济学方面
Stata	综合型统计软件，用于数据分析、数据管理及绘制专业图表	简便易学，功能强大，绘制统计图形非常精美；初学者和高级用户均适用
MATLAB	高级编程语言，商业数学软件，用于数据分析、图像处理等多领域，建立统计与数学模型	高效的数值及符号计算、图形处理功能；友好的用户界面，丰富的应用工具箱；多用于工程领域
R 语言	专门为统计和数据分析开发的编程语言，数据处理、计算和制图软件	数据存储、处理，数组运算(向量、矩阵运算功能尤其强大)；强大的软件包和生态系统，优秀的统计制图功能；无法处理庞大、多样化的数据

5. 数据展现

数据展现即数据可视化的部分，即如何把数据观点展示出来的过程。数据展现除了遵循各企业已有的规范原则外，具体形式还要根据实际需求和场景而定。

通常情况下，数据是通过图表的方式来呈现的，因为图表能更加有效、直观地传递出分析师所要表达的观点。常用的数据图表包括饼图、柱形图、条形图、折线图、气泡图、散点图、雷达图等。我们还可对数据图表进行进一步加工整理，变成需要的图形，如金字塔图、矩阵图、漏斗图等。

6. 撰写数据分析报告

数据分析报告是对整个数据分析过程的总结与呈现。通过数据分析报告，把数据分析的思路、过程、得出的结论及建议完整地呈现出来，供决策者参考。

一份好的数据分析报告，首先需要结构清晰、主次分明，能使读者正确理解报告内容；其次需要图文并茂，让数据更加生动活泼，提高视觉冲击力，帮助读者更形象、直观地看清楚问题和结论，从而产生思考；最后需要注重数据分析报告的科学性和严谨性，通过报告中对数据分析方法的描述、对数据结果处理与分析过程的展示，让读者从中感受到整个数据分析过程的科学性和严谨性。

数据分析报告一般分为引入、正文、结论三个部分。各部分的撰写方法如下。

(1) 引入部分，包括标题页、目录页和前言。标题页一般要写明报告的名称、数据来源、呈现日期等内容，简洁明确，抓住阅读者的兴趣。标题是标题页的核心，需要有体现数据分析目标的效果，还应具有较强的概括性使读者能够更好理解，可以用简洁、准确的语言表述出数据分析报告的核心内容，还可以直接将报告中的基本关系展现出来，从而加快读者对分析报告内容的了解。目录页是报告中各部分内容的索引和附录的顺序提要，方便读者了解报告的内容名目，目录页需要清晰地体现出报告的分析思路。前言一般包括数据分析背景、分析目标、分析思路等内容。其中，分析背景主要说明此项分析报告的背景和意义；分析目标展示分析报告要实现的目标；分析思路展示数据分析报告的内容和指标。

(2) 正文部分，包括具体分析过程、数据展示和评估分析结果。正文部分是数据分析报告的核心部分，要以严谨科学的论证，确保观点的合理性和真实性。正文部分要以图文并茂的方式将数据分析过程与数据分析结果进行展示，不仅需要美观而且需要统一，不要加入太多的样式，给人留下不严谨的印象。读者可通过正文部分了解数据反映的情况，从而便于进一步分析和研究问题。

(3) 结论部分，包括结论、建议、附录。数据分析报告要有明确的结论、建议和解决方案，可以作为决策者在决策时重要的参考依据，其措辞须严谨、准确。结论对整篇报告起到总结的作用，应该有明确、简洁、清晰的数据分析结果。报告的建议部分是立足数据分析的结果，针对企业面临的问题而提出的改进方法，主要关注保持优势及改进劣势等方面，要密切联系企业的业务，提出切实可行的建议。在数据分析报告中，附录并不是必备的，可以根据需要决定是否撰写。附录一般补充正文中应用到的分析方法、展示图形、专业术语、重要原始数据等内容，以帮助读者更好地理解数据报告中的内容。

⊕ 扩展阅读

"数"读党的二十大报告　新时代十年发展成绩单

2022 年 10 月 16 日，中国共产党第二十次全国代表大会在北京人民大会堂开幕。习近平代表第十九届中央委员会向大会作报告。报告中一组组亮眼的数据，展示了新时代十年发展的新成就。

1. 实现小康

全国 832 个贫困县全部摘帽；近一亿农村贫困人口实现脱贫，960 多万贫困人口实现易地搬迁。

经过连续奋斗，实现了小康这个中华民族的千年梦想，我国发展站在了更高历史起点上。我们坚持精准扶贫、尽锐出战，打赢了人类历史上规模最大的脱贫攻坚战。

2. 高质量发展

国内生产总值从 54 万亿元增长到 114 万亿元，我国经济总量占世界经济的比重达18.5%，提高 7.2 个百分点，稳居世界第二位；人均国内生产总值从 39 800 元增加到 81 000元。谷物总产量稳居世界第一；制造业规模稳居世界第一；外汇储备稳居世界第一；城镇化率提高 11.6 个百分点，达到 64.7%；研发经费支出从 10 000 亿元增加到 28 000 亿元，居世界第二，研发人员总量居世界第一。

提出并贯彻新发展理念,着力推进高质量发展,推动构建新发展格局,实施供给侧结构性改革,制定一系列具有全局性意义的区域重大战略,我国经济实力实现历史性跃升。

3. 对外开放

货物贸易总额居世界第一,吸引外资和对外投资居世界前列。我国成为140多个国家和地区的主要贸易伙伴,实行更加积极主动的开放战略,构建面向全球的高标准自由贸易区网络,加快推进自由贸易试验区、海南自由贸易港建设。

4. 民生福祉

人均预期寿命增长到78.2岁;居民人均可支配收入从16 500元增加到35 100元;城镇新增就业年均1 300万人以上;基本养老保险覆盖10亿4千万人,基本医疗保险参保率稳定在大约95%;改造棚户区住房4 200多万套,改造农村危房2 400多万户;互联网上网人数达10亿3千万左右。

深入贯彻以人民为中心的发展思想,在幼有所育、学有所教、劳有所得、病有所医、老有所养、住有所居、弱有所扶上持续用力,人民生活全方位改善。

资料来源:"数"读二十大报告 新时代十年发展成绩单[EB/OL]. (2022-10-18). http://guoqing.china.com.cn/2022-10/18/content_78472830.html.

三、任务内容

(一) 数据结构识别

判断表1-4~表1-6的数据结构是一维表还是二维表,并说明原因。

表1-4 甲企业各地区2023年销售数据

区域	品类	销量/件
A	毛衣	452
B	短裙	1 020
C	T恤	966

表1-5 乙企业各地区2022—2023年销售数据

区域	2022年	2023年
A	600	796
B	1 020	995
C	880	1 166

表1-6 丙企业各地区2022—2024年销售数据

区域	年份	销量/件
A	2022	876
B	2023	1 200
C	2024	1 788

（二）认识数据分析工具

常用的专业数据分析工具有哪些？各自有着怎样的优势？试着查阅并收集相关信息，并以表格的形式加以展示。

四、任务执行

正确判断数据表是一维还是二维，只要理解好"维"字即可，"维"是数据分析的角度。如果字段之间代表不同的维度，相互之间无交叉，则数据表是一维的，如表 1-4 中"区域""品牌""销量"分属不同维度，因此它是一维数据表。若表格中的字段不独立，从属于相同维度，则表格为二维表，如表 1-5 中字段"2022 年"与"2023 年"均属于"年份"维度。按此标准衡量，表 1-6 也是一维表。

◤ 钩元提要

1. 认识并能正确区分数据的结构类型。
2. 认识基本数据分析工具，理解数据分析的意义，掌握数据分析流程。

◤ 1+X证书相关试题

完成"X 证题训练 - 项目 1"工作簿中"1-1-1 数据认知"工作表中的全部内容。

◤ 豁目开襟

强国知十三数——看先哲的数据分析思想

商鞅是战国中期的思想家、政治家，曾在秦国实行著名的"商鞅变法"。他在管仲"明法审数"的基础上，突出论述了"审数"的重要性："数者，臣主之术，而国之要也。故万乘失数而不危，臣主失术而不乱者，未之有也。"强调数字统计是国君的治国之术和国家的根本要事，国家没有数字统计，国君缺乏治国之术，国家就要危乱。

此外，商鞅还十分重视调查研究，特别提出了"强国知十三数"："竟内仓、口之数，壮男、壮女之数，老、弱之数，官、士之数，以言说取食者之数，利民之数，马、牛、刍藁之数。欲强国，不知国十三数，地虽利，民虽众，国愈弱至削。"他在秦国规定了度量衡的进位制度，同时又颁布了标准的度量衡器，突出解决了统计计算的可比性，便于数据的综合汇总与比较研究，以巩固秦国的集权政治、加强国内的经济联系。

韩非是战国末期的思想家，他的数据思想集中体现在其著作《韩非子》中。他强调观察和调查工作的重要性，并指出观察和调查应注重运用"参伍"对比分析法——"参"即比较分析，"伍"即排队比较。对比的内容，应包括自然和社会的因素，即天、地、人物等各个方面。他还用对分分析法分析人口增长情况，按"今人有五子不为多，子又有五子"的模式推算人口增长的前景，可称为中国历史上最早出现的人口预测方法。

提示：党的二十大报告提出，"坚持和发展马克思主义，必须同中华优秀传统文化相结合"。继承中华传统文化，接过先哲手中的管理利器，爱国报国，奉献社会，用数据谱写更好的成就。你准备好了吗？

任务二 认识 Excel 2016

一、任务描述

在众多的数据分析工具中，Excel 2016 是一款功能强大、使用便捷、交互友好的综合性分析软件，易学易用。认识 Excel 的操作界面，掌握基本操作功能，能根据需要自定义快速访问工具栏和功能区，为数据分析工作打好基础。

二、入职知识准备

Excel 是一个电子表格程序，是数据处理、数据分析、数据维护的常用工具。它通常由工作簿、工作表和单元格三大元素构成。

通常所说的 Excel 文件，就是一个工作簿文件。工作簿是用来存储并处理工作数据的文件，其扩展名为.xlsx。工作簿由工作表构成，无论数据还是图表都是以工作表的形式存储在工作簿中的。一个工作簿最多可容纳 255 张工作表。打开工作簿后，工作表显示在工作簿窗口，Excel 2016 默认显示一张工作表。

单元格是工作表中行与列交会处的区域，是存储数据的基本单位，可以处理数字、文字、逻辑值、数组等不同类型的数据，也可以与其他不同工作簿、不同工作表间的单元格进行运算。一张工作表由 1 048 576(行)×16 384(列)个单元格构成。

(一) 操作界面

相比以前的版本，Excel 2016 的操作界面更加直观、清晰。其操作窗口由标题栏、选项卡、快速访问工具栏、功能区、编辑栏、工作区、状态栏等几部分构成。

1. 标题栏

标题栏(见图 1-1)位于 Excel 顶部，主要包括快速访问工具栏、文件名和窗口控制按钮。

图 1-1 标题栏

2. 快速访问工具栏

快速访问工具栏(见图 1-2)位于标题栏左侧，它包含一组独立于当前功能区上显示的选项卡的命令。默认的快速访问工具栏中包含"保存""撤销""恢复"命令。单击快速访问工具栏右边的下拉箭头，在弹出的菜单中可以自定义快速访问工具栏的命令。

图 1-2 快速访问工具栏

3. 功能区

功能区(见图 1-3)位于标题栏下方，是 Excel 窗口的重要组成部分。功能区由"文件""开始""插入""页面布局""公式""数据""审阅"和"视图"八个默认选项卡，以及包含在选项卡中的组和各种命令按钮组成，利用它可以轻松地查找以前隐藏在复杂菜单的工具栏中的命令和功能。在数据分析过程中，可根据需要对功能区的各选项卡、组及命令进行自定义设置和导出。

图1-3 功能区

4. 编辑栏、工作区和状态栏

编辑栏(见图1-4)是位于功能区与工作区中间的区域，用于显示和编辑当前活动单元格的名称、数据和公式。编辑栏由名称框、公式框和公式编辑按钮构成。

图1-4 编辑栏

工作区(见图1-5)是操作界面的主要区域，由单元格构成，用于数据编辑和处理。

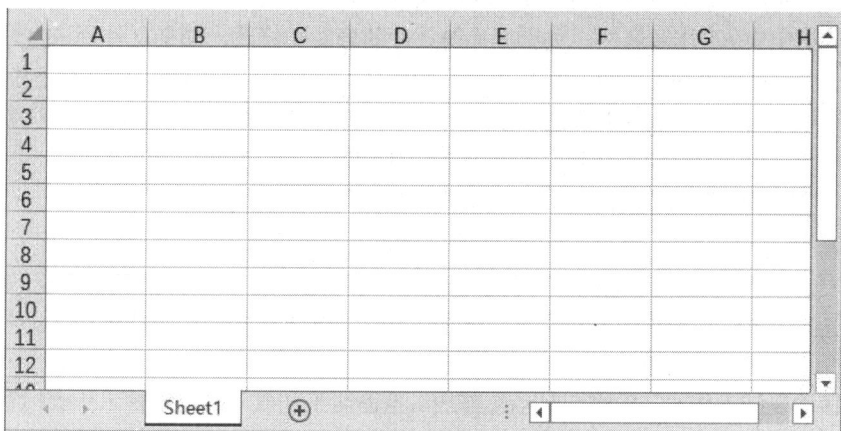

图1-5 工作区

状态栏(见图1-6)位于操作界面底部，显示当前数据的编辑状态和显示比例。状态栏也可根据研究需要自定义显示项目。

图1-6 状态栏

(二) 基础操作

1. 常见工作簿操作

有关工作簿的操作主要有工作簿创建，打开、保存、保护工作簿，以及查看与修改工作簿属性等。

(1) 创建工作簿。Excel 2016 中提供了很多工作簿模板，用户可根据需要选择使用。单击程序窗口中的"文件"–"新建"按钮,再在右侧显示的众多模板中选择相应的工作簿即可。若要创建空白工作簿,可执行"文件"–"新建"–"空白工作簿"选项,或直接在桌面等窗口空白区域右击,从快捷菜单中选择"新建"–"Microsoft Excel 工作表"命令,完成操作。

(2) 打开工作簿。在计算机上找到目标工作簿,双击即可打开。也可以执行"文件"–"打开"–"这台电脑"命令,再浏览并选定右侧的目标工作簿,完成打开操作。有时利用文件菜单中的"打开最近工作簿",可以快速打开近期编辑过的工作簿。如果定义了快速访问工具栏,可在工具栏中添加"打开"按钮,通过单击"打开"按钮完成快捷操作。

(3) 保存工作簿。保存工作簿也是很常规的操作。在 Excel 中可利用"保存"按钮或"文件"–"另存为"命令实现手动保存工作,还可以通过"文件"–"选项"–"保存"来设置工作簿自动保存的位置、时间间隔等信息,保证系统自动备份数据不丢失。此外,通过选项命令可以设置新建工作簿中默认工作表的数量。

(4) 保护工作簿。为防止他人对重要工作簿数据进行复制、篡改、删除等操作,应对工作簿进行保护设置。单击"审阅"选项卡下"保护工作簿"按钮,在打开的"保护结构和窗口"对话框中输入密码并单击"确定"按钮,此时,工作簿中关于插入删除、复制移动、重命名工作表等操作无法进行,必须输入密码才能恢复,但现有工作表中行列及单元格的操作不受影响。此项保护措施也可通过"文件"–"信息"–"保护工作簿"下拉菜单选择设置。另外,在执行工作簿的另存操作时,在工具下拉列表中选择"常规选项",也可以设置工作簿的打开权限密码和操作权限密码,实现对工作簿更高级别的保护。

(5) 查看与修改工作簿属性。关于工作簿属性的查看与修改,如果文件尚未打开,可以选定目标文件后单击属性进行操作,设置只读和隐藏属性,在"详细信息"选项卡下添加"标题""主题""标记""类别"等具体内容,方便日后使用和管理。如果文件处于打开状态,也可通过选择"文件"–"信息"–"属性"命令实现前述操作。

2. 常见工作表及行列操作

工作表的插入、选择、删除、移动、复制、隐藏等操作在数据获取、整理过程中极为常见。

工作表的插入有多种实现方式,可利用开始菜单下的"插入"–"插入工作表"命令实现;或者,单击工作表标签右侧的 ⊕ 按钮直接增加工作表;或者,在当前工作表标签上右击,选择快捷菜单中的"插入"选项等。

对于移动复制工作表、隐藏或显示工作表、重命名工作表,以及设置工作表标签颜色等操作,基本上有两种路径:第一,通过开始菜单下的格式按钮完成相应设置;第二,在目标工作表标签上右击,通过快捷菜单的选择实现。工作表的保护可通过"审阅"菜单下的"保护工作表"或右键快捷菜单中的相同项目来完成。

关于工作表中行高与列宽的设置,可以在选中目标行或列之后右击,精确设置具体数值;也可以按住鼠标左键拖动十字光标到目标位置进行模糊设置;还可以利用开始菜单下的格式按钮进行精确与模糊设置。行或列的增减同样可以使用开始菜单下的"插入"和"删除"命令,或者右击,在快捷菜单里选择"插入"和"删除"命令实现。

此外,Excel 2016 还对上述基本操作设置了很多快捷键,详见表 1-7。

表 1-7 Excel 工作簿、工作表及行列操作快捷键

快捷键	功能	快捷键	功能
Ctrl+O	打开工作簿	Shift+F11	新建工作表
Ctrl+N	新建工作簿	Alt+E+L	删除当前工作表

(续表)

快捷键	功能	快捷键	功能
Ctrl+W/Alt+F4	关闭工作簿	Ctrl+PageUp	向前切换工作表
Ctrl+S	保存工作簿	Ctrl+PageDown	向后切换工作表
F12	另存工作簿	Ctrl+Shift+PageUp	向前增选一连续工作表
Ctrl+F6	切换工作簿	Ctrl+Shift+PageDown	向后增选一连续工作表
Ctrl+F9	工作簿最小化	Ctrl+加号	插入一行或多行
Ctrl+F10	工作簿窗口大小切换	Ctrl+减号	删除一行或多行
Win+↑	工作簿最大化	Ctrl+9	隐藏行
Win+↓	工作簿缩小、最小化	Ctrl+Shift+9	取消隐藏行
Win+←	工作簿靠左	Ctrl+0	隐藏列
Win+→	工作簿右移、靠右	Ctrl+Shift+0	取消隐藏列

三、任务内容

(一) 创建工作簿和工作表

新建工作簿"数据分析基础"，保存到"数据分析"文件夹，然后在工作簿中添加工作表"数据录入"和"乘法表"，修改工作表标签颜色为绿色。在"数据录入"工作表前插入"库存资料"工作表，标签颜色为红色，保存工作簿。

(二) 自定义快速访问工具栏

自定义快速访问工具栏，要求其显示"新建""打开""保存""另存为""撤销""恢复"等功能按钮，并且工具栏显示在功能区的下方。

(三) 自定义功能区

(1) 添加"开发工具"选项卡，加载宏，并添加数据分析工具。

(2) 自定义"常用功能"选项卡，下设保存功能、数据录入选项组，分别添加"Excel 97-2003工作簿""记录单"和"数据透视表和数据透视图向导"按钮到各选项组。

四、任务执行

(一) 创建工作簿和工作表

1. 新建工作簿

打开"数据分析"文件夹，在空白区域右击，从弹出的快捷菜单中选择"新建"-"Microsoft Excel 工作表"命令，系统新建一个空白 Excel 工作簿，修改其名称为"数据分析基础"，并打开，如图 1-7 所示。

2. 新建工作表

工作簿中有一张名为 Sheet1 的工作表，右击 Sheet1 标签，从弹出的快捷菜单中选择"重命名"命令，修改工作表标签名称为"数据录入"，按 Enter 键，工作表完成重命名。单击工作表标签右侧的 ⊕，添加新的工作表 Sheet1，按同样的方法命名为"乘法表"，如图 1-8 所示。

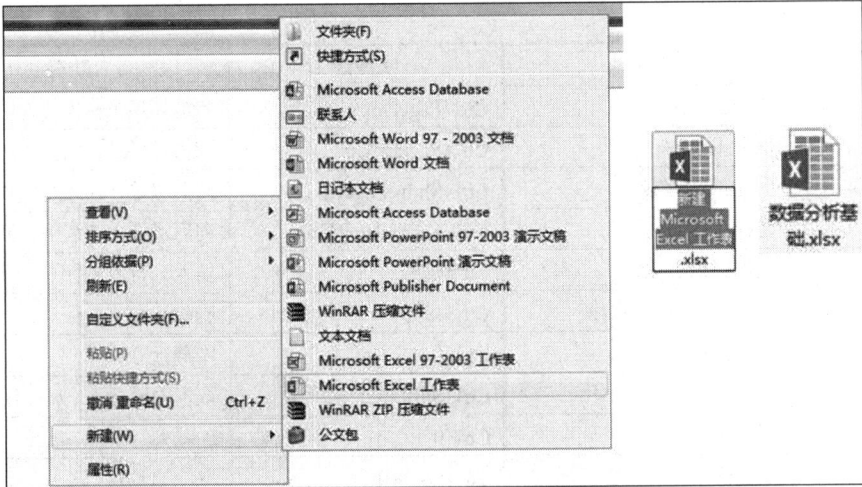

图1-7　创建工作簿及命名

3. 设置标签颜色

选择"数据录入"工作表，按住 Shift 键，再单击"乘法表"，选中两个工作表。右击，从弹出的快捷菜单中选择"工作表标签颜色"命令，在标准色中选择绿色色块，完成标签颜色设定，如图1-9所示。

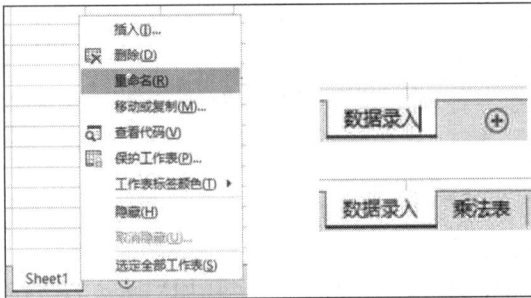

图1-8　增加工作表及重命名

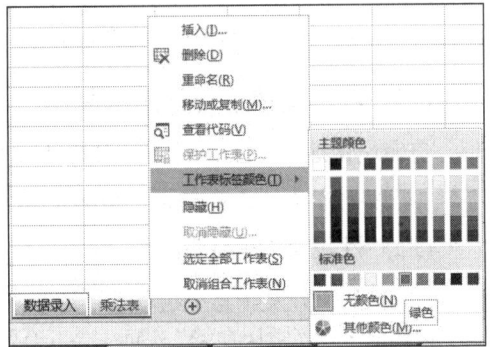

图1-9　设置工作表标签颜色

4. 插入并设置工作表

选择"数据录入"工作表，右击，从弹出的快捷菜单中选择"插入"-"工作表"命令，系统在"数据录入"工作表前增加一个新的工作表，修改其名称为"库存资料"，并设置工作表标签为红色。

（二）自定义快速访问工具栏

单击快速访问工具栏中的下拉按钮，在弹出的"自定义快速访问工具栏"菜单中选择要显示的按钮：新建、打开、保存、撤销、恢复，即可将其添加至快速访问工具栏，如图1-10所示。

"另存为"按钮的添加，需在"自定义快速访问工具栏"菜单中选择"其他命令(M)…"，打开"Excel选项"对话框，在左侧"常用命令"列表中选择"另存为"按钮，单击"添加"-"确定"按钮。这时"另存为"按钮已经加入了快速访问工具栏，如图1-11所示。

图 1-10　自定义快速访问工具栏

另外，在自定义快速访问工具栏菜单中选择"在功能区下方显示(S)"选项，系统将调整快速访问工具栏的位置，放置在功能区的下方。

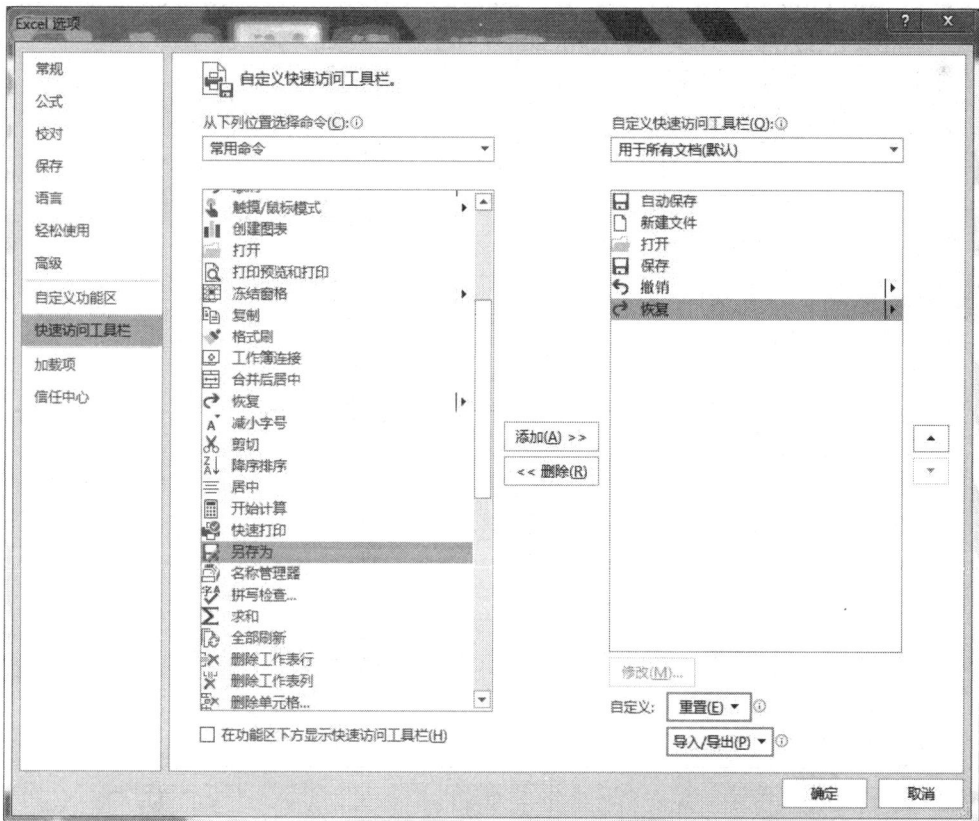

图 1-11　添加"另存为"到快速访问工具栏

（三）自定义功能区

1. 加载宏

(1) 在功能区的空白处右击，在弹出的快捷菜单中选择"自定义功能区"命令，或者选择"文件"－"选项"－"自定义功能区"选项，如图1-12所示。

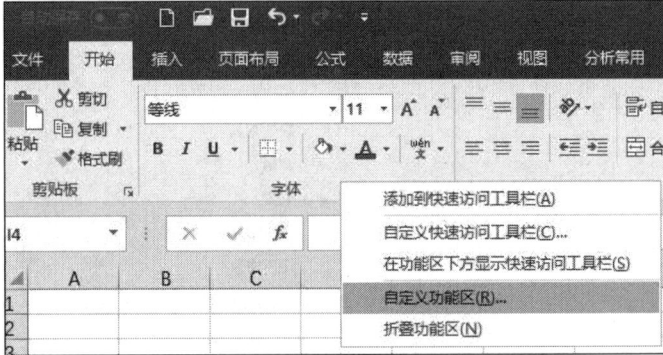

视频：自定义快速
访问工具栏

图1-12　选择自定义功能区

(2) 打开"Excel选项"对话框，自动选择"自定义功能区"选项，在此对话框右侧"主选项卡"列表中选中"开发工具"选项卡及其"加载项"名称前的复选框，单击"确定"按钮，系统中增加了"开发工具"选项卡，如图1-13和图1-14所示。

图1-13　增加选项卡

图 1-14　加载后的工具栏

(3) 选择"开发工具"-"加载项"-"Excel 加载项",在"加载项"对话框中选中"分析数据库""分析数据库-VBA""规划求解加载项"复选框,单击"确定"按钮,系统将在"数据"选项卡下增加"分析"功能区,里面有"数据分析"和"规划求解"功能按钮,这些都是进行数据分析必备的工具,如图 1-15 和图 1-16 所示。

视频:加载宏

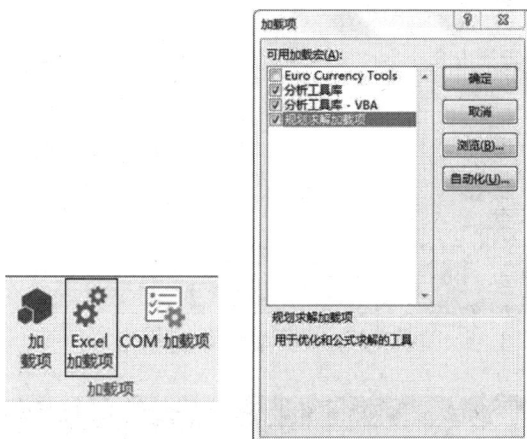

图 1-15　选择加载项

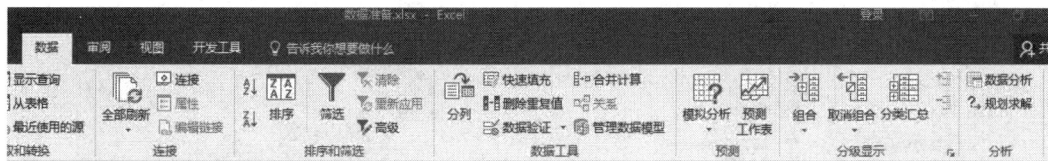

图 1-16　加载宏

2. 自定义"常用功能"选项卡

(1) 选择"文件"-"选项"-"自定义功能区"选项,打开"Excel 选项"对话框,如图 1-17 所示。在右侧"主选项卡"区域选中"开始"复选框,单击"新建选项卡(W)"按钮,系统自动在"开始"选项卡下面增加一个新的选项卡。单击"重命名(M)"按钮,修改名称为"常用功能",单击"确定"按钮。

(2) 选择"新建组(自定义)",单击"新建组(N)"按钮,在其下面增加一个新的"新建组(自定义)",依次选中二者,单击"重命名"按钮,修改名称分别为"保存功能"和"数据录入",单击"确定"按钮,如图 1-18 所示。

(3) 选中"保存功能",在左侧"所有命令"列表中选择"Excel 97-2003 工作簿",单击"添加"按钮;同理,在"数据录入"选项卡中添加"记录单"和"数据透视表和数据透视图向导"。系统完成选项卡的自定义与功能添加,如图 1-19 和图 1-20 所示。

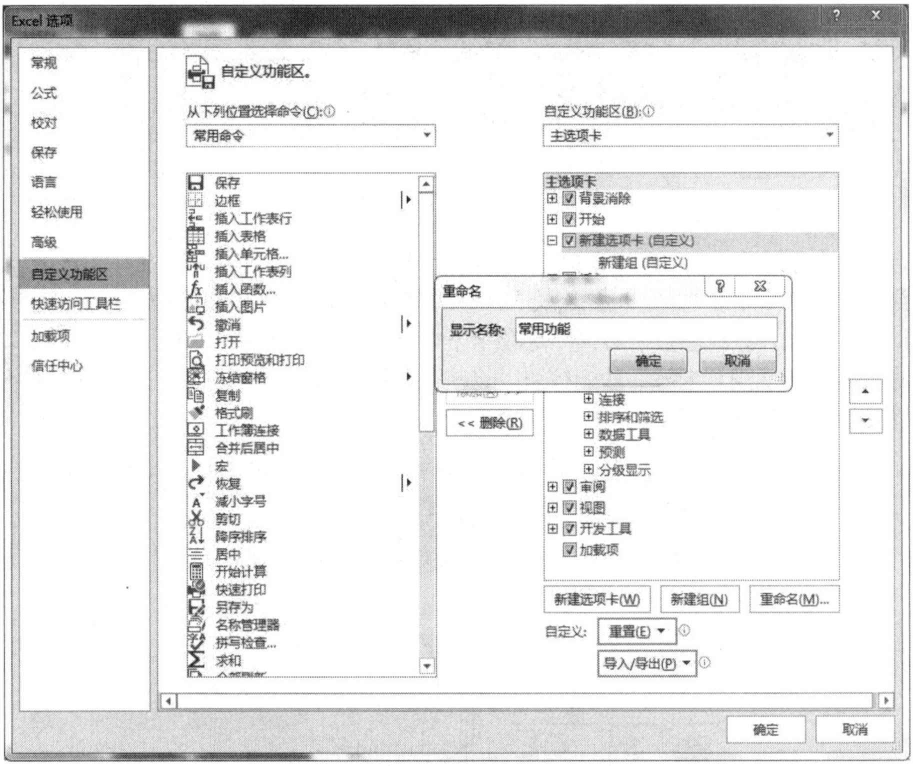

图1-17　新增选项卡并命名

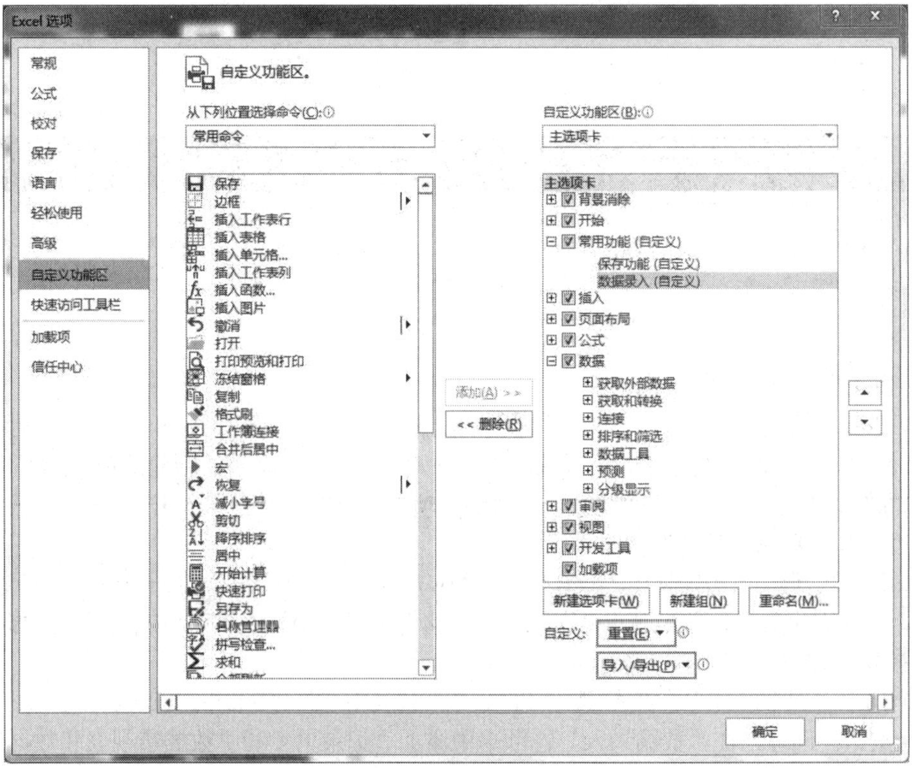

图1-18　修改名称

图 1-19　自定义常用功能

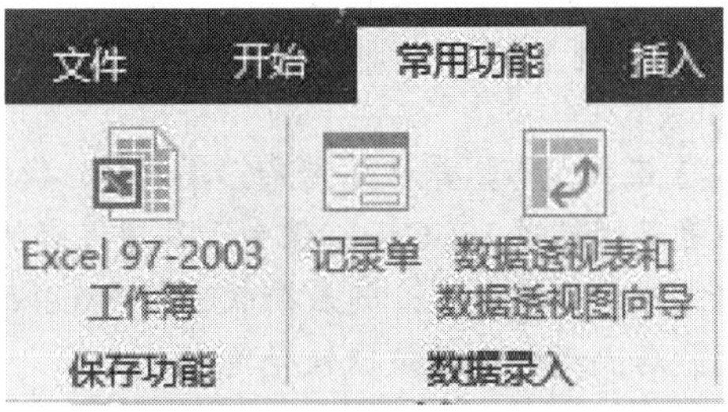

图 1-20　工具栏显示常用功能

视频：自定义功能区

操作技巧

(1) 选择要改变位置的选项卡或选项组，单击后面的"上移"或"下移"按钮，或拖动选项卡名称，调整排序。

(2) 添加命令后如果不需要该命令，则可以选择要删除的命令，单击"删除"按钮。

(3) 用户在"Excel 选项"对话框中，单击"重置"按钮，可删除功能区和快速访问工具栏的自定义内容，恢复到软件默认界面。

(4) 定义好自定义快速访问工具栏或功能区后，单击"Excel 选项"对话框右下角的"导入/导出"按钮，可将自定义快速访问工具栏或功能区保存到指定位置。以后当设定的工具栏或功能区发生变化时，可再次单击该按钮，导入之前的自定义设置文件，恢复快速访问工具栏和功能区的自定义设置。

✎ 钧元提要

1. 认识 Excel 2016 的操作界面，能根据分析需要自定义快速访问工具栏和功能区。
2. 掌握新建、插入、重命名等基本的工作簿、工作表操作方法和技巧。

✎ 1+X证书相关试题

根据"X 证题训练 - 项目 1"工作簿中"1-1-2 分析工具设置"工作表要求，完成下列任务：

1. 自定义快速访问工具栏，增加"升序排序"和"降序排序"功能；
2. 自定义功能区，取消显示"视图"主选项卡，再恢复。

✎ 豁目开襟

Excel 的前世今生

1979 年，丹·布莱克林和鲍伯·弗兰克斯顿在苹果Ⅱ型计算机上开发了一款名叫"VisiCalc"的商用软件，这是世界上第一款电子表格软件，也就是 Excel 的前世。

那时尽管已经有了一些数据计算程序，不过均应用于一些企业的大型计算机上。VisiCalc 的出现，成功地帮助个人计算机走上了商业办公桌，当时许多用户购买个人计算机的主要目的就是运行 VisiCalc。VisiCalc 单枪匹马地将计算机从业余爱好者手中的玩具变成了炙手可热的商业工具，独立地改变了整个计算机产业的发展方向。

随着 VisiCalc 的出现，电子表格软件迅速风行起来，商业活动中不断新生的数据处理需求也成为它们持续改进的动力源泉。继 VisiCalc 之后的另一个电子表格软件的成功之作就是 Lotus 公司的 Lotus 1-2-3。

1983 年 1 月，Lotus 1-2-3 正式发布，并且凭借着它集表格、数据库、商业绘图于一身的强大功能很快获得了成功，销量迅速超过 VisiCalc。但由于其决策者的误判，放慢了 Windows 电子表格程序的研发，从而错失重要发展机遇。随着微软公司 Excel 的出现，Lotus 1-2-3 就颓势渐显并处于竞争下风，直到最后大部分市场被微软夺走。

Excel 是美国微软公司研发的一款电子表格，从 1985 年的 Excel 1.0 版到现在的 Excel 2024 版已经发展将近 40 年的时间。今天，Excel 已经成为事实上的电子表格行业标准，无论是在科学研究、医疗教育、商业活动，还是在家庭生活上，Excel 都能满足大多数人的数据处理需求。

随着人工智能的发展，将 AI 神器 GPT 接入 Excel 而产生的 Excel GPT，可以更加轻松地查看 Insights、进行趋势分析、创建可视化图表等，正"从根本上改变我们的工作方式，开启新一波生产力增长"。

提示：智者善借力而行，慧者善运力而动。Excel 经过约 40 年的淬炼才成就今天的强大功能，我们应该研习之，应用之，借数据分析的慧眼助力学习、工作与生活，回馈社会，奉献国家。

任务三　数据的录入与编辑

一、任务描述

数据录入是数据分析工作的基础，掌握数据录入与编辑的方法和技巧，可以提升数据录入速度，并快速规范地组织好数据以备分析。

二、入职知识准备

(一) 数值、文本、日期与时间数据录入

1. 数值数据

数值除了 0～9 及其组合的数字外，还可以包括 +、-、()、,、/、¥、%、e 等。利用这些数字和符号，可以在单元格中输入指定形式的数据，如 ¥23 000、8.6%，以及科学记数法表示的数值等。分数形式的数据录入较为特殊，需要以带分数的形式录入，整数部分与分数值中间以空格隔开，没有整数部分的，先录入 0，再录入空格和后面的分数值。默认情况下，数据将在单元格中右对齐。这条标准可用来判断数据录入是否正确。

在 Excel 中输入数值应遵循如下规则。

(1) 数字和文字组合的数据，都视为文本来处理。这样的单元格无法直接参与运算。

(2) 输入纯数值时，会将数据显示成整数或小数，当数值长度超出单元格宽度时，以科学记数法表示。数值长度超过 11 位数，Excel 会自动以科学记数法表示。

(3) 如果要将数字表示为文本，如身份证号、学号等，可在单元格先输入一个单引号，或设置单元格格式为文本后，再输入数字。

2. 文本数据

文本包括汉字、英文字母、数字和符号等，每个单元格最多可包含 32 767 个字符。默认情况下，文本数据在单元格中左对齐。若文字长度大于字段宽度，会显示在右边的单元格中。但若右边的单元格中已经录入数据，此时超出字段宽度部分的内容不予显示。可选择"开始"-"数据"选项组-"对齐"选项卡，在其中选中"自动换行"复选框来显示所有数据。

3. 日期与时间数据

在工作表中输入日期或时间时，需要特定的格式定义。Excel 中内置了一些日期与时间的格式，可先通过"开始"-"数据"-"日期"/"时间"设置单元格中日期或时间的显示格式，再以左斜线或短横线分隔日期的年、月、日，以冒号分隔时间的时、分、秒，可以获得格式规范的日期与时间数据。日期与时间数据在单元格中靠右对齐。

> **操作技巧** ▷
>
> (1) 输入今天的日期可按 Ctrl+; 组合键，输入当前的时间可按 Ctrl+Shift+; 组合键，快捷录入。
>
> (2) Excel 在计算时，若是两个日期格式数据相减，得到的格式会以"日期"格式作为默认格式；若是要以天数来显示，则必须设置单元格的数字格式为"常规"。

(二) 快速填充

快速填充(flash fill)是 Excel 2013 版本中新增、在 2016 版本中延续的一项功能。它能让一些不太复杂的字符串处理工作变得更简单。除了实现一般的复制填充功能外，快速填充还能实现日期、字符串等的拆分、提取、分列和合并等以前需要借助公式或"分列"才能实现的功能。

快速填充必须是在数据区域的相邻列内才能使用，在横向填充当中不起作用。使用快速填充有很多途径，至少有以下三种方法可以实现。

方法一：选中填充起始单元格及需要填充的目标区域，然后在"数据"选项卡上单击新增的"快速填充"按钮。

方法二：选中填充起始单元格及需要填充的目标区域，按快捷键 Ctrl+E。

方法三：选中填充起始单元格，使用双击或拖曳填充柄(鼠标移至单元格右下角，出现黑色十字形图标)的方式填充目标区域，在填充完成后会在右下角显示"填充选项"按钮，单击按钮出现下拉菜单，在其中选择"快速填充"选项。

操作技巧 ▶

用方法一、二生成快速填充之后，填充区域右侧还会显示"快速填充选项"按钮(flash fill options，图标上有一个闪电的图案)，此时可以在这个选项中选择是否接受 Excel 的自动处理，也可以直接在填充区域中更改单元格内容立刻生成新的填充。

除了常规的数据录入方法外，Excel 还提供了一些批量录入数据的功能。

1. 在多个单元格中输入相同数据

在多个连续单元格中录入相同数据，可利用 Excel 填充柄进行。选定单元格区域的第一个单元格，并录入数据，再在初始单元格右下角的填充柄上按住左键向右、向下拖动鼠标，完成目标区域数据填充；如果单元格区域不连续，则需要先按住 Ctrl 键，单击目标单元格，选中所需填充的区域，再在最后选择的单元格里录入数据，按 Ctrl+Enter 键，这样所选定的区域即完成了相同数据的填充。

此外，按 Shift+F8 键，可进入单元格多选状态，单击即可选中任意连续或非连续的单元格，进而进行数据录入，再次按 Shift+F8 键，可退出单元格多选状态。

2. 序列填充

序列数据是具有某一规则的数据集合。例如，等差数列(1，3，5…)、等比数列(2，4，8…)，以及日期数列(星期一、星期二、星期三……)等。序列填充包括自动填充和自定义序列并填充两种形式。

(1) 自动填充。Excel 具有智能型自动填充功能。使用自动填充功能来产生特定的序列时，要先输入初始值再选取要填入的范围，在序列对话框中按需求设置序列类型、步长等信息，可快速完成数值型等差数列、等比数列及日期数列等的填充。

自动填充功能也可以拖动填充柄来完成。除了一般日期和数字外，Excel 中已经存在的默认序列和自定义序列都可以通过此种形式完成填充。

(2) 自定义序列并填充。默认状态下，Excel 中只包含一些通用的数据序列。不同的组织在数据分析过程中往往需要特异性的数据序列，那么就需要先将序列加入 Excel 系统，再进行序列填充。自定义序列的方法有两种：一是从工作表中既存的数据进行转换；二是直接在"自定义序列"对话框中输入。

（三）粘贴

在 Excel 中"粘贴"是"开始"菜单下一个很重要的功能，其快捷键为 Ctrl+V，用来将复制(Ctrl+C)在剪贴板的内容粘贴到目标单元格中。其中，选择性粘贴的功能最为强大。通过执行"开始"–"粘贴"–"选择性粘贴"可调出"选择性粘贴"对话框，如图 1-21 所示。

从图中可见，选择性粘贴的功能可划分成四个区域，即粘贴方式区域、运算方式区域、特殊处理设置区域和按钮区域，下面分别加以解释。

图 1-21　"选择性粘贴"对话框

1. 粘贴方式区域功能说明

【全部】：包括内容和格式等，其效果等于直接粘贴。

【公式】：只粘贴文本和公式，不粘贴字体、格式(字体、对齐、文字方向、数字格式、底纹等)、边框、注释、内容校验等(当复制公式时，单元格引用将根据所引用类型而变化。如要使单元格引用保证不变，应使用绝对引用)。

【数值】：只粘贴文本，单元格的内容如果是计算公式则只粘贴计算结果，这两项不改变目标单元格的格式。

【格式】：仅粘贴源单元格格式，但不能粘贴单元格的有效性，粘贴格式包括字体、对齐、文字方向、边框、底纹等，不改变目标单元格的文字内容(功能相当于格式刷)。

【批注】：把源单元格的批注内容复制过来，不改变目标单元格的内容和格式。

【验证】：将复制单元格的数据有效性规则粘贴到粘贴区域，只粘贴有效性验证内容，其他保持不变。

【边框除外】：粘贴除边框外的所有内容和格式，保持目标单元格和源单元格相同的内容和格式。

【列宽】：将某个列宽或列的区域粘贴到另一个列或列的区域，使目标单元格和源单元格拥有同样的列宽，不改变内容和格式。

【公式和数字格式】：仅从选中的单元格粘贴公式和所有数字格式选项。

【值和数字格式】：仅从选中的单元格粘贴值和所有数字格式选项。

2. 运算方式区域功能说明

【无】：对源区域，不参与运算，按所选择的粘贴方式粘贴。

【加】：把源区域内的值与新区域相加，得到相加后的结果。

【减】：把源区域内的值与新区域相减，得到相减后的结果。

【乘】：把源区域内的值与新区域相乘，得到相乘后的结果。

【除】：把源区域内的值与新区域相除，得到相除后的结果(此时如果源区域是 0，那么结果就会显示"#DIV/0!错误")。

3. 特殊处理设置区域功能说明

【跳过空单元】：当复制的源数据区域中有空单元格时，粘贴时空单元格不会替换粘贴区域对应单元格中的值。

【转置】：将被复制数据的列变成行，将行变成列。源数据区域的顶行将位于目标区域的最左列，而源数据区域的最左列将显示于目标区域的顶行。

4. 按钮区域功能说明

【粘贴链接】：将被粘贴数据链接到活动工作表，粘贴后的单元格将显示公式。例如，将A1单元格复制后，通过"粘贴链接"粘贴到B6单元格，则B6单元格的公式为"=$A$1"(插入的是"=源单元格"这样的公式，不是值)。如果更新源单元格的值，目标单元格的内容也会同时更新(如果复制单个单元格，粘贴链接到目标单元格，则目标单元格公式中的引用为绝对引用，如果复制单元格区域，则为相对引用)。

【确定】：选择好要粘贴的项目后，单击，执行操作。

【取消】：放弃所选择的操作。

(四) 外部数据导入

1. 文本数据导入

在企业环境的数据处理系统中，有一些大型或微型计算机上的文件或一些特定的应用软件，如特定格式的会计系统，本身并没有提供"导出"功能，也不包含在Excel所支持的文件格式中，无法直接将数据导入Excel中。这时需要以文本文件的形式将数据导入。

文本数据导入主要分为如下三个步骤。

(1) 判断数据的分隔方式是"分隔符号"还是"固定宽度"。Excel会自行判断应以何种方式导入文本数据，也可以自行选择。其中，"分隔符号"表示每一类由特定字符，如逗号、分号、定位符号或空格等分隔，在同一列的数据宽度可能不一样；"固定宽度"则表示每一列的数据宽度一致。

(2) 决定"分隔符号"方式的符号或"固定宽度"的每列宽度。如果选择采用"分隔符号"形式导入数据，则需进一步选定哪种分隔符号；如果选择"固定宽度"导入，则需进一步拖动分列线来调整列宽位置。

(3) 更改字段的数据类型，包括数字、文字、日期，也可以在"列数据格式"选项组中决定是否要导入该字段。

2. Web数据导入

互联网时代，网络上充斥着大量有价值的信息，如果企业分析所需的原始数据以网页的形式存在，也可以通过外部数据导入功能将其快速导入Excel中。单击"数据"-"自网站"，打开"新建Web查询"对话框，在地址栏内输入数据源所在网址(如想从中国银行官网上获取外汇牌价，输入https://www.boc.cn/sourcedb/whpj/)，单击"转到"，即可打开数据源所在网页，点击目标数据所在区域左上角的"黄底小箭头"，使其变成"绿底小对号"，再单击"导入"按钮，选择导入数据在Excel表格中的存放位置，确定即可。一般情况下网页导入的数据杂质较多，需要进行大量的清洗整理工作。

⬇ 扩展阅读

筑牢网络与信息安全防护墙

习近平总书记在党的二十大报告中强调："推进国家安全体系和能力现代化，坚决维护国家安全和社会稳定。"近年来，数字化在带来种种便利的同时，也加大了信息泄露风险。从网络偷窥、非法获取个人信息、网络诈骗等违法犯罪活动，到网络攻击、网络窃密等危及国家安全行为，伴随万物互联而生的风险互联，给社会生产生活带来了不少安全隐患。如何有效保障网络与信息安全，是数字时代的重要课题。

网络与信息安全关乎个人安全、企业安全，更关乎国家安全。党的十八大以来，以习近平同志为核心的党中央高度重视、统筹推进网络安全和信息化工作，将网络与信息安全保障体系放在了前所未有的高度来建设。从网络安全法的施行到民法典的颁布实施，从数据安全法的出台到个人信息保护法的制定，在数字经济发展和法治建设进程中，有关网络与信息安全保障的法律制度逐步建立并不断发展完善。2014 年以来，中央网信办等部门连续 9 年在全国范围内举办国家网络安全宣传周活动，有力推动全社会网络安全意识和防护技能的提升。法治的保驾护航，多方主体的共同参与，为筑牢网络与信息安全防护墙奠定了坚实基础。

网络与信息安全是我们面临的新的综合性挑战。新一代信息技术发展的一个重要突破，就是极大提升了数据处理能力。与此同时，被互联网记录和存储的个人、企业等信息，相对更容易被泄露和传播。从这个角度看，网络与信息安全攻防战是一场长期博弈，技术越进步，网络与信息安全保障体系就越需要进行安全加固。当前，通过网络窃密泄密等行为时有发生，一些社交平台、网络公司对敏感信息的不当处理，也增加了信息泄露的风险。我们要进一步增强政治敏锐性，既挖掘技术创新红利，又强化信息安全保障，多想办法为网络与信息安全"上锁"，最大限度降低信息泄露风险，特别是堵住敏感信息泄露的漏洞。

健全网络与信息安全保障体系，不仅需要强化技术治理水平与能力，也需要尽快织密管理的"篱笆网"，从制度完善、法治建设等各方面入手，构建起网上与网下同心聚力、技术与管理相得益彰的信息安全格局。无论是加快相关法律条例的研究跟进、系统配套，还是加强相关部门的协调共治，或是进一步明确运营商、企业、社交平台等的权责，只有注重系统整顿，抓好源头治理，在信息管理上始终坚持严防死守，才能确保收集起来的信息不被泄露，打赢打好网络与信息安全保卫战。

"网络安全为人民，网络安全靠人民"。实际上，在数字网络节点上的每一个行为主体，都是保障信息安全的一道关口。对于相关单位、企业来说，需要认识到网络和信息安全的重要性，强化信息安全保护意识和措施，进一步规范重要信息披露程序，防止各类信息泄密事件发生。对于公众而言，也需要提高警惕、增强安全意识，未经核实不轻易向他人提供信息，不随意"蹭网"、点击网址链接、下载来历不明的软件等，防止个人信息被盗用。多方主体都自觉成为信息安全卫士，不仅能维护自身数字权益，还能提高网络与信息安全的整体保障水平。

信息时代，网络与信息安全深刻影响着每一个人的安全感。建好国家网络与信息安全保障体系，不断提升网络与信息安全保护能力，我们一定能安全地享受数字生活，为维护国家安全和发展利益提供有力保障。

资料来源：吕晓勋. 筑牢网络与信息安全防护墙(评论员观察)[EB/OL]. (2022-10-27). http://jl.people.com.cn/n2/2022/1027/c349771-40171209.html.

（五）数据编辑与规范

1. 数据编辑

当数据录入错误时，单击需要修改数据的单元格，输入准确的数据即可。也可以选中错误数据所在单元格，从右击弹出的快捷菜单中选择"清除内容"命令，清除数据之后，再重新输入正确的数据。选中单元格后，运用键盘上的 Backspace 键或 Delete 键也可以清除数据。

移动单元格数据，可在选中欲移动的数据区域后，将鼠标放在选中区域的边框处，待鼠标变成十字箭头形状，按住鼠标左键移动该区域至目标位置，放开鼠标，此时数据已经移动过来。按 Ctrl+X 组合键将要移动的单元格或单元格区域剪切到剪贴板中，然后通过粘贴(选择鼠标右键的"粘贴"选项或按 Ctrl+V 组合键)的方式也可以移动目标单元格区域。

复制单元格的内容，可使用 Ctrl+C 组合键或鼠标右键的"复制"功能，用法与使用组合键剪切相似。

此外，Excel 中还提供了撤销、恢复等快速工具，随时撤销或恢复前面一步或多步的操作；提供了查找和替换功能，可以快速定位、查找、替换错误的数据。

2. 单元格数据格式

在 Excel 单元格中输入数值时，是没有格式的，如果想要输入日期和时间的数值、货币型数据等，需要对单元格进行数字格式的设置。Excel 2016 中提供了 12 种数字格式，如表 1-8 所示。

表 1-8　Excel 2016 的 12 种数字格式说明

类型	作用与方法
常规	Excel 的默认数字格式，一般情况下，常规格式的数字即以输入的实际值显示，如果单元格的宽度不够显示整个数字，将对带有小数点的数据进行四舍五入；如果是较大的数字(12 位或更多)将使用科学记数的形式显示
数值	用于数字的一般表示。可以设置使用的小数位数、是否使用千位分隔符及如何显示负数
货币	用于一般货币值并显示带有数字的默认货币符号，可以设置使用的小数位数、千位分隔符及负数
会计专用	也用于货币值，会在一列中对齐货币符号和数字的小数点
日期	将日期和时间序列号显示为日期值，用户可以选择多种日期显示方式
时间	将日期和时间序列号显示为时间值，用户可以选择多种时间显示方式
百分比	将单元格值乘以 100，并将结果与百分号(%)一同显示，用户可以指定要使用的小数位数
分数	根据所指定的分数类型，以分数形式显示数字
科学记数	以指数记数法显示数字，将其中一部分数字用 E+n 代替。其中，E(代表指数)指将前面的数字乘以 10 的 n 次幂。例如，两位小数的科学记数格式将 12345678901 显示为 1.23E+10，即用 1.23 乘以 10 的 10 次幂
文本	将单元格的内容作为文本处理，包括数字
特殊	将数字显示为邮政编码、电话号码或社会保险号码
自定义	允许用户自定义修改现有数字格式，使用此格式可以创建自定义数字格式并将其添加到数字格式代码的列表中

如果要对单元格的数字格式进行设置，可采用如下 5 种方法。

(1) 使用功能区命令。在命令组下方，设置了 5 个较为常用的数字格式按钮，分别为"会计专用格式""百分比格式""千位分隔样式""增加小数位数"和"减少小数位数"，选择包含数值的单元格或单元格区域，单击数字格式按钮，即可应用该数字格式。单击数字格式下拉列表，列表中包含了 11 种数字格式选项和 1 个其他数字格式选项，单击"其他数字格式"选项，可打开"设置单元格格式"对话框。

(2) 使用键盘快捷键。用户可以使用键盘快捷键，设置单元格或单元格区域的数字格式。数字格式设置快捷键，如表 1-9 所示。

表 1-9 数字格式设置快捷键

快捷键	作用
Ctrl+Shift+~	常规数字格式,即为设置格式的值
Ctrl+Shift+$	货币格式,含两位小数
Ctrl+Shift+%	百分比格式,没有小数位
Ctrl+Shift+^	科学记数法格式,含两位小数
Ctrl+Shift+#	日期格式,包含年、月、日
Ctrl+Shift+@	时间格式,包含小时和分钟
Ctrl+Shift+!	千位分隔符格式,不含小数

(3) 使用"设置单元格格式"对话框。通过快捷键"Ctrl+1",或选择一个单元格并右击,在弹出的快捷菜单中选择"设置单元格格式"命令,弹出"设置单元格格式"对话框,选择"数字"选项卡,左侧列表中列出了 12 种数字格式,如图 1-22 所示。除了"常规"和"文本"外,每种数字格式类型中都包含了多种样式可供用户选择,在对话框里可进行相应的设置,并在"示例"区域显示预览效果。另外,单击"数字"选项组中的"数字格式"按钮,或者按 Ctrl+1 组合键都可以打开"设置单元格格式"对话框。

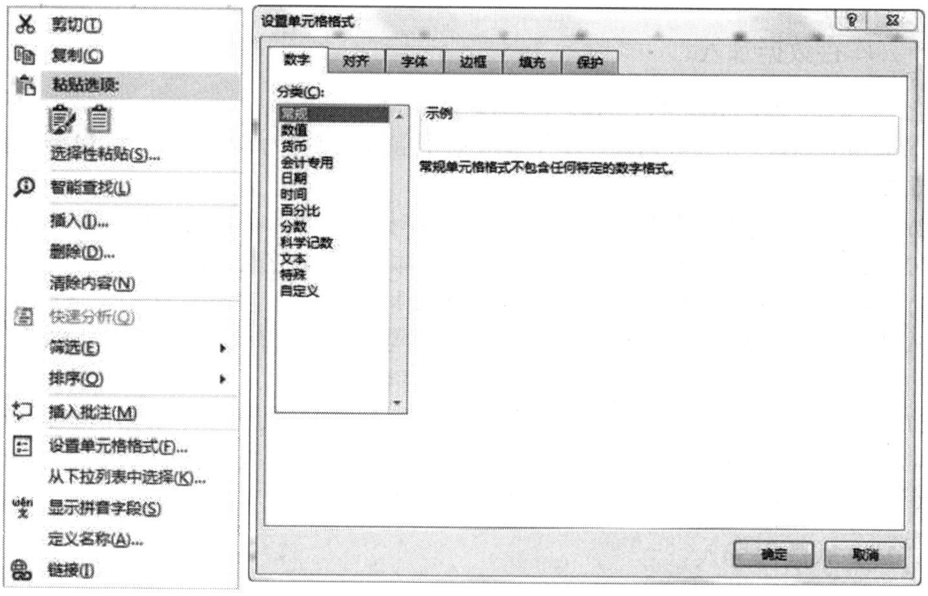

图 1-22 设置单元格格式

(4) 利用"分列"功能。选中需要统一格式的列,执行"数据"–"分列"命令,可以打开"文本分列向导"对话框,重复单击"下一步"按钮,来到"文本分列向导–第 3 步",选择"列数据格式"中想要的格式即可。此项操作可以用来快速设置单元格的数字、日期和文本格式,由于方便快捷,被广泛采用。

(5) 使用包含数字格式的单元格样式。Excel 中提供了多种单元格样式,其中包括了含所有数字格式的样式,单击"开始"选项卡下"样式"选项组中的"单元格样式"按钮,弹出下拉列表。在下拉列表中选择数字格式类型完成设置,如图 1-23 所示。

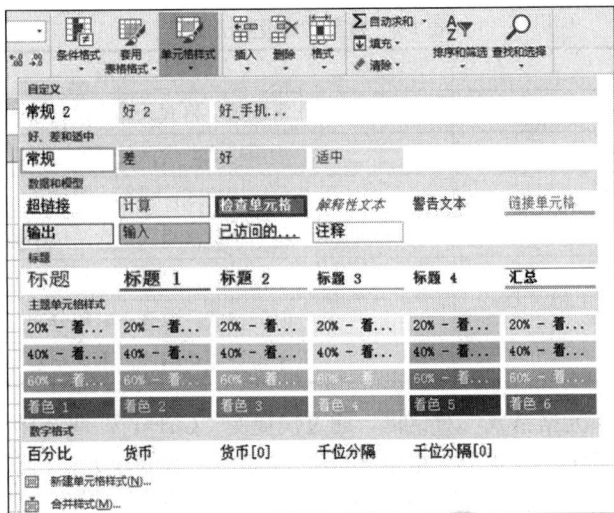

图 1-23　设置单元格样式

三、任务内容

(一) 库存数据录入

将企业库存资料的信息录入工作表，具体要求如下。

(1) 表格名称为"宏发公司库存表"，居中位于首行，字体为黑体，字号为 14 号；首行行高为 23.25。

(2) 将字段名"商品代号""商品品牌""进货单价(元)""库存数量(台)"分别录入单元格 A2～D2 中，底色为黄色，行高为 26.25，字体为宋体、加粗，字号为 11。

(3) 表格主体行高为 14.25，无底色，字体为宋体、不加粗，字号为 11。

(4) 准确录入商品代号，禁止重复；商品品牌要求设置数据有效性，从下拉列表中选择录入；进货单价保留一位小数，不添加货币符号；库存数量为整数。

(5) 添加表格的边框，要求字段名称所在行及表格的最下一行外层边缘线用粗实线(样式第二列倒数第三种)，表体用细实线(样式第一列最下面一种)。列宽统一为 15.25，字符在单元格内部水平方向和竖直方向均居中，可以自动换行。

(二) 文本数据导入

将文本文件"问卷数据库(分隔符号)"和"问卷数据库(固定宽度)"[1]导入 Excel，工作表名称不变，简单加以处理，保证数据分列清晰，便于分析。

四、任务执行

(一) 库存数据录入

1. 设置表格名称

选中单元格 A1～A4，选择"开始"-"对齐方式"-"合并后居中"命令，输入"宏发公

---

[1] 用手机扫描本书前言中的二维码，从配套教学案例资源包中获取。

司库存表"，按 Enter 键保存。选中该区域，在"开始"-"字体"选项卡下，打开字体右侧下拉列表，选择"黑体"，调整字号为 14 号。

2. 设计字段名称

依次在单元格 A2～D2 中录入字段名"商品代号""商品品牌""进货单价(元)"及"库存数量(台)"。选中这四个单元格，选择字体为宋体，字号为 11，单击加粗按钮 **B**。同时，单击颜色填充按钮 ◇▾，在下拉列表中选择"黄色"，做好单元格底色填充。

3. 输入数据

在单元格 A3～A21 区域依次录入各商品代号(可参见教学案例资源包中"数据分析基础"工作簿)。选中单元格 B3～B21 区域，单击"数据"-"数据工具"-"数据验证"，在下拉列表中选择"数据验证"，打开"数据验证"对话框。在"设置"选项卡的"允许"下拉列表中选择"序列"，在"来源"文本框中输入"苹果，小米，vivo，华为，OPPO，金立，三星"，各品牌之间用英文状态下的逗号隔开，单击"确定"按钮。此时，单击 B3～B21 区域的每个单元格都会出现一个下拉列表，分别从每个下拉列表中选择相应的品牌，完成"商品品牌"字段的填充，操作过程如图 1-24 所示。

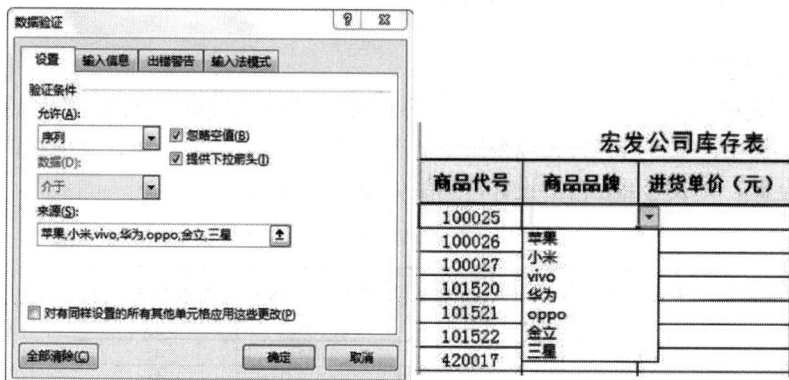

图 1-24　数据有效性的设置

依次在单元格 C3～C21 区域中录入进货单价，在单元格 D3～D21 区域录入库存数量，完成表体记录单的录入工作。选中单元格 A3～D21 区域，统一设置字体为宋体 11 号，不加粗。

4. 设置行高和列宽

选中第 1 行，右击选择"行高"，设置数值为 23.25；同理，选中第 2 行，设置行高数值为 26.25；选中第 3 行～第 21 行区域，设置行高为 14.25。选中 A、B、C、D 四列，右击选择"列宽"，设置数值为 15.25。

5. 设置边框

选中表格中字段名称所在的单元格区域，单击"开始"-"字体"-"边框"-"其他边框"，打开"设置单元格格式"对话框。在"边框"选项卡下，选择"样式"第二列的倒数第三种线条，并单击右侧上边框和下边框，单击"确定"按钮，完成字段名称所在区域粗边框设置，如图 1-25 所示。

同理，选择表体所在单元格区域，设置边框线条为"样式"第一列最后一种，单击右侧全部边框，单击"确定"按钮。

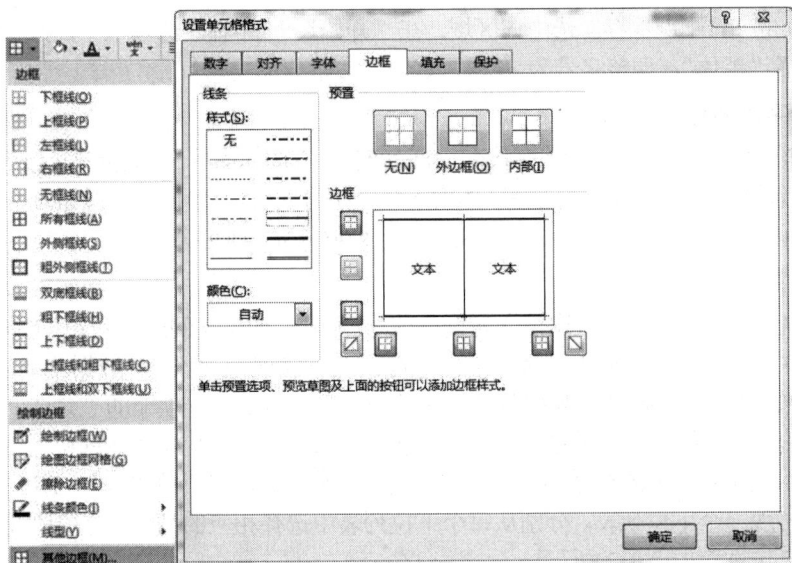

图1-25 边框的设置

6. 设置对齐方式

选中全部表格区域,单击"开始"–"对齐方式",在"设置单元格格式"对话框中选择水平对齐方式为居中,垂直对齐方式也为居中,选中"自动换行"复选框,其他默认,单击"确定"按钮。至此,完成全部表格的设计,结果如图1-26所示。

宏发公司库存表

商品代号	商品品牌	进货单价(元)	库存数量(台)
100025	苹果	3 500	55
100026	苹果	2 600	42
100027	苹果	4 900	56
101520	小米	2 650	24
101521	小米	1 500	110
101522	小米	2 100	52
420017	vivo	2 000	21
420018	vivo	2 300	28
101533	华为	3 000	80
101534	华为	4 200	66
101535	华为	2 000	30
101536	华为	3 800	24
452356	OPPO	1 600	58
452357	OPPO	2 400	113
452358	OPPO	3 500	78
103452	金立	1 300	52
103453	金立	2 400	87
101158	三星	2 700	40
101159	三星	3 300	36

图1-26 宏发公司库存表

(二) 文本数据导入

1. 分隔符号

(1) 导入数据。打开"数据分析基础"工作簿,在"乘法表"之前插入一张工作表,重命名为"文本导入1"。选定单元格A1,单击"数据"–"获取外部数据"–"自文本",打开"导入文本文件"对话框,在指定文件夹找到文件"问卷数据库(分隔符号)",单击"导入"按钮。

在"文本导入向导-第1步,共3步"对话框中,选中"分隔符号"单选按钮,其他默认,单击"下一步"按钮。在"文本导入向导-第2步,共3步"对话框,默认选项不做修改,单击"下一步"按钮。列数据格式选择"常规",其他默认,单击"完成"按钮,系统返回"导入数据"对话框。选择现有工作表中的A1单元格为数据放置位置,单击"确定"按钮,完成数据导入初步工作。具体操作过程如图1-27所示;导入外部数据后的列表如图1-28所示。

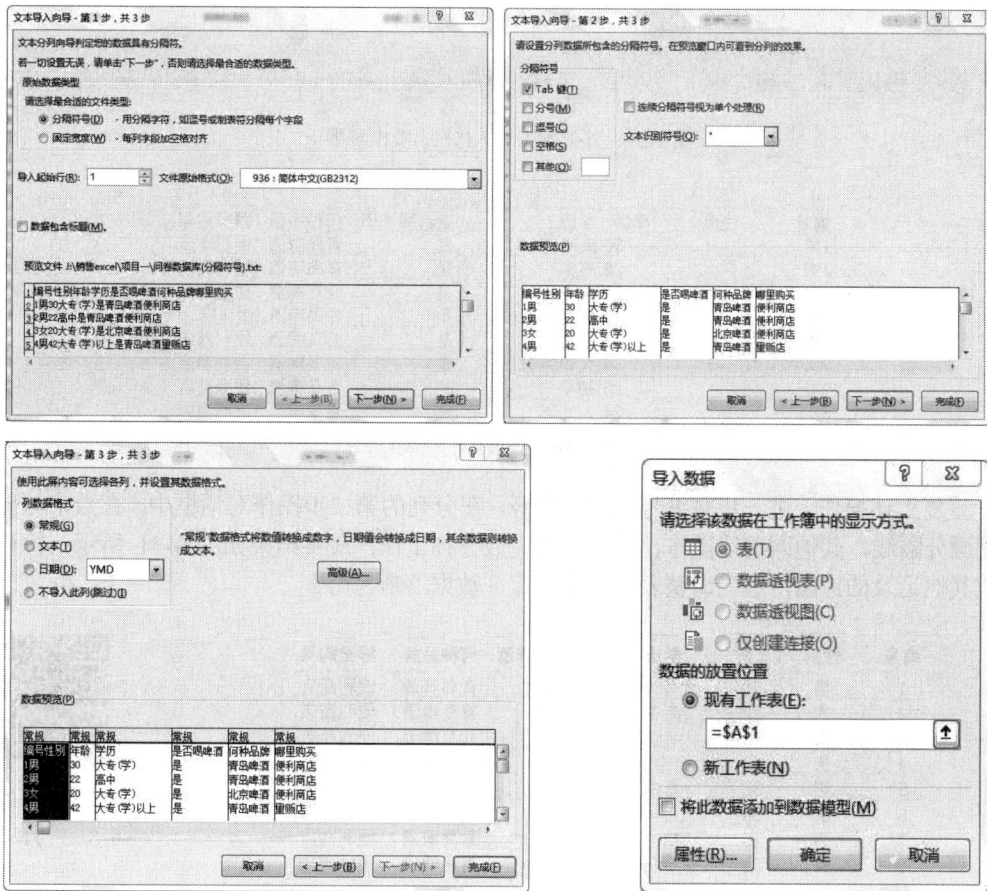

图1-27 分隔符号法导入外部数据操作步骤

由图1-27可见,经过上述操作后,编号与性别两列没有被区分开,需要进一步利用分列功能进行处理。

(2) 分列。由于编号和性别都在A列,因此需要将二者区分开来。选择B列,右击选择"插入"命令,系统在A列后新插入一空白列;选择数据表A列所在区域,选择"数据"-"数据工具"-"分列",打开"文本分列向导-第1步,共3步"对话框。选中"固定宽度"单选按

编号性别	年龄	学历	是否喝啤酒	何种品牌	哪里购买
1男	30	大专(学)	是	青岛啤酒	便利商店
2男	22	高中	是	青岛啤酒	便利商店
3女	20	大专(学)	是	北京啤酒	便利商店
4男	42	大专(学)以上	是	青岛啤酒	量贩店
5男	38	高中	是	北京啤酒	便利商店
6男	34	大专(学)	是	青岛啤酒	便利商店
7男	25	初中	是	青岛啤酒	便利商店
8女	24	大专(学)	是	青岛啤酒	便利商店

图1-28 分隔符号法导入外部数据后的列表

钮,单击"下一步"按钮。在"文本分列向导-第2步,共3步"对话框中,单击"编号"与"性别"之间,系统在二者之间画出一道分隔线,单击"下一步"按钮,默认设置,并单击"完成"按钮。此时,"性别"已经从A列剥离出来。操作步骤和结果分别如图1-29和图1-30所示。

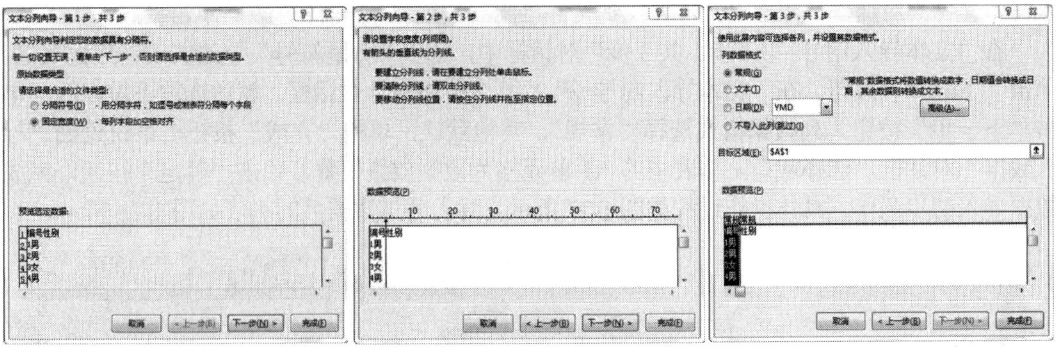

图 1-29 外部数据导入(分列)操作步骤

编号	性别	年龄	学历	是否喝啤酒	何种品牌	哪里购买
1男		30	大专(学)	是	青岛啤酒	便利商店
2男		22	高中	是	青岛啤酒	便利商店
3女		20	大专(学)	是	北京啤酒	便利商店
4男		42	大专(学)以上	是	青岛啤酒	量贩店
5男		38	高中	是	北京啤酒	便利商店
6女		34	大专(学)	是	青岛啤酒	便利商店
7男		25	初中	是	青岛啤酒	便利商店
8女		24	大专(学)	是	青岛啤酒	便利商店

图 1-30 分列后的列表

重复上述操作，进一步将编号与性别分开。在分列的第二步操作对话框中，在数字与男女之间画分隔线，其他同前述操作，系统最终完成分列工作，最终结果如图 1-31 所示。检查并修改其他记录的错漏，适当调整表格格式，保证数据清晰易用。

编号	性别	年龄	学历	是否喝啤酒	何种品牌	哪里购买
1	男	30	大专(学)	是	青岛啤酒	便利商店
2	男	22	高中	是	青岛啤酒	便利商店
3	女	20	大专(学)	是	北京啤酒	便利商店
4	男	42	大专(学)以上	是	青岛啤酒	量贩店
5	男	38	高中	是	北京啤酒	便利商店
6	女	34	大专(学)	是	青岛啤酒	便利商店
7	男	25	初中	是	青岛啤酒	便利商店
8	女	24	大专(学)	是	青岛啤酒	便利商店

图 1-31 外部数据导入并分列后的结果

视频：外部数据
导入——分隔符号

2. 固定宽度

采用"固定宽度"方式导入文本数据，操作过程与"分隔符号"形式一致，都分为三个步骤，与"分列"活动也有异曲同工之妙，具体过程如下。

(1) 打开"数据分析基础"工作簿，在"乘法表"之前插入一张工作表，重命名为"文本导入2"。选定单元格A1，单击"数据"-"获取外部数据"-"自文本"，打开"导入文本文件"对话框，在指定文件夹找到文件"问卷数据库(固定宽度)"，单击"导入"按钮。

(2) 在"文本导入向导-第1步，共3步"对话框中，选中"固定宽度"单选按钮，其他默认，单击"下一步"按钮。打开"文本导入向导-第2步，共3步"对话框，系统智能区别不同字段画线(对于不想要的线可双击去除)，单击"下一步"按钮。数据格式选择"常规"列，其他默认设置，单击"完成"按钮，系统返回"导入数据"对话框。选择现有工作表中的 A1 单元格为数据放置位置，单击"确定"按钮，完成数据导入工作。操作步骤如图 1-32 所示；

操作结果如图 1-33 所示。

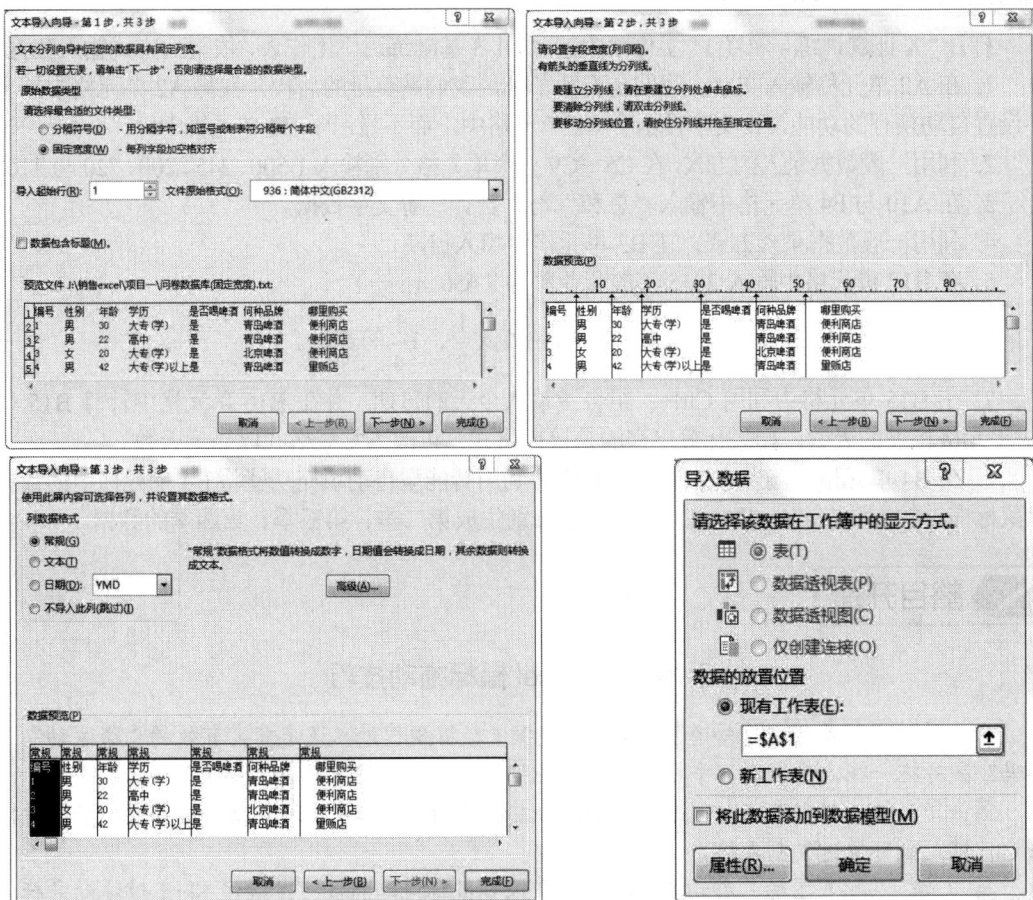

图 1-32　固定宽度法导入外部数据的操作步骤

编号	性别	年龄	学历	是否喝啤酒	何种品牌	哪里购买
1	男	30	大专(学)	是	青岛啤酒	便利商店
2	男	22	高中	是	青岛啤酒	便利商店
3	女	20	大专(学)	是	北京啤酒	便利商店
4	男	42	大专(学)以上	是	青岛啤酒	量贩店
5	男	38	高中	是	北京啤酒	便利商店
6	女	34	大专(学)	是	青岛啤酒	便利商店
7	男	25	初中	是	青岛啤酒	便利商店
8	女	24	大专(学)	是	青岛啤酒	便利商店

图 1-33　固定宽度法导入外部数据后的列表

视频：外部数据
导入——固定宽度

区别于“分隔符号”形式的导入，固定宽度形式导入之后的数据很规范，不需要进行分列等其他操作便符合分析需要。

钩元提要

1. 掌握数据录入方法、快捷操作，能快速正确录入各种类型的数据。
2. 掌握单元格式设置方法。
3. 能正确导入外部网络数据和文本数据，并采用适当方法修改与规范格式。

1+X证书相关试题

打开"X证题训练 - 项目 1"工作簿中的"1-1-3 基础练习"工作表，依下列方式输入数据。

1. 在 A2 单元格输入文字：我们是炎黄子孙，我们是英雄的后代，并将 A2 单元格中的文字设置自动换行的功能，使文字显示于 A2 单元格中，而不显示于 B2 单元格中。

2. 利用一般数据录入的方式，在 C5～C9 五个单元格分别输入 1 500、245、200、720 与 110。

3. 在 A10 与 F4 单元格中输入"总和"与"合计"等文字数据。

4. 利用一般数据录入方式，在 B3 单元格中填入日期。

5. 在 B12 单元格中输入 2015 年的营业额为 7 650 元。

6. 以阿拉伯数字在 B13、B14 等单元格中填入 $\frac{1}{3}$、$1\frac{1}{4}$ 等数据。

7. 在 B15 单元格中利用 Ctrl+；组合键输入今天的日期，并在 B16 单元格中计算 B15 与 B3 单元格相差的天数。如果计算出来的是日期格式，可改为常规格式以显示天数。

8. 在 B4 单元格中输入文字"第一季度"，利用智能型自动填充功能将 B4 单元格中的数据以鼠标拖动的方法在 C4、D4、E4 单元格中分别生成第二季、第三季、第四季的数据。

豁目开襟

手指操之 Excel 鼠标拖动技巧

亲爱的读者朋友们，您知道 Excel 除了能探索数据规律外，还是非常有效的"微运动"工具吗？鼠标拖一拖，动一动，手指更灵活，头脑更清晰，工作效率再上新台阶。

第一节：快速移动与复制。选中表格，按左键拖动鼠标，可实现表格快速移动；若同时按住 Ctrl 键，则可快速复制表格。

第二节：在插入图形、移动图形时，也有很多鼠标拖动的技巧。按住 Shift 键拖动鼠标，可插入正圆、正方形；按住 Shift 键拖动图形对角，可实现长宽等比例缩放；按住 Ctrl 键拖动图形对角，以图形中心点缩放；按住 Alt 键拖动图形对角，图形与单元格边框对齐；按住 Shift 键拖动，可实现图形的水平或垂直移动，按住 Ctrl 键移动图形，能够复制一个新图形。

第三节：两列(行)轻松互换。默念移动，选中整列(行)，按住鼠标左键，同时另一只手按住 Shift 键不松，拖动列(行)边线，可以快速让列(行)换位。

第四节：快速插入、删除行。左手按住 Shift 键不松，当光标显示下面分开的形状时拖动(请注意看鼠标，会看到分成两行)。往下拖动，可以快速插入行；往上拖动，可以快速删除行。该操作也适用于列。

第五节：把表格转移到另一个工作表中。按住 Alt 键不松，选中表格进行移动，可以将表格移动到另一个工作表中。

第六节：巧妙公式转数值。选取公式所在的列，按住右键不松拖动到一边再拖回来，松开右键后从弹出菜单中选择"仅复制数值"。可反复操作以提升动作连贯性。

手指动一动，耳聪目明，身心愉悦。大家快来试一试吧。

提示：灵活的手指，智慧的大脑。行动起来，刻意训练，是掌握 Excel 的诀窍。学习时要秉承勤思考、勤动手的原则，熟能生巧，工作起来才会又快又好！

学习情境二 公式与函数的应用

公式和函数是数据分析的重要工具，掌握其应用方法和技巧，可以大幅度提升工作效率，轻松办公。函数是特殊的公式，Excel 2016 提供了门类繁多的内置函数 700 余种，包括商业常用的统计、财务、日期与时间、数据库、逻辑、查找、引用等不同类型的函数，还新增了 TEXTJOIN( ) 等数据分析函数，功能十分强大。

任务一 公式与函数基础

一、任务描述

认识公式和函数的构成、运算规则和创建方法，会定义名称并在公式和函数中加以运用，能熟练运用 SUM( )、MAX( )、MIN( )等常用函数分析企业的基本运行数据。

二、入职知识准备

(一) 公式概述

Excel 最主要的目的之一是用来计算，建立公式与函数两种反映问题模式的运算方式。简单地说，单纯的公式直接由运算符号、地址(名称)组合而成，函数则由 Excel 内置的程序赋予所需的参数以求得所要的信息。在应用上，可以将函数视为公式的一个运算对象。

不论公式还是函数都是以等号(=)开头，要计算的对象(称为参数)可为地址、名称或常数等。设置函数时，可直接使用插入函数或自行输入来完成。

1. 运算符

简易的公式是地址配合许多运算符号所构成的，而广义的公式则是由运算符号、单元格地址与函数所构成的。在 Excel 中用于运算的运算符号与一般算术中的运算符号一样，针对不同的数据进行运算，可将运算符号分成四大类来介绍。

(1) 数学运算符。数学运算符主要有加、减、乘、除及乘方和百分比等。数学运算符及含义，如表 1-10 所示。

表 1-10 数学运算符及含义

运算符名称	含义	运算符名称	含义
+(加号)	加法	*(星号)	乘法
-(减号)	减法	%(百分号)	百分比
/(斜线)	除法	^(脱字符)	乘幂

(2) 比较运算符。比较运算符主要用于比较两个数值，得到的运算结果为逻辑值 TRUE 或 FALSE，其对应的数值分别是 1 与 0。比较运算符及含义，如表 1-11 所示。

表 1-11　比较运算符及含义

运算符名称	含义	运算符名称	含义
=(等号)	等于	>=(大于或等于号)	大于或等于
>(大于号)	大于	<=(小于或等于号)	小于或等于
<(小于号)	小于	<>(不等号)	不等于

(3) 引用运算符。引用运算符主要包括比号、逗号和空格。引用运算符及含义,如表 1-12 所示。

表 1-12　引用运算符及含义

运算符名称	含义
: (比号)	区域运算符,对两个引用之间包括这两个引用在内的所有单元格进行引用
, (逗号)	联合运算符,将多个引用合并为一个引用
(空格)	交叉运算符,产生同时属于两个引用的单元格区域的引用

(4) 文本运算符。文本运算符只有一个文本串连字符 "&",用于将两个或多个字符串连接起来。数值类型的数据可用四则运算符,但文本数据则只可用文本运算符来连接。等号(=)后不管是单元格地址还是函数,只要是与文字连接,不论是放在前面还是后面,都用 "&" 符号来连接。

在数据编辑行中输入右括号时,Excel 会以粗体强调相对的左括号,如此可用以审核括号个数是否正确。当使用键盘输入或将插入点移动经过一个括号时,会暂时将一组相对应的括号用粗体显示。当有多个括号时,也会以颜色区分相对的括号。若是遗漏了右括号,Excel 具有 "公式自动校正" 功能,会自动补上右括号。

当公式建好时,在单元格中显示的是运算后的数值,公式则显示在编辑栏中。有时在处理大型模型时,若想直接在工作表中查看公式的设置或以多重窗口同时查看公式与值的比较,则应进行公式与运算结果的切换。在菜单栏中的 "公式" 选项卡中选择 "显示公式功能" 按钮,可以实现这一功能。

2. 运算符优先级

如果一个公式中包含多种类型的运算符号,Excel 则按表中的先后顺序进行运算。如果想改变公式中的运算优先级,则可以使用括号实现。运算符优先级说明,如表 1-13 所示。

表 1-13　运算符优先级说明

优先顺序	运算符	说明	优先顺序	运算符	说明
1	: 比号	域运算符	6	^脱字符	乘幂
2	, 逗号	联合运算符	7	*和/	乘和除
3	空格	交叉运算符	8	+和-	加和减
4	- 负号	减法	9	&	文本运算符
5	%百分号	百分比	10	=, >, <, >=, <=, <>	比较运算符

(二) 函数概述

所谓函数,就是 Excel 预先写好的特殊公式,可让用户得以设置参数后迅速而简易地完成复杂运算。简单来说，函数的功能就是将一个或多个参数进行运算，然后将处理的结果返回。在进行数据分析时，除了使用 Excel 内置功能来完成外，也会大量使用函数来建立分析模式。

使用狭义的公式来处理大量单元格的运算时，有时候会相当复杂。相对地，函数最大的功能就是简化复杂的公式输入。

1. 函数构成

函数基本上由两部分组成，分别为函数名称和参数。函数名称代表此函数的意义。例如，求和的 SUM( )、计算平均数的 AVERAGE( )、求最大值的 MAX( )、求净现值的 NPV( )等。而参数则告诉 Excel 要执行的目标单元格、名称或数值。

例如，求和公式=SUM(A2:A5)。其中，SUM 为函数的名称，而 A2:A5 则为函数的参数，用来计算 A2:A5 四个单元格内数值的和。

参数是 Excel 函数据以产生结果的基本信息，必须置于函数名称后面的括号中。在同一个函数中的参数个数与总长度是有限制的。使用参数时，要注意其数据类型，若类型不符，Excel 会返回一个错误值。参数可由数字、地址、名称、文字、逻辑值、数组、错误值或其他公式与函数组成。如果函数的参数就是另一个函数，这种情形称为嵌套函数。

2. 函数的设置准则

每一个函数至少包含一组括号，指出 Excel 函数参数开始和结束的位置。在括号前后都不可以有空格。括号中主要设置参数，但如 TODAY( )函数则只有括号不需要参数。

所有的参数都要以正确的顺序和数据类型输入。若要省略参数，仍需输入逗号作为预留位置。在必须有参数的函数中，一定要指定参数。部分函数接收选择性的参数，表示非必要的参数。

自行输入函数时，若函数名称无误，在输入左括号后，会自动出现参数提示标签，提示有哪些参数是必要的，这些参数的类型是什么，哪些是选择性的及可以连接到该函数的说明主题。

以插入函数来建立函数时，选定函数后，会打开函数参数的对话框，Excel 将各参数分项显示，并对参数进行说明。通过此对话框，除了可以了解参数的顺序、数据类型等以外，还可以了解每一个参数的意义。

3. 函数的参数类型

掌握了参数的概念之后，还必须了解函数参数的类型。

(1) 数值参数。类似 SUM( )函数、VAR( )函数等，会使用数值型参数来进行计算，这些数值参数可包含正、负符号并可有小数。如公式=VAR(13，20.5，-10，5)，Excel 会返回四个数的方差值 170.395 8。在一般的处理中，通常会以区域地址或名称来取代数值。

(2) 文本参数。针对文本类型的参数，需以双引号标出，如果不使用双引号，系统会将文本参数作为名称处理，如果事先未定义该名称，则会出现错误值"#NAME?"。例如，在计算字符串长度时使用的 LEN( )函数，公式应为=LEN（"LOVE"），而不是=LEN(LOVE)。

(3) 逻辑值参数。逻辑值本身只有真(TRUE)和假(FALSE)两种。使用逻辑值参数时，可直接输入"TRUE"或"FALSE"，或者也可用表达式来取代其中的参数。例如，使用 AND( )函数判断多个叙述是否全为真，公式为=AND(5+8=12，2*3>5，TRUE)。

(4) 错误值参数。在 Excel 中共有七个错误值: #DIV/0!、#NAME?、#N/A、#REF!、#NUM!、#NULL!、#VALUE!。以错误值来作参数，可以直接输入七个错误值之一，但这么做通常没有意义。以错误值来作参数值的函数，一般是判断某一单元格是否有错，如 ISERROR( )函数。针对错误值，可以用某一单元格地址来取代。

(5) 地址和名称。参数可用地址来表示，如 B3、F3:G10 等，都是合法地址。参数也可以用名称来代替，事先取过名称的地址，可以直接用名称来代替。

(6) 其他函数或公式。使用由其他函数或公式的返回值作为函数参数，而不论其是哪种类型。

(7) 数组。有些函数参数必须使用数组(array)参数类型，如计算回归的 TREND( )函数、计算频数分布的 FREQUENCY( )函数等。

(8) 混合类型。有一种参数属于混合类型，可包括上述任何一种 Excel 可接受的参数类型。

(9) 不需要参数。Excel 中还有一些函数并不需要参数，如时间和日期函数 NOW( )、TODAY( )等。

4. 函数的建立

使用函数时，可自行输入或使用"插入函数"对话框来进行。自行输入函数较为便捷，但需要用户熟悉函数的用法，针对常用函数用得较多。用户可以根据 Excel 提供的帮助系统学习运用，初学者或不常用函数的用户建议使用"插入函数"对话框来设置函数。

(三) 名称的定义与应用

名称是工作簿中某些项目的标识符。在 Excel 中，可以为单元格、常量、图表、公式或工作表等项目定义一个名称。如果某个项目被定义了一个名称，就可以在公式或函数中通过该名称来引用它。以名称来取代单元格地址时，不仅简化了函数参数的设置，也可使所建立的公式具有实际的意义。名称的定义有如下三种方法。

1. 定义名称按钮

选择需要命名的单元格区域，单击"公式"选项卡中的"定义的名称"选项组-"定义名称"按钮，在弹出的"新建名称"对话框的"名称"文本框中输入姓名，在"范围"下拉列表框中选择"工作簿"选项，单击"确定"按钮即可完成命名操作。

2. 在名称框中命名

所谓直接定义名称方式，即利用"名称框"文本框来完成。选定要命名的区域后，直接在"名称框"中填入所要的名称，按 Enter 键即可。

3. 以选定区域命名

在一般的应用上，针对表格数据来说，数据的项目名称都置于该数据区域的顶端行或最左列，而此名称实际上亦适合取代为该区域(行或列)的名称。选定需要命名的单元格区域，单击"公式"选项卡中的"定义的名称"选项组-"根据所选内容创建"按钮，在弹出的"以选定区域创建名称"对话框中选中"首行"和"最左列"两个复选框，单击"确定"按钮，完成命名操作。

为单元格、单元格区域、常量或公式定义好名称后，就可以在工作表中使用了。名称可以用来取代公式中的地址，在设置公式计算、设计数据有效性等方面被广泛使用。

三、任务内容

(一) 函数应用

请根据 2024 年 1 月 31 日宏发公司库存资料(见图 1-26)设计公式，计算存货数量合计，以及最大库存量和最小库存量。

（二）名称应用

以库存数据为例，将苹果手机的库存数量区域命名为"苹果库存"，将华为手机的库存数量区域命名为"华为库存"，将三星手机的库存数量区域命名为"三星库存"，利用名称设计公式计算三种商品的平均库存量。

四、任务执行

（一）函数应用

1. 数据准备

选择"数据录入"工作表，右击，选择"移动或复制"命令，打开"移动或复制工作表"对话框，将选定工作表移至"数据分析基础"工作簿中"乘法表"工作表之前，选中"建立副本"复选框，具体操作如图 1-34 所示。

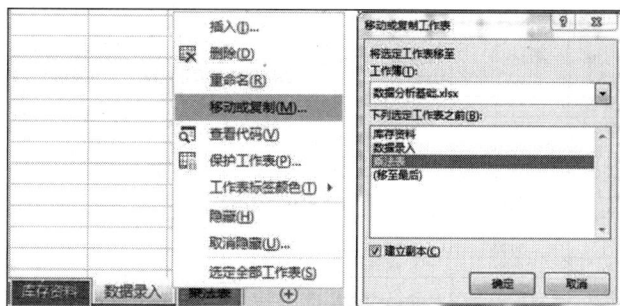

图 1-34　复制工作表并重命名

系统新增工作表"数据录入(2)"，选择"重命名"操作，修改该工作表为"1-2-1 公式与名称"。在"公式与名称"工作表中，选中 A22、B22、C22 三个单元格，单击"开始"-"对齐方式"-"合并后居中"选项，将三个单元格合并起来，并输入"合计"二字；采用同样的方法合并 A23、B23、C23 三个单元格，修改内容为"最大库存"；合并 A24、B24、C24 三个单元格，修改内容为"最小库存"；合并 A25、B25、C25 三个单元格，修改内容为"苹果、华为、三星手机平均库存量"。

2. 求和

求和有两种方式：一种是书写公式，用"+"连接全部加数所在单元格；另外一种是应用 SUM( )函数。后一种方法较为常用，选择单元格 D22，输入"=SUM(D3:D21)"，计算全部商品的库存总量。其中，参数"D3:D21"表示全部商品库存数量所在区域。

3. 求最值

求最大值可应用函数 MAX( )，求最小值应用函数 MIN( )。这两个函数的使用与 SUM( )函数相似。采用"插入函数"对话框形式，选择单元格 D23，单击公式编辑按钮 f_x，打开"插入函数"对话框，如图 1-35 所示。在"选择函数(N)"下拉列表中选择 MAX 函数，单击"确定"按钮，系统返回"函数参数"对话框，在 Number1 的位置输入或选择地址 D3:D21，单击"确定"按钮完成公式设置。系统自动计算库存量的最大值为 113 台。

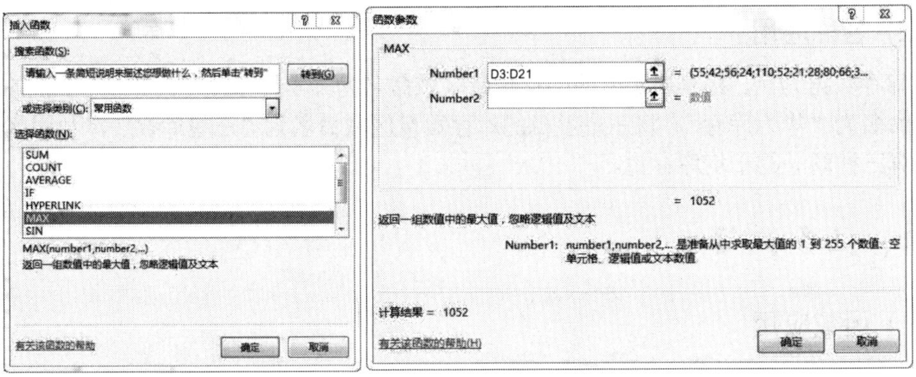

图 1-35　插入函数

同理，计算存货量最小值，采用 MIN( )函数，可以重复上述“插入函数”的方法，也可以直接输入公式=MIN(D3:D21)，算出最小存货量 21 台。全部公式设置，如图 1-36 所示。

宏发公司库存表			
商品代号	商品品牌	进货单价（元）	库存数量（台）
100025	苹果	3500	55
100026	苹果	2600	42
100027	苹果	4900	56
101520	小米	2650	24
101521	小米	1500	110
101522	小米	2100	52
420017	vivo	2000	21
420018	vivo	2300	28
101533	华为	3000	80
101534	华为	4200	66
101535	华为	2000	30
101536	华为	3800	24
452356	OPPO	1600	58
452357	OPPO	2400	113
452358	OPPO	3500	78
103452	金立	1300	52
103453	金立	2400	87
101158	三星	2700	40
101159	三星	3300	36
合　计			1052
最大库存			113
最小库存			21

	A	B	C	D
1	宏发公司库存表			
2	商品代号	商品品牌	进货单价（元）	库存数量（台）
3	100025	苹果	3500	55
4	100026	苹果	2600	42
5	100027	苹果	4900	56
6	101520	小米	2650	24
7	101521	小米	1500	110
8	101522	小米	2100	52
9	420017	vivo	2000	21
10	420018	vivo	2300	28
11	101533	华为	3000	80
12	101534	华为	4200	66
13	101535	华为	2000	30
14	101536	华为	3800	24
15	452356	OPPO	1600	58
16	452357	OPPO	2400	113
17	452358	OPPO	3500	78
18	103452	金立	1300	52
19	103453	金立	2400	87
20	101158	三星	2700	40
21	101159	三星	3300	36
22	合　计			=SUM(D3:D21)
23	最大库存			=MAX(D3:D21)
24	最小库存			=MIN(D3:D21)

图 1-36　全部公式设置

(二) 名称应用

1. 定义名称

选择苹果手机对应的库存数量区域 D3:D5，在左上角的名称框中输入“苹果库存”，按 Enter 键，系统做好名称定义，采用同样的方法，定义“华为库存”“三星库存”，结果如图 1-37 所示。

2. 应用名称计算平均数

计算平均数用函数 AVERAGE( )。在单元格 D25 中输入=AVERAGE(苹果库存，华为库存，三星库存)，按 Enter 键，系统自动计算出三个单元格区域数值的平均数为 47.67 台，如图 1-38 所示。

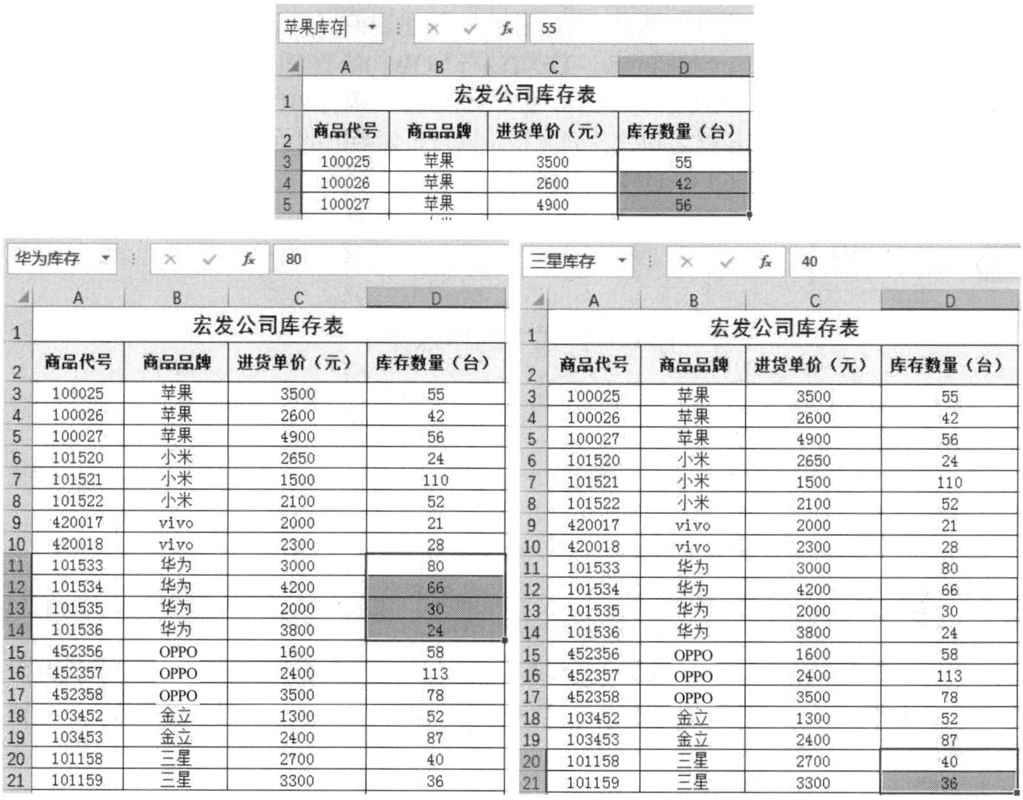

图 1-37 定义名称

图 1-38 名称应用

视频：定义名称并计
算平均库存量

钩元提要

1. 掌握公式中各种运算符的计算规则和优先级，能正确设置公式解决实际问题。

2. 掌握函数的构成，了解各种类型参数的使用方法，会插入函数。

3. 能为单元格、单元格区域等项目定义名称，并在公式、函数中应用名称，提高效率。

1+X证书相关试题

根据"X 证题训练 - 项目 1"工作簿中"1-2-1 公式与函数练习"工作表，进行以下操作。

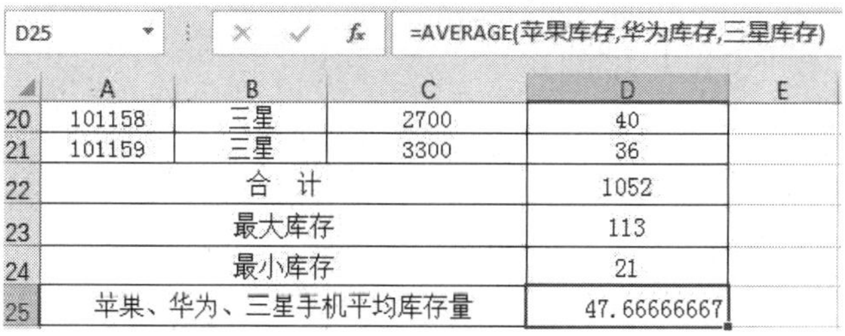

1. 在 A1 单元格输入"月份"，在 B1 单元格输入数字"1"，以"自动填充"功能完成 B1:D1 单元格区域月份数据的填充。

2. 在 A3 单元格完成"现在时间是：××月××日(星期)(上午/下午)××时××分××秒"的数据录入(提示：使用文本连接符号&、TEXT( )与 NOW( )函数来完成)。

3. 在 A6:B12 区域，依次按行录入 378、92、25、56、324、240、223、281、135、89、309、232、306 和 154，并计算各行之和、各列之和，以及全部数据的总和与平均值，分别填列在A13、B13，C6:C12 区域及 C13、D13 单元格内。

豁目开襟

Excel 公式中的特殊数字

在使用函数公式过程中，有一些经常用到的有着特殊含义的数字，这些数字你了解吗？

1. 9E+307

9E+307 是科学记数法表示的一个数字，可以简单理解成 Excel 支持的一个很大的数字。

2. 1 和 0

这两个数字的用法非常多，例如：

0 可以在判断的时候当 FALSE 用，可以用某些文本数字+0 变成数值，用-(0&mid 函数提取出的空)可以把空值转化成 0，避免出现错误值……

1 可以在判断的时候当 TRUE 用，可以当作 1 天 24 小时来计算时间，也可以是比 0 大的数字被用在 Lookup(1，0/条件判断，数据)这样的组合里……可以在碰到相关函数公式时单独研究其用法。

3. 1/17 或 5^19 或 5/19 等

这几个数字有一个特点，就是运算返回的值里包括 0～9 所有的 10 个数字。例如，1/17=0.058 823 529 411 764 7，5^19=190 734 863 281 25，5/19=0.263 157 894 736 842。

这个一般用于 FIND 函数在单元格中查找数字时避免出现错误值。

4. 99

99 是一般用在文本函数中的，也充当一个大数字的角色。公式 "=MID(A2,3,99)" 用来返回 A2 单元格中第 3 个字符后的所有字符。因为不确定 A2 单元格字符一共多少个，所以就用 99 来代替了。只要第 3 个字符后面的字符不超过 99 个，就都能正确提取出来。

5. 1 和 24

在 Excel 里，时间和日期都是数字，可以显示成不同的样式。1 代表 1 天，代表 24 个小时，代表 86 400 秒等。例如，A2 是上班时间 "8:30"，B2 是下班时间 "17:30"，公式 "B2-A2" 得到的 0.38 代表 0.38 天。

提示：Excel 是一个精密严谨的数据处理工具，掌握各种类型数据的表示方式、使用规则，从细微处入手，理解 Excel 应用底层逻辑，才能快速入手，提升应用能力！

任务二　单元格引用

一、任务描述

在应用公式和函数的过程中经常要引用单元格。单元格的引用方式有相对引用、绝对引用等多种，选择正确的引用形式可以大幅增加公式或函数的适应性，提高数据分析效率。

二、入职知识准备

单元格引用通常是由该单元格所在的行号和列标组合所得到的，即该单元格在工作表中的地址，如 A2、B6 等。在 Excel 中根据样式划分，引用可以分为 A1 引用样式和 R1C1 样式；根据地址划分，单元格的引用方式有相对引用、绝对引用、混合引用和三维引用 4 种形式。

(一) 相对引用

公式中的相对引用是基于相对于公式所在单元格的位置来确定的。当复制一个包含相对引用的公式到另一个单元格时，Excel 会自动调整公式中的单元格引用，使得它们相对于新位置保持相同的相对位置。例如，在 E5 单元格中输入公式 "=E2+E3+E4"，将其拖动到 E6 单元格就会变成 "= E3+E4+E5"；拖动到 F5 则会变成 "=F2+F3+F4"。

(二) 绝对引用

绝对引用单元格指工作表中固定位置的单元格，它所在位置与引用公式的单元格无关。在 Excel 中，通过对单元格引用的冻结来达到此目的，即在单元格的行号和列标前添加 "$" 符号，如$C$2，表示绝对引用单元格 C2。如在 E5 单元格中输入公式 "=$E$2+$E$3+$E$4"，无论向哪个方向拖动，公式都不会改变。F4 键可以快速实现绝对引用。

(三) 混合引用

混合引用是指在一个单元格地址引用中，既有相对引用，也有绝对引用，如 C$2 和$C2。在 E5 单元格中输入公式 "=E$2+$E3"，拖动到 E6 公式会变成 "=E$2+$E4"；拖动到 F5 公式会变成 "=F$2+$E3"。

(四) 三维引用

三维引用表示要引用同一工作簿不同工作表或不同工作簿之间的单元格或单元格区域。

引用同一工作簿不同工作表中的单元格，表达方式为 "工作表! 单元格地址"；如果要引用同一工作簿中多个工作表中的单元格，其表达方式为 "工作表名称：工作表名称! 单元格地址"；除了引用同一工作簿中不同工作表中的单元格外，还可以引用不同工作簿中的单元格，这种引用方式分为以下两种情况。

第一，在 Excel 中未打开被引用的工作簿，其表达方式为 "'工作簿存储地址[工作簿名称]工作表名称'! 单元格地址"。

第二，如果已经在 Excel 中打开了被引用的工作簿，那么输入 "[工作簿名称]工作表名称! 单元格地址"，就可以引用。

三、任务内容

(一) 库存数据处理

(1) 承接任务一中的库存数据，完成库存总价的计算。

(2) 假定每个编号的商品都必须满足最低库存量 20 台，设计公式计算各商品尚可销售的数量。

(二) 乘法表制作

自制乘法表，要求利用 "混合引用" 在空白区域的左上角单元格设置一个公式，向下、向右拖动该公式即可完成全部数字填充,格式如图1-39所示。

四、任务执行

(一)库存数据处理

1. 数据准备

复制"数据录入"工作表于"乘法表"之前,重命名为"相对与绝对引用"。在"宏发公司库存表"的右侧E1单元格内输入"最低库存量:",选中F1单元格,单击"开始"–"数字"选项,打开"设置单元格格式"对话框,如图1-40所示。在"数字"选项卡下选择"自定义"分类,在右侧"类型"中选择"0"并在其后输入"台"字。单击"确定"按钮,此时,虽在单元格F1内输入数字20,却显示为20台。

乘法表

图1-39 乘法表格式

图1-40 自定义"库存数量"字段格式

在E2和F2单元格内增加两个字段名"库存总价(元)"和"尚可销售量(台)",格式与其他字段相同,设置边框和填充颜色,结果如图1-41所示。

| 宏发公司库存表 | | | | 最低库存量: | 20台 |
商品代号	商品品牌	进货单价（元）	库存数量（台）	库存总价（元）	尚可销售量（台）
100025	苹果	3500	55		
100026	苹果	2600	42		
100027	苹果	4900	56		
101520	小米	2650	24		
101521	小米	1500	110		
101522	小米	2100	52		
420017	vivo	2000	21		
420018	vivo	2300	28		
101533	华为	3000	80		
101534	华为	4200	66		
101535	华为	2000	30		
101536	华为	3800	24		
452356	OPPO	1600	58		
452357	OPPO	2400	113		
452358	OPPO	3500	78		
103452	金立	1300	52		
103453	金立	2400	87		
101158	三星	2700	40		
101159	三星	3300	36		

图1-41 库存数据准备

2. 相对引用

在单元格 E3 中设置公式=C3*D3、计算编号为 100025 的苹果手机的库存总价。为了保证向下拖动十字光标填充时，公式能自动根据所在行选择"进货单价"和"库存数量"来计算库存总价，在单元格 E3 中应采用相对引用设置公式。具体形式为"=C3*D3"，此时当向下填充时，公式会自动变成"=C4*D4""=C5*D5"等，直至计算完成全部存货的库存总价。

3. 绝对引用

在计算商品的"尚可销售量"时，由于每种商品的最低库存量固定为 20 台，因此设置公式时要保证对其的引用固定不变，不会随着光标的拖动而发生移动。在单元格 F3 中设置公式=D3-$F$1，双击右下角十字光标即可完成准确计算。

相对引用与绝对引用的公式设置和计算结果，分别如图 1-42 和图 1-43 所示。

图 1-42　相对引用与绝对引用的公式设置

商品代号	商品品牌	进货单价（元）	库存数量（台）	库存总价（元）	尚可销售量（台）
		宏发公司库存表		最低库存量：	20台
100025	苹果	3500	55	192500	35台
100026	苹果	2600	42	109200	22台
100027	苹果	4900	56	274400	36台
101520	小米	2650	24	63600	4台
101521	小米	1500	110	165000	90台
101522	小米	2100	52	109200	32台
420017	vivo	2000	21	42000	1台
420018	vivo	2300	28	64400	8台
101533	华为	3000	80	240000	60台
101534	华为	4200	66	277200	46台
101535	华为	2000	30	60000	10台
101536	华为	3800	24	91200	4台
452356	OPPO	1600	58	92800	38台
452357	OPPO	2400	113	271200	93台
452358	OPPO	3500	78	273000	58台
103452	金立	1300	52	67600	32台
103453	金立	2400	87	208800	67台
101158	三星	2700	40	108000	20台
101159	三星	3300	36	118800	16台

图 1-43　相对引用与绝对引用的计算结果

需要特别说明的是，单元格 F1 中的内容，并非文本"20 台"，而是数字 20，其显示形式为"20 台"。如果直接录入"20 台"，按上述方法设置公式会出错。

(二) 乘法表制作

1. 框架制作

在“乘法表”的 A3～A11 单元格中填充数字 1～9。同理，在单元格 B2～J2 中也填充数字 1～9。添加边框线并填充颜色，做好乘法表的雏形。

2. 设置公式

在单元格 B3 中设置公式=$A3*B$2，为了保证单元格向右填充时 A 列不变，需要在“A3”的“A”前加“$”。同时，为了保证单元格向下填充时第 2 行不变，需要在“B2”的“2”前加“$”，这种混合引用的情形，实现了填充的通用性。

3. 复制粘贴

由于单元格 B3 中输入的公式具有通用性，适用所有乘法表的空白单元格，因此选择“乘法表”中的 B3:J11 单元格区域，右击选择“粘贴”命令，即可完成整个表单的制作。乘法表的制作成果，如图 1-44 所示。

视频：乘法表

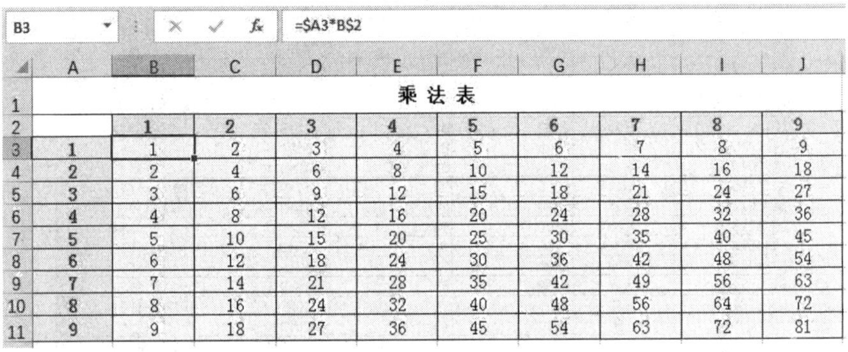
B3 =$A3*B$2

	A	B	C	D	E	F	G	H	I	J
1	乘 法 表									
2		1	2	3	4	5	6	7	8	9
3	1	1	2	3	4	5	6	7	8	9
4	2	2	4	6	8	10	12	14	16	18
5	3	3	6	9	12	15	18	21	24	27
6	4	4	8	12	16	20	24	28	32	36
7	5	5	10	15	20	25	30	35	40	45
8	6	6	12	18	24	30	36	42	48	54
9	7	7	14	21	28	35	42	49	56	63
10	8	8	16	24	32	40	48	56	64	72
11	9	9	18	27	36	45	54	63	72	81

图 1-44　乘法表的制作成果

钩元提要

掌握函数书写中单元格的引用方法：相对引用、绝对引用、混合引用及三维引用，能根据实际分析需要准确选用。

1+X证书相关试题

根据“X 证题训练 - 项目 1”工作簿中的“1-2-2 比重计算”工作表，进行以下操作。

1. 设计公式，运用相对引用计算全年总收入，运用绝对引用计算各月收入占全年总收入的比重，完成表格“2024 年 1—12 月收入数据”的制作。将表格名称显示为 A2、B2、C2 三列的“跨列居中”，表头字体设置为黑体，字号为 12，增加黄色底纹。

2. 完成表格“2025 年一季度库存额”中“累计收入”“累计支出”及“期末余额”项目的计算填列。要求采用 SUM 函数完成，期初余额为 50 000 元。

Excel 经典误区千万不要踩

Excel 是一个功能强大的电子表格制作和数据处理与分析软件，但其应用是有一定"思维"的，稍不留心很容易踩进误区出不来。

误区 1：日期格式不规范

目前，Excel 支持的日期格式有"××××-××-××""××××/××/××""××年××月××日"等几种，其他不规则日期则会全部按照文本格式处理，无法进行数据透视表、日期计算、月份筛选等操作。例如，初级用户最经常犯的错误就是通过"2021.2.21"来代表"2021年2月21日"。

误区 2：滥用合并单元格

很多人喜欢对表格项进行合并，认为这样能让表格的结构更清晰。但事实上，这种合并单元格对于数据统计和分析来说却是一个噩梦，无论是排序、数据透视、数据筛选都会变得异常困难。一般来说，原始数据应使用一维表，以方便后期的检索与分析；横向单元格可以采用"跨列居中"来美化布局，尽量避免纵向单元格居中。

误区 3：文本间通过空格排版

此问题常出现在一些姓名栏中，为了能让两字名和三字名看起来更加协调，很多新手用户常常会在两字名中间插入一个空格。这样做，最直接的影响就是搜索"张冲"再也搜索不到了。其实，这类问题完全可以通过"字体"面板中的"对齐"→"分散对齐(缩进)"来快速对齐，效果不错，速度也更快。

提示：Excel 数据分析需要首先进行数据清洗和规范化处理，使得数据从内容和形式上都要适应数据分析工作的需要。因此，只有在实践中不断强化 Excel 数据处理思维，理解各项工具的使用技巧，避免操作误区，养成细心、谨慎、科学、规范的工作习惯，才能事半功倍。

项目二　商务数据分析

能力目标

(1) 认识数据采集工具，能根据需要对数据进行清洗和转化。

(2) 能熟练运用排序、分类汇总、数据透视表等基本数据分析工具进行简单的数据分析。

(3) 能熟练运用 INDEX( )、MATCH( )函数检索查询，熟练运用 IF( )函数计算销售提成。

(4) 能运用公式和数据分析宏，根据条件应用移动平均法、指数平滑法，以及回归分析法进行销售预测。

知识目标

(1) 了解并掌握排序、分类汇总、数据透视表的原理、规则、应用条件和实现方法。

(2) 理解并掌握函数 INDEX( )、MATCH( )及 IF( )的参数构成、应用条件和应用方法。

(3) 了解移动平均法、指数平滑法、回归分析法的原理和应用条件，理解相关分析、回归分析的意义，掌握回归系数的经济含义。

素质目标

(1) 严格遵守《中华人民共和国电子商务法》，保证电商数据采集与分析合法合规。

(2) 培养数据思维，形成以数据支撑决策的习惯，在数据分析中寻找商机，增强创新创业意识。

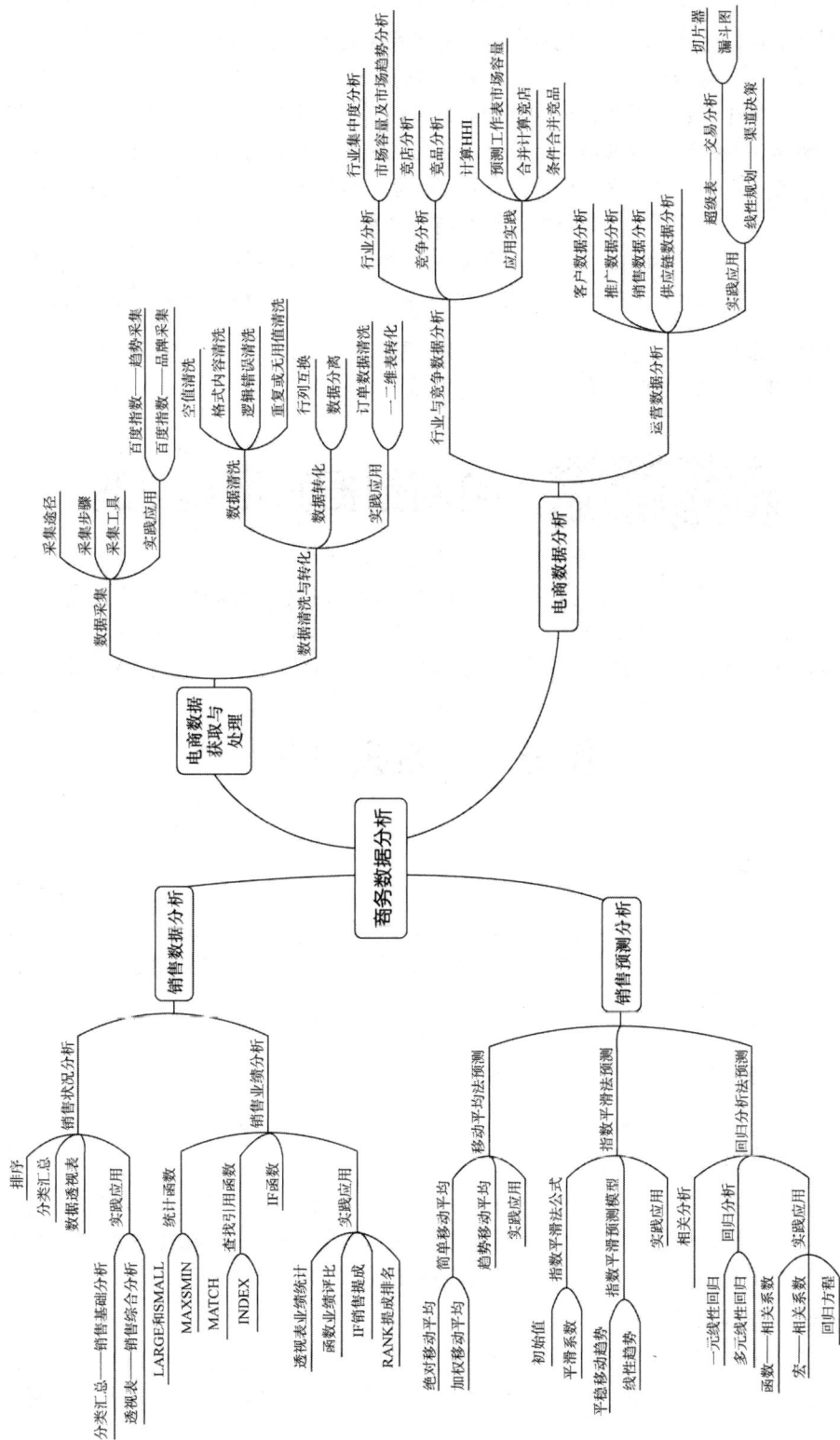

🔍 项目框架

电商数据分析

- 电商数据获取与处理
  - 数据采集
    - 采集途径
    - 采集步骤
    - 采集工具
    - 实践应用
      - 百度指数——趋势采集
      - 百度指数——品牌采集
  - 数据清洗与转化
    - 数据清洗
      - 空值清洗
      - 格式内容清洗
      - 逻辑错误清洗
      - 重复或无用值清洗
    - 数据转化
      - 行列互换
      - 数据分离
      - 订单数据清洗
      - 二维表转化
    - 实践应用

- 电商数据分析
  - 行业与竞争数据分析
    - 行业分析
      - 行业集中度分析
      - 市场容量及市场趋势分析
    - 竞争分析
      - 竞店分析
      - 竞品分析
    - 应用实践
      - 计算HHI
      - 预测工作表市场容量
      - 合并计算竞店
      - 条件合并竞品
  - 运营数据分析
    - 客户数据分析
    - 推广数据分析
    - 销售数据分析
    - 供应链数据分析
    - 实践应用
      - 超级表——交易分析
      - 线性规划——渠道决策
      - 切片器
      - 瀑汁图

- 销售数据分析
  - 销售状况分析
    - 排序
    - 分类汇总
      - 分类汇总——销售基础分析
      - 透视表——销售综合分析
    - 数据透视表
    - 实践应用
    - 统计函数
      - LARGE和SMALL
      - MAXSMIN
    - 查找引用函数
      - MATCH
      - INDEX
    - IF函数
  - 销售业绩分析
    - 透视表业绩统计
    - IF销售业绩评比
    - 实践应用
      - 函数业绩统计
      - IF销售提成
      - RANK规成排名

- 销售预测分析
  - 移动平均法预测
    - 简单移动平均
    - 趋势移动平均
    - 实践应用
      - 绝对移动平均
      - 加权移动平均
  - 指数平滑法预测
    - 指数平滑法公式
    - 指数平滑预测模型
    - 实践应用
      - 初始值
      - 指数平滑系数
      - 指数平滑趋势
      - 平稳移动趋势
      - 线性趋势
  - 回归分析法预测
    - 相关分析
    - 回归分析
    - 实践应用
      - 相关系数
      - 一元线性回归
      - 多元线性回归
      - 函数——相关系数
      - 宏——相关系数
      - 回归方程

商业的发展如火如茶,离不开数据分析的保驾护航。近年来,具有市场全球化、交易连续化、成本低廉化、资源集约化等优势的电子商务业务发展迅猛。对商家而言,一方面可以通过数据分析来研判市场和预测趋势,进而选择适当的行业和产品;另一方面可以分析客户与运营,掌握经营运作规律,从而提高销量和利润。销售数据是商业发展的核心数据,销售数据的分析能及时反映店铺和品牌的经营状况,销售计划的完成情况及销售人员业绩的好坏,为加强品牌管理、提升销售业绩提供依据。及时有效的销售分析和销售预测有利于商家快速对市场和消费者行为做出反应,进而调整营销策略,引导消费者行为。

党的二十大报告明确提出"发展数字贸易,加快建设贸易强国""增强消费对经济发展的基础性作用""推进高水平对外开放"等工作要求,这些都为推动商务高质量发展指明了方向。

关键词: 数据清洗　排序　分类汇总　数据透视表　移动平均法　指数平滑法　回归分析法
课程启思: 德法兼修　敢闯会创　严谨规范

学习情境一　电商数据获取与处理

电子商务数据是企业进行电子商务活动时产生的行为数据和商业数据,包括市场数据、运营数据、产品数据等。电子商务最大的特点就是可以通过数据化来监控和改进企业的生产经营,电商数据分析已经成为一项战略性投资。电商数据分析应从数据的采集和清洗等基础工作开始。

任务一　数据采集

一、任务描述

电商企业在经营过程中会产生海量数据,从中获得并提取出决策相关信息并非易事,通常要借助一定的工具和平台。认识并学会使用站内外数据监测工具,掌握数据采集方法,才能从源头上保障数据质量。

二、入职知识准备

(一) 电商数据采集途径

电商数据采集,是指通过在平台源程序中预设工具或程序代码,获取商品状态变化、资金状态变化、流量状态变化、用户行为和信息等数据内容的过程。电商数据采集有多种途径,随着电商经济的发展和技术进步,采集工具也越来越先进和多样。

1. 网页数据采集

在采集行业及竞争对手数据时,电商平台上的一些数据,诸如商品属性数据(商品结构标题、品牌、价格、销量、评价),可以直接进行摘录或使用火车采集器、八爪鱼采集器等爬虫采集工具进行采集。

2. 系统日志数据采集

网站日志中记录了访客 IP 地址、访问时间、访问次数、停留时间、访客来源等数据。通过对这些日志信息进行采集、分析，可以挖掘电子商务企业业务平台日志数据中的潜在价值。

3. 数据库采集

通过数据库采集系统直接与企业业务后台服务器结合，将企业业务后台每时每刻产生的大量业务记录写入数据库中，最后由特定的处理系统进行数据分析。

4. 报表采集

对于一些独立站点，可能没有如每天咨询客户数、订单数等数据指标统计功能，在进行数据采集时可以通过每日、周的工作报表进行相应的数据采集。

(二) 电商数据采集的步骤

首先，确定采集范围及人员分工。进行数据采集前先要根据数据采集目标进行分析，明确数据采集的指标范围和时间范围。明确这些数据需要从哪些途径及部门采集，确定参与部门和人员配备。

其次，建立必要的数据指标规范。数据指标需对数据进行唯一性标识，并且贯穿之后的数据查询、分析和应用，建立数据指标规范是为了使后续工作有一个可以遵循的原则，也为庞杂的数据分析工作确定了可以识别的唯一标识。

最后，数据检查。检查获取的数据是否完整、准确、规范，对数据中存在的多个商品标识编码相同或同一数据出现多个数据指标等情况进行初步筛查处理。

(三) 电商数据采集的工具

电商数据采集的工具很多，如获取产品数据、流量数据的生意参谋、京东商智等；获取行业发展资料的艾瑞咨询、199IT 等，以及获取行业数据、人群数据的百度指数、360 趋势等。

1. 生意参谋

生意参谋是淘宝网官方提供的综合性网店数据分析平台，不仅是店铺数据的重要来源渠道，同时也是淘宝/天猫平台卖家的重要数据采集工具，为天猫/淘宝卖家提供流量、商品、交易等网店经营全链路的数据展示、分析、解读、预测等功能。使用生意参谋，数据采集人员不仅可以采集自己店铺的各项运营数据(流量、交易、服务、产品等数据)，通过市场行情板块还能够获取到淘宝/天猫平台的行业销售经营数据。

2. 京东商智

京东商智的功能与生意参谋类似，是京东向第三方商家提供数据服务的产品。从计算机、App、微信、手机 QQ、移动网页端五大渠道收集数据，并为店铺提供流量、销量、客户、商品等数据。

3. 店侦探

店侦探是一款专门为淘宝及天猫卖家提供的数据采集与数据分析工具。通过对各个店铺、商品的运营数据进行采集分析，可以快速掌握竞争对手店铺的销售数据、引流途径、广告投放、活动推广、买家购买行为等数据信息。类似的工具还有很多，如店透视、店查查等。

4. 其他网页数据采集工具

网页数据采集工具中较具有代表性的是火车采集器、八爪鱼采集器和后羿采集器等。火车采集器是一个供各大主流文章系统、论坛系统等使用的多线程内容采集发布程序。对于数据的采集，其可分为两部分：一是采集数据；二是发布数据。借助火车采集器，可以根据采集需求在目标数据源网站采集相应数据并整理成表格或 TXT 文件导出。

八爪鱼采集器是一款通用的网页数据采集器，使用简单，完全可视化操作；功能强大，任何网站均可采集，数据可以多种格式导出，可以用来采集商品的价格、销量、评价、描述等内容。后羿采集器的作用与其相似。

5. 指数工具

百度指数、360 趋势、搜狗指数、阿里指数等工具依托于平台海量用户搜索数据，将相应搜索数据趋势、需求图谱、用户画像等数据通过指数工具向用户公开，相关数据可为市场预判、行业发展、用户需求和用户画像数据分析提供重要参考依据。

此外，在进行数据采集工具选择时，并非适用范围越广泛，数据类型越真实、越丰富、功能越强大越好，核心选择要素是数据采集人员能够熟练操作，并能采集到所需的数据。数据采集工具及功能，如表 2-1 所示。

表 2-1　数据采集工具及功能

数据采集工具	功能
生意参谋/京东商智	店铺运营、产品的流量、交易、客户、服务等数据，市场的趋势、规模、人群等数据
逐鹿工具箱	淘宝平台的市场行情、竞争等数据
淘数据	针对国内和跨境电子商务提供行业和店铺的各项数据
店侦探	竞品和竞店推广渠道、排名、销售等数据
火车采集器、八爪鱼、后羿采集器等	网页数据采集，如产品信息、价格、详情、用户评价等

⊕ 扩展阅读

乘势而上　数字经济发展动能持续壮大

习近平总书记指出，发展数字经济意义重大，是把握新一轮科技革命和产业变革新机遇的战略选择。2022 年，在经济下行压力增大的情况下，数字经济作为国民经济的"加速器"作用凸显，成为经济恢复向好的关键力量，为实体经济发展添能蓄力。

一秒钟可以干什么？电商平台上，当消费者点下支付的一秒钟，后台完成了 17 亿次计算；而就在这一秒钟里，有超过 3 000 个快件进入了寄递渠道。

目前，我国数字经济规模已超 45 万亿元，连续多年位居世界第二位。

今年以来，以习近平同志为核心的党中央，准确把握中国经济发展的阶段性特征，深刻洞察数字经济发展趋势和规律，作出一系列战略部署、出台一系列重大政策。《"十四五"数字经济发展规划》围绕数字基础设施、产业数字化转型等方面提出了"十四五"时期重点任务和重点工程；不久前出台的"数据二十条"意见，为数据基础制度体系搭建"四梁八柱"。

这是数字经济全面发力的一年。国家全面启动"东数西算"工程，在东部和西部 8 地开建国家算力枢纽节点，并规划了 10 个国家数据中心集群，夯实数字经济发展的算力基础。在贵州，总投资超过 138 亿元的"东数西算"贵安新区算力产业集群配套项目，刚刚开工建设。

目前，"东数西算"工程起步区新开工数据中心项目超过 60 个，项目总投资超过 4 000

亿元。今年，我国 5G 基站数量超过 222 万个，建成了全球最大的移动宽带和光纤网络；截至目前，"5G+工业互联网"在建项目超过 4 000 个，5G 应用已经覆盖国民经济 40 个大类。而移动物联网终端用户达到 17.77 亿户，超过了移动电话用户数，也使我国成为全球主要经济体中首个实现"物超人"的国家。

资料来源：【新思想引领新征程】乘势而上 数字经济发展动能持续壮大[EB/OL]. (2022-12-30). https://www.cac.gov.cn/2022-12/30/c_1674034783784004.htm.

三、任务内容

宏发公司积极拓展线上手机销售业务，欲选择 5 款网络搜索度较高的热门手机做"放飞梦想，手机助力"活动，为企业的促销引流。活动拟在 2024 年 7 月初开始，信息采集要求如下。

(1) 采集近一年(2023 年 6 月—2024 年 6 月)手机市场的需求分布、变化趋势及用户画像等数据，把握手机行业发展趋势，了解手机用户地域特征。

(2) 采集最近一个月的手机品牌及手机产品的搜索指数，为选择促销产品提供依据。

四、任务执行

1. 趋势数据采集

百度指数和 360 搜索是目前国内用户量比较大的两个平台。百度是全球最大的中文搜索引擎，因此百度指数提供的数据是依据百度搜索数据所得，因此其数据参考度较高。

以百度指数为工具，在搜索框中输入"手机""开始探索"，打开结果页面。单击趋势图右上角的"自定义"按钮，修改起始日期为 2023 年 6 月，结束日期为 2024 年 6 月，单击"确定"按钮，如图 2-1 所示。系统反馈近一年手机搜索的变化趋势，如图 2-2 所示。单击"人群画像"，并修改时间范围同上，得到搜索人群的地域分布特征，如图 2-3 所示。此外系统还会自动绘制手机搜索人群的年龄、性别分布曲线，这里不再具体说明。从趋势图 2-2 中可见，2023 年 6 月末到 2024 年 6 月末期间，每天"手机"关键词在百度网页搜索中搜索频次的加权平均数呈现一定波动，个别时段波动幅度较大。2023 年 6 月起，搜索频次发生跳跃式增长，2024 年 6 月 24 日手机搜索量达到 67 666 次；从地域排名图 2-3 上看，广东、山东、江苏三省近一年内的搜索人数较多，辽宁相对较少，排名在第 9 位。

图 2-1　数据采集时间设定

图 2-2　手机搜索变化趋势

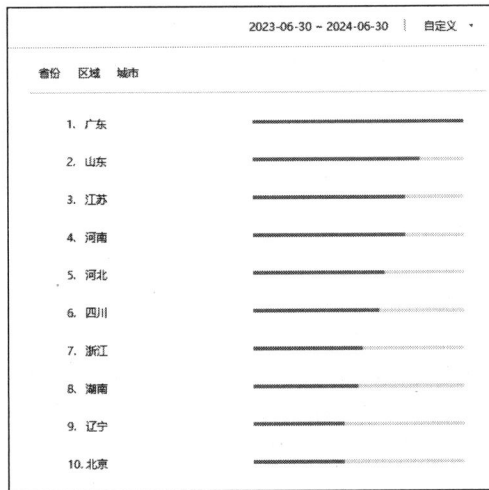

图 2-3　手机搜索人群地域分布

2. 品牌、产品指数采集

在百度指数页面单击"行业排行"，分别得到 2024 年 6 月最后一周手机品牌指数排行和手机产品指数排行，如图 2-4 及图 2-5 所示。

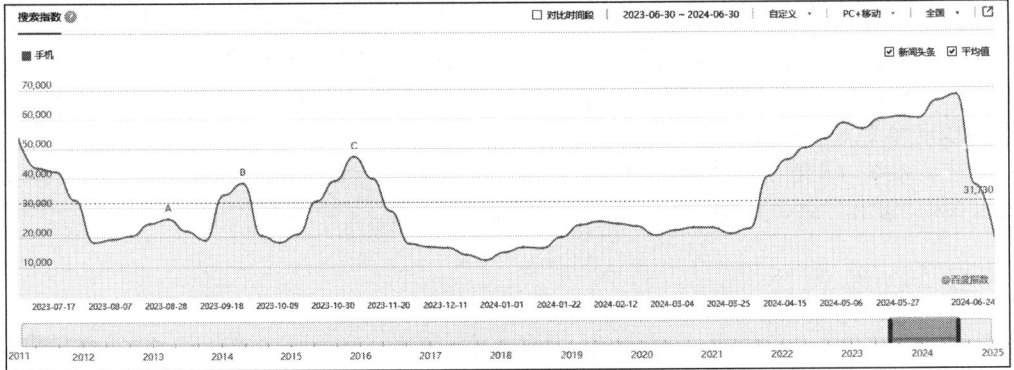

图 2-4　手机品牌指数排行

图 2-5　手机产品指数排行

从手机品牌的搜索指数上看，最近一周较为受欢迎的前三个手机品牌为苹果、华为、小米手机，其中，苹果手机指数为 20 672.3 万，华为手机指数为 12 667.7 万；从产品搜索指数上看，苹果 iPhone 系列、vivo、IQOO、华为 nova 等型号的手机广受消费者的青睐。企业可遵循成本收益原则，从中选择 5 款手机作为促销产品。

视频：百度指数手机查询

钧元提要

了解电商数据的采集方法和程序，会使用常用的数据采集工具及平台来获取数据、解读数据、导出数据。

1+X证书相关试题

网店准备销售智能家居类商品——智能门锁，要求数据分析岗位的李丽对淘宝网智能门锁市场数据进行采集，对智能门锁近三年的市场趋势进行分析，以此来确定是否进行智能门锁产品的销售。试着通过 360 指数了解 2022 年 1 月—2023 年 6 月关注度变化趋势，整理出该段时间内用户关注度最高数、最低数和平均值。同时，整理出 2023 年 6 月份每天的搜索值，完成"X 证题训练-项目 2"工作簿中"2-1-1 智能门锁关注数据"工作表。

豁目开襟

美的集团的数字化转型

美的市值近十倍的增长，是它十多年的数字化转型所带来的。到目前为止，美的企业数字化变革已经经历了 5 个阶段。

1. 数字化 1.0 阶段

自 2012 年开始，历经三年，美的重建了所有的业务流程，重新统一了内部数据的管理标准，成为美的数字化转型 1.0 的开始。美的集团于 2012 年 9 月凭借对 IT 管理体系的全方位重建开启了"632 策略"。通过"632 策略"的充分执行，美的集团打算建立六大经营管理系统、三大管理网络平台、两大门户和集成技术网络平台，打造一个美的只有一套管理体系和一个标准的理念。

在此期间，美的不断提升自身的数字化力度，不但实现了一体化的流程和统一的信息系统，还为公司进一步实现数字化转型奠定了坚实基础。

2. "互联网+"阶段

随后，到了2015年，业内纷纷谈论"互联网+"将会对传统产业造成冲击，而美的则推出了"智慧产品+智能生产"的双智策略。沿着这两个方向发展，美的将当时的"互联网+"概念引入了集团内部，建立了智能制造工厂、大数据平台等，并将全部的生产系统都移动化了。

3. 数字化2.0阶段

2016年，美的完成了从数字化1.0到2.0的转型升级，从以前的层层分销，到现在的以销定产。该公司的体系结构由原先以大规模订购的方式为主转变为分批供货，强化了企业在不确定因素下供给的灵活性。这既能有效地减少不必要的中转环节，又能提高资金周转速度，保持市场竞争力。

4. 工业互联网阶段

从2018年起，由于物联网技术日趋发达，美的公司开始努力将单机版的家用电器发展为能互联的家电。通过工业互联网的平台，小天鹅的智能生产车间实现了智能化生产，并成为国内率先通过国家智能生产技术四级成熟度的公司。美的公司在2020年11月份又推出了美的工业网络2.0"美擎"，这使其在数字业务方面得到了更深层次发展，包括美的美云智数、库卡中国在内的八大产业集群，共同打造了一个产业生态圈，加速了各行业实现数字化转型的进程。

5. 全面数字化和智能化

在这个阶段，美的最重要的是为分销商搭建一个公共的平台。通过在平台上实现返点和订单存货的透明，帮助代理商更好地服务顾客，使他们在销售过程中可以快速做出相应调整和决定。

提示：数字经济时代企业核心竞争能力从过去传统的"制造能力"变成了"服务能力+数字化能力+制造能力"。Excel为企业数字化转型提供了基础数据分析工具，无论行业选择、前景判断，还是方案甄别与策略分析，都离不开它。

任务二　数据清洗与转化

一、任务描述

通过各种途径采集到Excel中的数据常常存在内容混杂、冗余、缺失、格式错误等问题，在进行正式的数据分析之前需要对数据进行进一步的审查、校验、清洗、转化等工作，保证基础数据完整、统一、科学，符合分析目的的需要。

二、入职知识准备

（一）数据清洗

数据清洗是指将数据表中多余、重复的数据筛选出来并删除，将缺失、不完整的数据补充完整，将内容、格式错误的数据纠正的操作行为。数据清洗是对数据进行重新审查和校验的过程，目的在于提升数据的质量，确保数据的准确性、完整性和一致性。数据清洗主要包括如下内容。

1. 缺失值处理

数据缺失是数据表中经常出现的问题，是指数据某个或某些属性的值是不完整的。缺失值产生的原因多种多样，主要包括三种：无法获取的信息；人为遗漏或删除的信息；数据收集或者处理不当造成的数据缺失。电商数据的缺失值常常表现为空值或错误标识符等。

(1) 空值清洗。运用 Excel 进行处理时，可以使用定位功能快速找到空值，再进行相应处理。处理空值有三种方法：第一，数据补齐，即使用某个统计指标去填充缺失数据，如改变了的样本平均值等；第二，删除记录，即将有缺失值的记录删掉，但这样会导致样本量减少，当数据量充分，可有效满足分析需求时使用，数据量较少则慎用；第三，不处理，即样本较少时，或者该数据缺失属正常情况时不做处理。

定位是 Excel 中很重要的功能，帮助我们选择指定条件的单元格。按 Ctrl+G 组合键或 F5 功能键打开 Excel 定位功能。Excel 在数据很大的情况下，可以直接在"引用位置"输入想要定位的单元格名称，如 A36、C18 等，系统可直接选中这些单元格。

"定位条件"功能下可以对包括批注、常量、公式、空值、当前区域、当前数组、对象、行内容差异单元格、列内容差异单元格、引用单元格、从属单元格、最后一个单元格、可见单元格、条件格式，以及数据验证在内的 15 种类型的单元格进行定位设置，用户可根据需要来定位空单元格及错误单元格。

(2) 错误标识符处理。当缺失值以错误标识符形式出现时，需要检查出现这些错误的原因，然后有针对性地进行处理，如出现"#DIV/0!"时，说明进行公式运算时除数使用了数值零、指向了空单元格或引用了包含零值的单元格。一般情况下，当 Excel 中出现的错误标识符是公式使用不当造成的，则可使用 IFERROR 函数对错误标识符进行修改。如果不确定错误标识符产生的原因，可以使用 ISERROR 函数与 IF 函数的组合进行修正。

IFERROR(Value，Value_if_error)函数用来判断一个表达式是否为错误值，若表达式是错误值，则返回 Value_if_error，否则返回表达式自身的值。其中，Value 为需要检查的是否存在错误的表达式，Value_if_error 为公式计算结果错误时返回的值。

ISERROR(value)函数用来检验参数 value 是否为任意错误值(#N/A、#VALUE!、#REF!、#DIV/0!、#NUM!、#NAME?或#NULL!中的任意一种)。如果是错误值，返回 true，否则返回 false。

2. 格式内容清洗

由于系统导出渠道或输入习惯的原因，采集的原始数据往往出现格式与内容不匹配的情况，如订单日期显示为文本格式，订单编号显示为数值格式，成交金额显示为文本格式等，需要逐一修正。格式内容清洗就是要保证同一字段的数据类型一致，内容与格式一致。

3. 逻辑错误清洗

逻辑错误，即违反逻辑规律的要求而产生的错误，一般使用逻辑推理就可以发现问题。逻辑错误一般包括数据不合理、数据间自相矛盾及数据不符合规则等情况。例如，客户年龄为 500 岁、限购 1 件的商品某客户购买 3 件等。逻辑错误值清洗可以利用筛选功能或条件格式来解决。

条件格式是对数据表中的文字、数字或其他类型的数据进行相关条件的格式标识，即当单元格满足某一个或几个条件时，显示为设定的单元格格式，以此与其他单元格区分开来。条件可以是公式、文本、数值、逻辑值等，条件格式会快速突出显示电子表格中数据的差异、数据的相对价值、特定值、重复值、重要信息和规律，有时也用于隐藏我们不愿意看到的值。某些时候，条件格式可以被理解成某种意义上的数据筛选，只不过以一种特别的格式来显示或隐藏。筛选功能将在项目四中详细介绍。

4. 重复及无价值数据清洗

重复数据就是数据被重复、多次记录。重复数据会影响数据处理结果的正确性，从而导致数据分析出现偏差，因此需要将其删除。Excel 数据菜单中提供了删除重复项的工具。

无价值数据是指对本次数据统计或数据分析没有产生作用的数据，可直接删除对应的字段。但通常情况下并不建议删除，如果数据过大，在汇报展示时用不到又影响操作，可以考虑备份后将其删除。

(二) 数据转化

数据转化是数据处理的前期准备，包括数据表的行列互换、数据分离及二维表转化为一维表等操作，使得数据从类型、内容、格式上都更加规范化，符合分析需要。

1. 数据表的行列互换

经采集获取的原始数据由于来源渠道和工具不同，其显示方式很可能不符合数据分析的需求，有时需要对数据表中的行列进行互换，这时可用选择性粘贴中的"转置"功能来实现。关于 Excel 中粘贴工具的使用方法已经在项目一中详细解释说明，这里不再赘述。

2. 数据分离

如果采集到的数据"鱼龙混杂"，即汉字、英文字母、数字混杂在一个单元格里，在数据分析前必须将各种类型的数据加以分离。一种方法是利用文本类函数 LEFT( )、RIGHT( )和 MID( )，将单元格中的文本数据提取出来；另一种方法是通过"开始"-"填充"-"内容重排"功能将文本分离出来。对于混杂程度不深且规律较为明显的数据混合，利用快速填充、分列功能也可以实现不同类型的数据分离。无论哪种情形，如果数据库较为庞大，进行文本提炼的工作量都会比较大。

(1) MID( )函数。MID(text,start_num, num_chars)函数用来返回文本字符串中从指定位置开始的特定数目的字符，该数目由用户指定。MID( )函数始终将每个字符(不管单字节还是双字节)按 1 计数。其中，text 参数为必需项，表示包含要提取字符的文本字符串；start_num 参数为必需项，表示文本中要提取的第一个字符的位置(文本中第一个字符位置为 1，以此类推)；num_chars 也为必需项，表示希望从字符串中返回几个字符。

如果 start_num 大于文本的长度，MID 返回""(空文本)；如果 start_num 小于文本的长度，但 start_num 加上 num_chars 超过文本的长度，MID 返回文本末尾的字符；如果 start_num 小于 1，MID 返回错误值#VALUE！；如果 num_chars 为负值，MID 返回错误值#VALUE！。

(2) LEFT 函数。LEFT(text, [num_chars])函数用来返回文本字符串中第一个字符或前几个字符。其中，text 参数为必需项，是包含要提取的字符的文本字符串；num_chars 表示要提取的字符的数量，可以省略，此时假设其值为1。

num_chars 必须大于或等于零；如果 num_chars 大于文本长度，则 LEFT 返回全部文本。RIGHT( )函数的构成与 LEFT( )函数相似，用来返回文本字符串中最后一个字符或多个字符，用法相同，这里不再赘述。

(3) RIGHT 函数。RIGHT(text, [num_chars])函数用来返回文本字符串倒数第一个或几个字符。其参数的含义与 LEFT 函数相同，只是取字符的方向相反。

(4) LEN 函数。LEN(text)函数用来返回指定文本字符串的长度数值，通常与其他函数结合使用。

三、任务内容

(一) 数据清洗与分离

宏发公司电商事业部获取的网店订单数据，见工作簿 "2-1 电商数据获取与处理"中"待清洗数据"。请审验数据，完成如下要求：

(1) 分离订单时间与用户名；

(2) 将缺失数据用"不明"填充；

(3) 调整"年龄"字段的格式为"数值"；

(4) 将"订单详情"字段中的交易编号和金额分离出来，并设置正确格式，其他内容删除。

(二) 数据转化

将项目一中的"表 1-2 宏发公司 8 月部分销售数据(2)"转化为一维表，字段名称分别为区域、品牌、销量，具体见工作簿 "2-1 电商数据获取与处理"中"待转化数据"工作表。

四、任务执行

(一) 数据清洗与分离

1. 分离订单时间与用户名

经观察，待清洗的粘连字段"下单时间用户"中下单时间长度均为 14 位，后面的用户名长短不一。可采用"分列"功能中的"固定长度"将二者分离开来，具体操作方法参照"项目二学习情境一任务二"。

利用字符串函数也可达成此目标：首先，插入两个空白列，分别命名为"下单时间""用户名"；其次，分别在两列书写公式"=LEFT(A2,14)"和"=RIGHT(A2,LEN(A2)-14)"并向下填充，达到目标。第二个公式利用"LEN(A2)-14"计算用户名的位数，从而正确分离数据。

视频：分离订单时间和用户名

2. 缺失数据处理

选中表格区域，按 Ctrl+G，调出"定位"对话框，点击"定位条件"，选择"空值"，系统将全部空白单元格选中。输入"详情不明"，按 Ctrl+Enter，则全部空白单元格填充完毕。

3. 调整数据格式

表格中"年龄"字段每个单元格左上角都有一个绿色的标识，说明数据是文本格式。将其转化为数字格式的方法有很多，下面介绍两种。

视频：缺失值处理

第一种，选中所有年龄数据单元格，点击左侧小图标的下拉列表，选择"转换为数字"，或者选择"忽略错误"，系统自动将全部文本格式转化为数字格式，单元格左上角的绿色标识消失。

第二种方法，利用选择性粘贴功能转化。在表格外任意单元格输入数字 1，复制该单元格，再选中所有年龄数据，右击，在选项中选择"选择性粘贴"，打开"选择性粘贴"对话框，选中运算中的"乘"或"除"，单击"确定"按钮，系统自动完成格式更换。

4. 分离编号和金额

选中待分离区域，执行"数据"-"分列"命令，打开"分列"对话框，选择"固定宽度"，画三条线，将有用信息隔离出来，无用列通过"不导入此列(跳过)"按钮忽略，订单编号列设置为"文本"，金额列设置为"不导入此列(跳过)"，如图 2-6 所示。单击"完成"按钮，此时原来的订单详情变成了两列，金额列数值后面还存在一个分号，再次选定该区域，按住 Ctrl+F 调出"替换"，将";"替换掉，再修改字段名，完成分离工作，结果如图 2-7 所示。

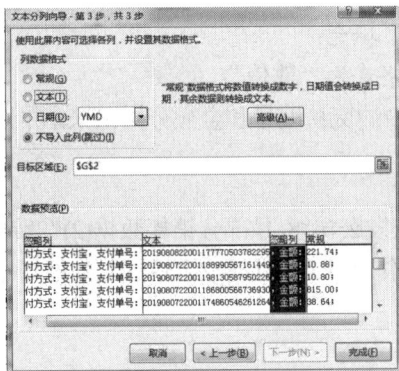

视频：分离编号与金额

图 2-6　分离、规范、删除数据过程

订单编号	金额
20190808220011777770503782295	221.74
20190807220011889905671161449	10.88
20190807220011981305879502226	10.8
20190807220011868005667369300	815
20190807220011748605462611264	38.64
20190806220011399805454989660	20
20190806220011201005881504910	13.8
20190806220011176005141640060	11.88
20190806220011024105042966000	12.8
20190806220011605305475247320	118
20190806220011250605905799940	56.68
20190805220011255205561473820	12.63
20190805220011923205762834230	54.08
20190805220011623705110482620	13.61
20190804220011784305298326070	12.8

图 2-7　替换法去除分号过程

(二) 二维表转化为一维表

单击常用功能添加的"数据透视表和数据透视图"按钮，打开"数据透视表和数据透视图向导—步骤 1(共 3 步)"对话框，单击选中"多重合并计算数据区域"及"数据透视表"单选按钮。单击"下一步"按钮，在"数据透视表和数据透视图向导—步骤 2a(共 3 步)"对话框选中默认的"创建单页字段"单选按钮。继续按"下一步"按钮，打开"数据透视表和数据透视图向导—步骤 2b，共 3 步"对话框，在"选定区域"框选择二维表所在区域"二维数据!$A$1:$D$4"。再单击"下一步"按钮，打开"数据透视表和数据透视图向导—步骤 3(共 3 步)"，选定数据透视表存放位置为现有工作表"二维数据!=$F$4"。单击"完成"按

视频：二维表转化
一维表

钮，得到数据透视表。操作过程如图 2-8 所示。在数据透视表中，取消选中"数据透视表字段"中"行"和"列"复选框，数据透视表只剩"378"一项数据，如图 2-9 所示。双击 378 得到其构成明细，复制有用信息填充一维表，完成操作，如图 2-10 所示。

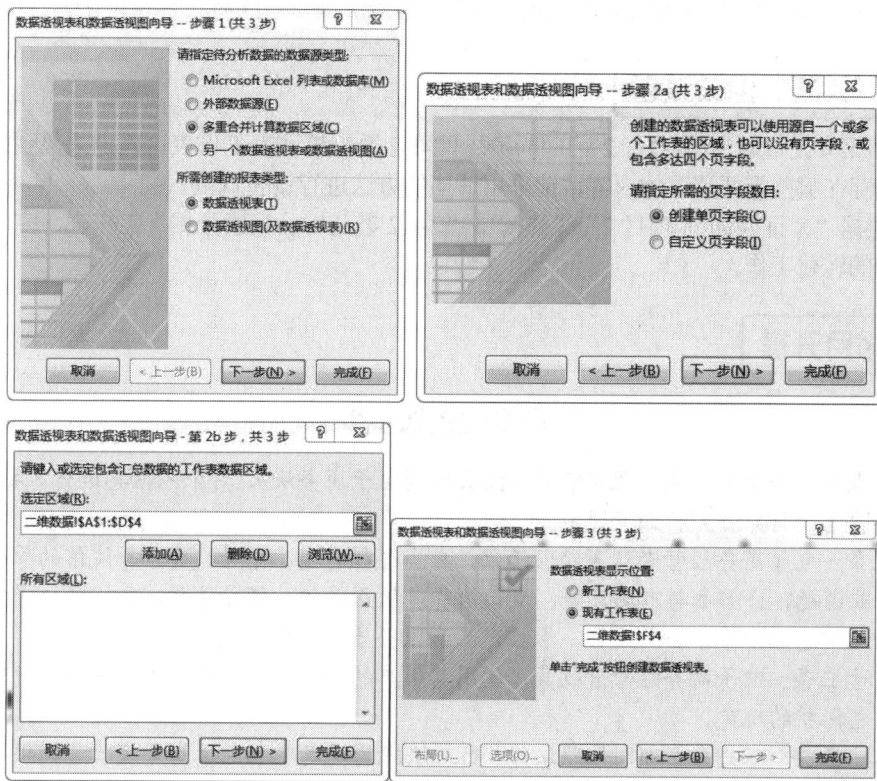

图 2-8　二维表转化一维表过程

图 2-9　数据透视表字段设置

行	列	值	页1
大东	OPPO	31	项1
大东	华为	72	项1
大东	苹果	42	项1
和平	OPPO	36	项1
和平	华为	31	项1
和平	苹果	30	项1
沈河	OPPO	49	项1
沈河	华为	38	项1
沈河	苹果	49	项1

区域	品牌	销量
大东	OPPO	31
大东	华为	72
大东	苹果	42
和平	OPPO	36
和平	华为	31
和平	苹果	30
沈河	OPPO	49
沈河	华为	38
沈河	苹果	49

图 2-10　二维表转化一维表结果

钧元提要

1. 理解数据清洗与转化的原因，能根据实际情况判断需要进行哪些清洗与转化工作。
2. 掌握基本的清洗与转化工具，会进行常见的清洗操作，能将二维表转化为一维表。

1+X证书相关试题

1. 根据"X证题训练-项目2"工作簿中"2-1-2数据清洗"工作表，确定采集到的店铺销售数据中存在哪些需要清洗的内容，请采用适当的方法进行调整规范。

2. 根据"X证题训练-项目2"工作簿中"2-1-2婴儿用品搜索数据"工作表，完成二维表到一维表的转化工作。

豁目开襟

电商法条知多少

从事电商业务活动必须遵循《中华人民共和国电子商务法》，对个人信息进行保护。《中华人民共和国电子商务法》有如下规定。

第五条：电子商务经营者从事经营活动，应当遵循自愿、平等、公平、诚信的原则，遵守法律和商业道德，公平参与市场竞争，履行消费者权益保护、环境保护、知识产权保护、网络安全与个人信息保护等方面的义务，承担产品和服务质量责任，接受政府和社会的监督。

第二十三条：电子商务经营者收集、使用其用户的个人信息，应当遵守法律、行政法规有关个人信息保护的规定。

第二十五条：有关主管部门依照法律、行政法规的规定要求电子商务经营者提供有关电子商务数据信息的，电子商务经营者应当提供。有关主管部门应当采取必要措施保护电子商务经营者提供的数据信息的安全，并对其中的个人信息、隐私和商业秘密严格保密，不得泄露、出售或者非法向他人提供。

第六十九条：国家维护电子商务交易安全，保护电子商务用户信息，鼓励电子商务数据开发应用，保障电子商务数据依法有序自由流动。

国家采取措施推动建立公共数据共享机制，促进电子商务经营者依法利用公共数据。

第七十九条：电子商务经营者违反法律、行政法规有关个人信息保护的规定，或者不履行本法第三十条和有关法律、行政法规规定的网络安全保障义务的，依照《中华人民共和国网络安全法》等法律、行政法规的规定处罚。

提示：电子商务行业有着特殊的政策与规定。进行电商信息采集与分析时，应坚守诚信，遵循行业规则和商业伦理，保障消费者信息安全，在法律和道德允许范围内进行严谨规范的操作，切不可为了达成目标而不择手段。

学习情境二　电商数据分析

电商企业想在互联网市场站稳脚跟，必须构建大数据战略，拓宽电商行业数据应用广度与深度，使电商企业对外掌握行业市场构成、细分市场特征、竞争对手状况等环境发展规律，对内了解自身经营存在的问题，探索提升经营效率和效益的策略、手段等微观发展规律。

任务一　行业与竞争数据分析

一、任务描述

电商企业未来盈利水平高低不仅受到自身发展周期的影响，还会受到行业发展及竞争对手、竞争产品经营水平的制约。如果一个行业处于衰退阶段或市场竞争极其激烈，那么即使电商企业处于成长阶段，并愿意投入大量的人力、物力，其发展空间仍然是非常有限的。全面了解行业发展状况，预测市场容量和未来走势，分析竞争企业和产品经营水平，是电商企业的立足之本。

二、入职知识准备

(一) 行业分析内容

电商企业的行业分析主要围绕行业发展现状展开，包括行业集中度分析、市场容量分析、市场趋势分析等。

1. 行业集中度分析

行业集中度，又称为行业集中率或市场集中度，是对整个行业市场集中度和市场势力测量的重要量化指标，可以反映某个行业的饱和度、垄断程度，一般通过赫芬达尔指数(HHI)来反映。它通过测量市场占有率，获取竞争对手的市场份额，再计算市场份额的平方值并求和得到。其取值在 $1/n \sim 1$ 之间变动。HHI 指数的数值越小，说明行业的集中度较低，趋于自由竞争。当行业完全垄断时，HHI 为 1。该指数在经济学界使用较多，实务中通常以交易指数为基础进行计算。

2. 市场容量分析

市场容量即市场规模，市场容量分析主要是研究目标行业市场的整体规模，确定目标行业市场在指定时间内的销售额水平。由于市场的发展是动态的，市场容量分析必须实时监控并采用多种渠道整合数据资源，以保证预判科学有效。

3. 市场趋势分析

市场趋势分析建立在市场容量分析的基础上，根据市场历史数据判定行业目前所处的发展阶段是萌芽期、成长期、爆发期，还是衰退期。市场趋势分析要用到趋势预测分析方法，可以通过数据分析宏来完成，此项内容将在本项目学习情境四中详细介绍。

此外，Excel 还提供了很多功能，如分析序列、预测趋势、创建预测工作表，以及在图表中添加带公式的趋势线等。其中，"预测工作表"是 Excel 2016 的新增功能，其通过内置的FORECAST.ETS(target_date,值,时间线,[seasonality],[data_completion],[汇总])函数快速完成目标日期的预测。其中，target_date 为目标日期，值为源数据的数据值，时间线为源数据的时间，seasonality 参数可省，表示季节性周期的长度，默认为 1，可根据数据源的特征进行调整，提升预测的可靠性。

(二) 竞争分析内容

随着移动互联技术的飞速发展，电商行业竞争也愈加白热化。竞争分析主要包括竞店分析和竞品分析两部分。

1. 竞店分析

竞店即竞争店铺,指与本企业生产或销售同类商品或替代品,提供同类服务或替代服务,以及价格区间相近,目标客户类似的相关企业。

电商企业能否在市场上取得成功,除了取决于自身商品的品类、质量、价格外,还取决于竞店的各种要素,如竞店属性、商品类目、销售状况、推广活动及商品上下架时间等。通过对上述情况的分析,了解竞店是否为原创品牌、店铺人群定位、商品适用季节、适用场景、基础风格,掌握自身店铺和竞争店铺在类目布局、类目销售额,推广活动的内容、频度、深度和效果等方面的差距,从而改善品类布局,优化推广促销手段及合理安排商品上下架时间,提升销售业绩。

2. 竞品分析

竞品,简单地说就是竞争产品。客户进入线上店铺时,更多是进行单品搜索。单品无论是作为形象款、主推款还是引流款,均无法回避市场的竞争。为了提升单品流量或销量,并进一步预测竞品未来的动向,电商企业需要对竞争对手的商品进行多维度分析。

竞品分析主要包括价格分析、收藏量分析、基本信息分析、销售分析、推广活动分析,以及商品评价分析。通过分析找出自身商品与竞品之间的差距,进而避开竞品的优势,挖掘自身店铺商品的特点。竞品分析需要借助店侦探等监控工具,一些基础信息还需要通过人工观察来完成。

(三) 合并计算

合并计算是 Excel 中进行数据汇总的"神器",简单、直接、好用。它的数据汇总功能包括求和、计数、平均值、最大值、最小值、乘积、数值计数、标准偏差、总体标准偏差、方差、总体方差 11 项,既可以对同一个表格中的一个或者多个数据区域进行处理,也可以对不同表格中多个数据区域的数据进行汇总。使用合并计算时,需注意如下事项。

第一,先选中合并后数据放置区域的单元格,再执行"合并计算"。

第二,单一引用位置可以不用添加到"所有引用位置"区域,选中即可。多个引用位置,必须逐一选中引用位置后再添加到"所有引用位置"区域。引用位置区域必须是以合并依据字段为起始列的连续区域。如果有多个引用位置区域,这些区域的数据结构必须完全相同。

第三,进行合并计算时,如果"所有引用位置"区域存在无用的区域,应先删除。

第四,合并计算功能可以指定字段进行统计。此时,如果引用位置区域包括了源数据的首行字段,则要求选中"首行"复选框,并且指定的字段名称必须与源数据的字段名称完全一致;如果二者不一致,引用位置区域不要包括首行字段,也不选中"首行"复选框,系统自动返回与起始列相邻的一个或多个字段的统计结果。

第五,合并计算功能也可以指定记录进行筛选统计,还可与通配符结合,对满足条件的记录执行合并计算操作。在 Excel 中,通配符"?"代表单一字符,"*"代表多个字符,"~?"与"~*"代表符号本身。

(四) 图表

图表可以非常直观地反映工作表中数据之间的关系,可以方便地对比与分析数据。用图表表达数据,可以使表达结果更加清晰、直观和易懂,为使用数据提供了便利。

1. 图表构成

Excel 的标准图表主要由图表区、绘图区、图表标题、坐标轴、图例、数据表、数据标签和背景等组成。整个图表及图表中的数据称为图表区，在图表区中，当鼠标指针停留在图表元素上方时，Excel 会显示元素的名称，从而方便用户查找。绘图区主要显示数据表中的数据，数据随着工作表中数据的更新而更新。创建图表完成后，图表中会自动创建标题文本框，只需要在文本框中输入具体标题名称即可。默认情况下，Excel 会自动确定图表坐标轴中图表的刻度值，也可以自定义刻度，以满足使用需要。当在图表中绘制的数值涵盖范围较大时，可以将垂直坐标轴改为对数刻度。图例用方框表示，用于标识图表中的数据系列所指定的颜色或图案。创建图表后，图例以默认的颜色来显示图表中的数据系列。数据表是反映图表中源数据的表格，默认的图表一般都不显示数据表。图表中绘制的相关数据点的数据来自数据的行和列。如果要快速表示图表中的数据，可以为图表的数据添加数据标签，在数据标签中可以显示系列名称、类别名称和百分比。背景主要用于衬托图表，可以使图表更加美观。

2. 图表类型

Excel 2016 中提供了 14 种内部的图表类型，每一种图表类型又有多种子类型，还可以自己定义图表。用户可以根据实际需要，选择原有的图表类型或者自定义图表。

Excel 中可以使用图表向导创建图表，也可以利用功能区中"插入"选项卡下的"图表"功能来创建图表，还可以使用 Alt+F1 组合键来创建嵌入式图表，用 F11 键创建工作表图表。

图表功能简单、直观，呈现方式多样，比文字更能吸引读者的注意，在数据分析时经常使用。图表功能的实现将结合实际任务在本项目及后续项目中阐述。

三、任务内容

（一）行业分析

(1) 宏发公司电商事业部想开发女装业务，拟选择市场容量大、销售前景好的子行业进入。经调查，暂时锁定羽绒服行业。在淘宝网生意参谋中采集女士羽绒服行业最近一个月排名前 50 的品牌的交易指数，见"2-2 电商数据分析"工作簿中"羽绒服交易指数"工作表。请据此计算 HHI，判断该行业饱和度及垄断程度。

(2) 从艾媒网等平台及行业发展报告中获取 2014—2022 年羽绒服行业市场容量数据，见"2-2 电商数据分析"工作簿中"羽绒服市场容量"工作表，试估计未来三年市场容量发展状况。

（二）竞争分析

1. 竞店分析

宏发公司电商事业部线上酒水店铺为充分掌握市场竞争状况，确定一家店铺层级相同且同样销售酒水的店铺为竞店，通过店侦探采集竞店近三个月的销售数据，见"2-2 电商数据分析"工作簿中"4 月竞店销售数据"等三张工作表。请完成如下分析工作：

(1) 利用合并计算功能，统计 6 月份各类目酒品的成交笔数；

(2) 统计第二季度各类目酒品的总销售量、总销售额及平均单价。

2. 竞品分析

假定公司确定"42°美源四特贵宾"白酒、"草莓奶油酒"果酒、"法莱雅原装进口"红酒和"蜜桃米露"米酒为 4 个品类的竞品，请利用第二季度竞店的销售数据完成下述操作：

(1) 汇总以上 4 种竞品的销售总量、销售总额及平均单价；

(2) 统计名称以"42°"开头的酒品，以及四字名称的酒品第二季度的销售量。

四、任务执行

(一) 行业分析

1. 计算 HHI

(1) 打开"2-2-1 羽绒服交易指数"工作表，分别在 D1、E1、F1 三个单元格内输入"市场份额""市场份额平方值"和"行业集中度"三个字段名。将光标定位到 D2 单元格，输入"=C2/SUM($C$2:$C$51)"，计算排名第一的 Canada Goose 品牌的市场份额。同理，以各品牌的交易指数除以 50 个品牌的交易指数之和，计算各自品牌的市场份额。

(2) 在 E2 单元格，输入"=D2^2"，计算市场份额平方值。在该单元格右下角，双击十字光标，自动填充 E3:E51 单元格，完成所有品牌市场份额平方值的计算。

视频：HHI 计算

(3) 以"=SUM(E2:E51)"为公式，计算 50 个品牌市场份额平方值之和，得到 HHI=0.027。HHI 指数的数值远远小于 1，说明女装羽绒服行业的集中度较低，行业垄断性差，可以选择介入。

2. 市场容量预估

打开"2-2-1 羽绒服市场容量"工作表，选定数据区域，单击"数据"–"预测"组中的"预测工作表"按钮，打开"创建预测工作表"对话框。调整预测结束年限为 2025 年，单击"选项"进行如图 2-11 所示的设置，单击"创建"按钮，得到预测结果如图 2-12 所示。

未来羽绒服市场容量将持续增长，2023 年预计达到 1 751.32 亿元，2024 年达到 1 874.80 亿元，2025 年达到 1 998.27 亿元，双击预测值 1 751.32 所在的单元格，可以看到预测使用的函数为"FORECAST.ETS(A9,$B$2: $B$8,$A$2:$A$8,1,1)"。实践中，可根据需要对参数进行修改，修正预测结果。

视频：等差序列预测

图 2-11　创建预测工作表选项设置

本案例也可以采用序列进行线性趋势预测，选中历史销售额及要预测销售额序列区域，执行"开始""编辑""序列"命令，打开"序列"对话框，选择序列产生在"列"，类型为"等差数列"，勾选"预测趋势"对话框，单击"确定"，系统自动填充 2023 年、2024 年和 2025 年预测销售额，分别为 1 743.00 亿元、1 866.53 亿元和 1 990.07 亿元。

视频：散点图预测

若根据历史数据绘制销售额变化的散点图并添加线性趋势线，显示公式，可以得到销售额 y 与年份序列 x(2014 年对应年份为 1，以此类推)之间的线性方程为 $y = 123.53x$

+507.67。由此可以预测 2023 年(此时 *x*=10)的销售额为 1 742.97 亿元, 2024 年(此时 *x*=11)的销售额为 1 866.5 亿元, 2025 年的销售额为 1 990.03 亿元。这一结论与等差序列预测的基本一致。

年份	销售额/亿元	趋势预测(销售额/亿元)	置信下限(销售额/亿元)	置信上限(销售额/亿元)
2014	693			
2015	767			
2016	858			
2017	963			
2018	1068			
2019	1200			
2020	1395			
2021	1562			
2022	1622	1622	1622.00	1622.00
2023		1751.32	1668.61	1834.03
2024		1874.80	1763.46	1986.13
2025		1998.27	1864.25	2132.29

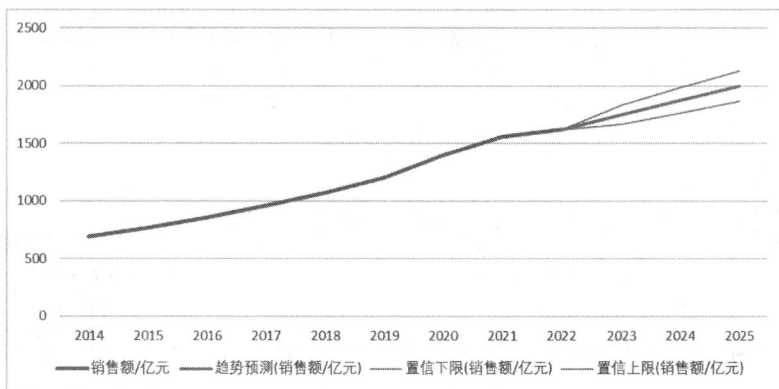

图 2-12　预测结果

视频：预测工作表预测

(二) 竞争分析

1. 竞店数据统计

(1) 在"6 月竞店销售数据"工作表中，选中欲放置统计结果区域的首个单元格，如 I1，复制数据源中的字段名"类目名称"粘贴至此，再选中该单元格并单击"数据"-"数据工具"组中的"合并计算"按钮。在打开的"合并计算"对话框中选择"求和"函数，引用位置选择区域"$B$1:$F$29"，选中"首行"和"最左列"复选框，如图 2-13 所示。单击"确定"按钮，删除无关列，仅保留"成交笔数"列，调整格式，得到 6 月份各类目商品的成交数据，如图 2-14 所示。

视频：6 月竞店数据分析

图 2-13　单一区域合并计算设置

类目名称	成交笔数
酒类>>国产白酒	25
酒类>>葡萄酒	13
酒类>>果酒	19
酒类>>黄酒	11

图 2-14　单一区域合并计算结果

(2) 选中结果放置单元格，打开"合并计算"对话框，选择"求和"函数，删除"所有引用位置"中已有区域，在"引用位置"先后选择区域"'4月竞店销售数据'!$B$1:$D$27""'5月竞店销售数据'!$B$1:$D$32"，以及"'6月竞店销售数据'!$B$1:$D$29"，并逐一添加到"所有引用位置"，如图2-15所示。修改字段名称，调整格式，得到汇总结果如图2-16所示。

图 2-15　多区域合并计算设置

类目名称	第二季度总销量/件	第二季度总销售额/元
酒类>>国产白酒	3054	317470
酒类>>葡萄酒	1742	450518
酒类>>黄酒	1998	90774
酒类>>果酒	7362	373828

图 2-16　多区域合并计算结果(1)

在"第二季度总销售额"右侧增加字段"平均单价"，设置该字段的计算公式为第二季度总销售额/第二季度总销量，书写公式并填充，得到各类目商品平均单价，如图2-17所示。

视频：第二季度竞店
数据分析

类目名称	第二季度总销量/件	第二季度总销售额/元	平均单价
酒类>>国产白酒	3054	317470	103.95
酒类>>葡萄酒	1742	450518	258.62
酒类>>黄酒	1998	90774	45.43
酒类>>果酒	7362	373828	50.78

图 2-17　多区域合并计算结果(2)

思考：在计算第二季度各类目酒品平均单价时，可以采用合并计算中的"平均值"算法吗？请动手试一试，并与上述计算结果进行比较，说明差异原因。

2. 竞品数据统计

(1) 绘制表格区域。选中该区域，执行合并计算操作，函数为求和，所有引用位置为"'4月竞店销售数据'!$A$1:$D$1""'5月竞店销售数据'!$A$1:$D$32"，以及"'6月竞店销售数据'!$B$1:$D$29"，系统自动按要求统计相应数据，如图2-18所示。修改字段名称，同时增加字段"平均单价"，方法同前一步骤，最终计算结果如图2-19所示。

酒品名称	30日销量/件	30日销售额/元
42°美源四特贵宾		
草莓奶油酒		
法莱雅原装进口		
蜜桃米露		

图 2-18　竞品数据筛选预设

视频：指定竞品
数据统计

酒品名称	第二季度总销量/件	第二季度总销售额/元	平均单价
42°美源四特贵宾	1187	164758	138.80
草莓奶油酒	4005	88360	22.06
法莱雅原装进口	534	124172	232.53
蜜桃米露	1857	50784	27.35

图 2-19　竞品数据筛选结果

(2) 要统计名称以"42°"开头的酒品及四字名称的酒品第二季度的销售量, 只要将汇总基础表格中酒品名称按通配符写好"42°*"和"?????", 执行合并计算操作, 即可得到正确结果, 具体如图 2-20 所示。

酒品名称	第二季度总销量/件
42°*	2408
????	4655

图 2-20　通配符筛选结果

视频: 设置通配符
统计竞品数据

◤ 钩元提要

1. 掌握预测工作表的基本用法, 能运用其进行快速预测分析。
2. 了解合并计算的原理和使用规则, 能根据需要进行相应的统计分析。

◤ 1+X证书相关试题

根据"X 证题训练-项目 2"工作簿中"2-2-1 电子产品销售数据"工作表, 试着通过合并计算方法完成如下任务:

1. 统计每个客服人员三个月的总销售额, 统计每种产品三个月的总销售额;
2. 运用通配符统计每个月的总销售额。

◤ 豁目开襟

创业做电商, 你准备好了吗

全民网购, 电子商务的发展日趋火热, 赋予了想创业的朋友们更多契机。但电子商务发展到今天, 已经孕育出了一套较为成熟的游戏规则。想进入这个市场开创自己的事业, 该有的经验和技巧必须准备好。

1. 找自己和市场的结合点

电商的实质其实就是减少了生产工厂和终端顾客的中间环节, 主旨还是销售。既然是销售, 就不单是简单的你卖我买, 要全面分析市场行情。简单点说就是, 找到市场缺口和自身优势的结合点。"缺口"不好找, 可以退而求其次, 选择竞争难度小并且自身资源可以简单满足的行业与产品, 然后认真分析潜在顾客, 分析他们在乎什么、对产品挑剔什么、不注重什么, 以及分析他们的购买行为等, 还要分析主要和次要的竞争对手, 分析他们的爆款都是些什么, 以及产品, 做了什么营销手段, 顾客对产品的态度等。明晰了这些, 才能找准营销策略。

2. 从根本做起, 小步前进

每个想开始自己独立创业的人都满怀激情地希望快点把市场做大, 就方方面面撒网, 网站、网店、平台、线下的代理渠道等, 但这样做, 往往原本有优势的资源被折腾几下就没了。所以, 前期的投入要谨慎再谨慎, 最好是开始只开一个网店, 有经验了再逐步扩大, 资金回环正常了, 再继续后面的操作。

3. 一切从实际出发

没有调查就没有发言权, 不走进市场, 永远不知道怎样才能做对, 如何才能做好。要多去看看产品和行业展会，多跟行业圈子里的人实际接触，多研究数据，做分析，做规划，寻找竞争优势。经营要用心、用脑，决策要用数据来支撑，切不可拍拍脑袋就决定。会用一些数据分析软件，能够正确解读数据是必要的。

提示： 创新意识的培养，创业能力的提升是当代大学生创造社会财富，实现人生价值的重要基石。创新创业应讲求方法，循序渐进，善于观察与思考，站在前人经验的基础上，谋求新的发展和更大的突破。

任务二　运营数据分析

一、任务描述

在淘宝网店经营活动中，企业往往都会通过站内付费推广工具如直通车、钻展、淘宝客，免费推广工具如微淘、网店活动等渠道进行营销。要想更好地使用这些工具、渠道提升网店的流量和人气，为网店带动更多的成交，便要从推广数据分析入手。

二、入职知识准备

(一) 运营数据分析内容

运营数据分析是对企业运营过程和最终成效上产生的信息数据进行分析，涉及客户、推广、销售及供应链等方面，从中总结运营规律和效果，以此帮助企业调整和优化运营策略。

1. 客户数据分析

客户数据分析主要包括客户画像和客户行为分析两方面。客户画像主要分析客户性别、年龄、地域、职业、消费层级、产品偏好及客户来源终端等特征信息；客户行为方面则要分析客户行为轨迹，分析客户进入企业网店到离开企业网店整个过程中的行为数据，包括客户入口页面、来源路径、去向路径等；计算客户浏览量与收藏量，分析单位时间内客户在企业网店的浏览量与收藏量变化趋势。此外，还要分析购买频次和重复购买率等客户忠诚度和满意度方面的数据。通过客户数据分析，企业可深入了解客户特征、偏好、行为等变化规律。

2. 推广数据分析

进行店铺和商品推广是网店运营的基本活动。推广数据分析是对企业推广过程中产生的数据进行分析，包括流量的来源分析、关键词及活动的推广效果分析和运营内容效果分析等几个方面。

点击率、转化率、收藏率及投入产出比(ROI)是衡量推广效果的关键指标。点击率为点击量占展现量的比重；转化率一般指在一个统计周期内完成转化行为的次数(或人数)占推广信息总点击次数(或访客数)的比率，它是电商营运的核心指标，用来判断营销效果。可计算点击转化率、下单转化率、支付转化率等，一般用漏斗图直观反映转化率的变化。投入产出比为产出与投入的比值，产出可用成交金额表示，投入则为推广发生的总费用。

3. 销售数据分析

销售数据分析是运营分析的关键组成部分，可以分为交易数据分析、服务数据分析两种类型。其中，交易数据有销售额、订单量等；服务数据有响应时长、询单转化率等。通过运营数据进行分析，企业能够了解自身运营的效果，并及时解决运营过程中存在的问题。

客单价与访客价值可以反映网店销售情况的好坏。客单价指网店每一位顾客平均消费金额。访客价值(UV 价值)表示独立访客带来的成交金额。客单价=商品平均单价×每一顾客平均购买商品个数；UV 价值=销售额/访客数；销售额=访客数×转化率×客单价。

4. 供应链数据分析

供应链数据分析包括采购数据分析、物流数据分析和仓储数据分析三方面，可分析采购数量、采购单价，物流时效、物流异常及库存周转率、残次库存比等。通过对供应链数据的分析，企业能够了解产品供应过程中各环节存在的问题，以便实施供应链优化管理。

⬇ 扩展阅读

数字经济为现代化经济体系奠定坚实基础

在党的二十大报告中，关于"现代化"的关键词有 86 个，"经济"的关键词有 60 个，"创新"的关键词有 55 个，"强国"的关键词有 36 个，"高质量"的关键词有 16 个，"产业"的关键词有 23 个，"核心技术"的关键词有 2 个，"产业链供应链"的关键词有 3 个，"数字"的关键词有 7 个，包括"数字中国""数字经济""数字产业""数字贸易""教育数字化""文化数字化"和"数字化战略"，与数字经济和信息通信技术相关的有"超级计算机""卫星导航""数字中国""数字经济""数字产业""数字贸易""教育数字化""文化数字化"等。

在党的二十大报告中，创新、高质量发展、核心技术、数字经济、产业链供应链等是我国现代化经济体系的重要组成部分。

近年来，我国数字经济关键核心技术、芯片、基础器件等受到了西方国家封锁、打压，经济发展中产业链供应链安全性和稳定性面临很大挑战。攻克数字经济关键核心技术，引领和支撑重点行业领域高质量发展，全力保障重点产业链供应链安全稳定，加快打造国家战略科技力量，以数字经济助推高水平科技自立自强，提升我国产业链供应链安全性和稳定性具有重要战略意义。

2020 年 10 月 26 日，在党的十九届五中全会上，党中央提出了要推进产业链供应链现代化水平提升。2021 年 10 月 30 日，习近平主席在 2021 年二十国集团罗马峰会上提出，要维护产业链供应链安全稳定，畅通世界经济运行脉络。

资料来源：罗以洪. 深入学习贯彻党的二十大精神｜数字经济推动产业链供应链韧性和安全水平提升[EB/OL]. (2022-11-16). https://www.gzstv.com/a/beb5f0f7b51049469c01636c30d2bc3b.

(二) 超级表

在 Excel 中套用了表格格式的表，称之为超级表(table)；反之，则为普通区域(range)，其快捷方式为 Ctrl+T。超级表是 Excel 中很重要的数据处理功能，它可以方便地对数据进行排序、筛选和格式设置等，是普通表格功能的延伸扩展，也具有数据透视表的部分功能。比普通表格更智能化，比数据透视表更简洁化。超级表主要有如下优势。

首先，快速便捷地为表格套用样式，设置格式。在制作表格的时候，设置表格的字体、颜色、底纹、边框，尤其是对篇幅较长的明细表设置"阴阳"底色来区分隔行，非常烦琐。利用超级表则几秒钟即可轻松完成。

其次，数据源区域可随意增减调整，并自动套用格式。普通表格增减项目配套的分析结果需要刷新或重新选定数据源区域再分析才可调整，而超级表会自动扩充表格区域，相应的公式会自动填充。

再次，超级表可通过添加汇总行的方式对不同的字段采取不同的统计方法，不用自行输入公式。其与数据透视表结合，可实时更新统计结果。

最后，超级表能实现排序、筛选功能，重复数据可快捷删除，还可以配套使用切片器，方便数据的读取与分析。

三、任务内容

(一) 交易数据分析

宏发淘宝店铺 2023 年 9 月开展推广活动，取得相关流量与交易数据，见工作簿"2-2 电商数据分析"工作簿中"营运数据"工作表。试应用超级表功能完成如下任务：

(1) 增加客单价及 UV 价值字段并完成相应计算(UV 价值=支付金额/访客量)；

(2) 汇总计算活动期间访客量、加购人数、下单人数、支付人数，以及成交人数，计算总体客单价及 UV 价值；

(3) 利用切片器查看流量来源对访客、交易人数，以及客单价和 UV 价值的影响。

(4) 利用前面第(2)题取得的访客量、加购人数、下单人数、支付人数及成交人数计算客户流失数量、各环节转化率和总体转化率，绘制转化率漏斗图。

(二) 推广渠道决策

根据本店以往推广经验，每投入 1.24 万元在"超级推荐"可获得访客数 1.2 万人，每万人的 UV 价值约为 9 900 元。具体各渠道的投入产出数据见"2-2 电商数据分析"工作簿中"推广决策"工作表。假设公司欲投入一共不超过 5 万元的推广费用，要求成交额最高，且"超级推荐"与"淘宝客"两种渠道的广告费之和不少于 3 万元。请问该如何决策？

四、任务执行

(一) 交易数据分析

1. 增加字段

选中"营运数据"表中任意数据单元格，单击"插入"-"表格"选项，系统自动选中全部数据区域"$A$1:$I$15"，选中"表包含标题"复选框，单击"确定"按钮，如图 2-21 所示。在 J1、K1 单元格，分别输入"客单价""UV 价值"两个字段名，向右拖动超级表区域右下角的◢，系统会将新增两个字段区域囊括到超级表中。在 J2 单元格中输入公式"=[@支付金额]/[@成交人数]"，按 Enter 键，自动完成该列数据填充。同理，在 K2 中输入"=[@支付金额]/[@访客量]"，完成 UV 价值的计算，如图 2-22 所示。

2. 增加汇总行

将光标放置超级表中任意单元格，单击"设计"菜单，选中"汇总行"复选框，系统即刻在超级表下方增加汇总行，依次单击汇总行对应的各字段单元格右方卜拉箭头，选择汇总计算方法。对访客量、加购人数、下单人数、支付人数及成交人数字求和，在客单价字段对应的汇总行单元格输入"=表 2[[#汇总],[支付金额]]/表 2[[#汇总],[成交人数]]"公式，计算平均客单价。"UV 价值"字段汇总方法同"客单价"，如图 2-23 所示。

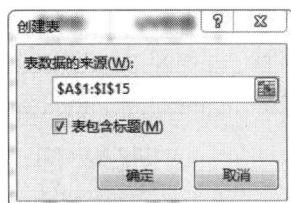

图 2-21　插入超级表

图 2-22　超级表扩充及字段计算

图 2-23　超级表汇总行计算

视频：交易数据分析

3. 插入切片器

在"设计"菜单中单击"插入切片器"选项，选中"流量来源"复选框，插入流量来源切片器。通过"选项"菜单可对切片器样式、大小，按钮排列及大小等进行设置，这里不细述。轮流单击"超级推荐"等 4 个按钮，超级表将按要求筛选出相应的数据，显示的是直通车方式下的相关运营数据，如图 2-24 所示。4 种流量方式下访客量、下单人数、客单价和 UV 价值对比情况，如表 2-1 所示。

视频：切片器使用

图 2-24　超级表切片器

表2-1 不同流量来源下的交易数据

流量来源	访客量	加购人数	下单人数	支付人数	成交人数	支付金额	客单价	UV价值
超级推荐	19 405	8 235	6 420	4 501	3 285	537 550	163.64	27.70
淘宝客	28 517	11 069	6 599	4 909	4 134	361 940	87.55	12.69
直通车	33 643	11 036	6 591	4 836	3 641	580 806	159.52	17.26
钻石展位	22 549	99 62	5 664	4 342	3 190	390 857	122.53	17.33

4. 绘制转化率漏斗图

(1) 从表2-1中获取所需数据,绘制表格、填充数据、计算转化率,结果如图2-25所示。

(2) 在"客户数"字段前,插入"占位数据"列,其算法为"=($C$2-C2)/2",向下填充,如图2-26所示。

视频:漏斗图数据准备

图2-25 漏斗图基础数据

图2-26 增加数据列

(3) 选中表格前三列数据区域,单击"插入"-"推荐的图表"-"堆积条形图"选项。双击左侧垂直轴区域,在打开的"设置坐标轴格式"工具栏内选中"逆序类别"复选框,如图2-27所示。此时橙色数据条呈现漏斗形状,如图2-28所示。

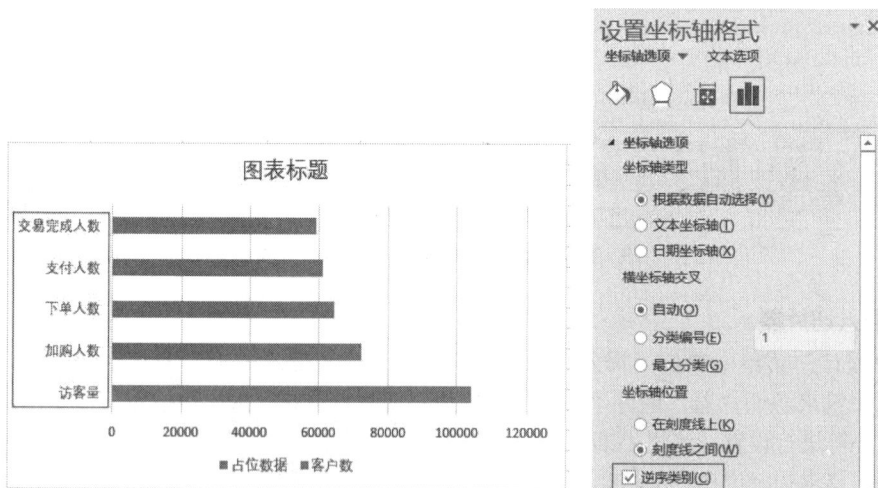

图2-27 漏斗图绘制过程(1)

(4) 选中图2-28中蓝色数据条,右击,选择"设置数据系列格式",如图2-29所示。设置数据条格式为无填充、无线条,此时蓝色数据条消失。删除"水平轴""垂直轴""网格线"及"图例",并修改图表名称为"转化率漏斗图"。

(5) 选中漏斗数据条,添加数据标签,修改数据条颜色为蓝色,漏斗图基本完成。再插入形状箭头,绘制连接线,添加数据说明,一个直观形象的转化率漏斗图就绘制成功了,如图2-30所示。

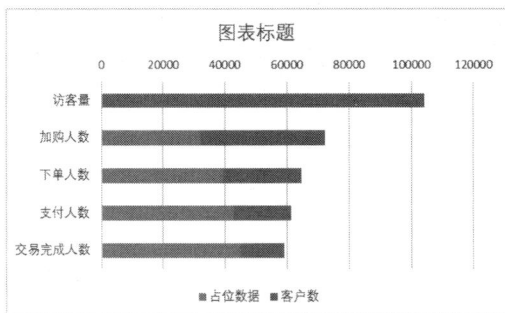

图 2-28 漏斗图绘制过程(2)

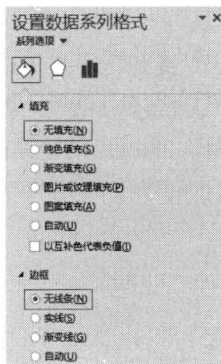

图 2-29 漏斗图绘制过程(3)

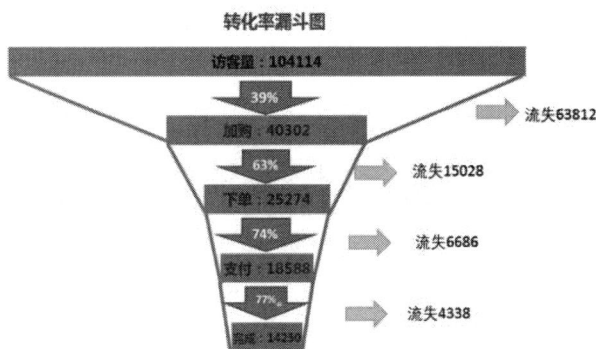

图 2-30 漏斗图绘制结果

视频:漏斗图绘制

(二) 推广渠道决策

1. 决策条件梳理

具有一定约束条件的决策问题,在 Excel 中可以采用"规划求解"来完成。梳理决策要求及目标如下。

决策目标为成交额(成交额=∑渠道投入成本×投入数量×每万人 UV 价值)最大。

约束条件为:第一,四种渠道的总广告费(总广告费=∑渠道投入成本×投入数量)小于或等于 5 万元;第二,"超级推荐"与"淘宝客"两种渠道的广告费之和不少于 3 万元;第三,每种渠道投入广告费不得为负数。

决策结论为计算每种渠道投入广告金额(广告费=该渠道投入成本×投入数量)。绘制表格并设置公式,如图 2-31 所示。

	A	B	C	D	E
1	项目	超级推荐	钻石展位	直通车	淘宝客
2	投入成本/万元	1.24	0.53	0.44	1.84
3	带来访客数/万人	1.2	1.9	1.4	2
4	每万人UV价值/元	9900	2900	3500	9900
5					
6	各渠道投入数量				
7	目标成交额	=B3*B4*B6+C3*C4*C6+D3*D4*D6+E3*E4*E6			
8	约束条件	=B2*B6+C2*C6+D2*D6+E2*E6	<=	5	
9		=B2*B6+E2*E6	>=	3	
10		各种方式投入数量	>=	0	
11	结论:各渠道投入金额	=B6*B2	=C6*C2	=D6*D2	=E6*E2

视频:规划求解条件设置

图 2-31 规划求解基础设置

2. 决策操作

单击"数据"-"规划求解"选项,打开"规划求解参数"对话框,设置目标为"$B$7",可变单元格为"$B$6:$E$6",约束条件如图 2-32 所示。单击"求解"按钮,在"规划求解结果"对话框中单击"确定"按钮,系统自动计算得到最优解,如图 2-33 所示。

图 2-32 规划求解参数设置

项目	超级推荐	钻石展位	直通车	淘宝客
投入成本/万元	1.24	0.53	0.44	1.84
带来访客数/万人	1.2	1.9	1.4	2
每万人UV价值/元	9900	2900	3500	9900
各渠道投入数量	0	0	4.545454616	1.630434783
目标成交额	54555.33631			
约束条件	5.000000031		<=	5
	3		>=	3
	各种方式投入数量		>=	0
各渠道投入金额	0	0	2.000000031	3

图 2-33 规划求解运行结果

从图 2-33 可见,目标成交额最大为 54 555.34 元,此时在"直通车"渠道投入广告费 2 万元,"淘宝客"渠道投入 3 万元,其他渠道不投入。

思考: 如果去除"超级推荐与淘宝客两种渠道的广告费之和不少于 3 万元"的条件,应如何决策?

视频:规划求解
过程

✏ 钩元提要

1. 了解电商数据分析的内容,理解点击率、转化率、收藏率、投入产出比,以及客单价、UV 价值等指标的含义,掌握超级表的用法,能根据实际情况选择便捷的工具进行数据分析。

2. 认识规划求解工具,能根据决策需要设置目标、可变单元格、约束条件,并得出最佳结论。

✏ 1+X证书相关试题

根据"X 证题训练-项目 2"工作簿中"2-2-2 关键词推广数据"工作表,试着通过超级表方法完成如下任务。

1. 创建超级表,根据已知条件增加"点击率""平均点击花费""点击转化率"及"投入产出比"字段,并计算。

2. 添加汇总行,设置计算相关字段的总体数值。

3. 添加切片器,按出价等级查看"点击率""平均点击花费""点击转化率"及"投入产出比"的总体情况。

(其中,点击率=点击量/展现量;平均点击花费=总花费/点击量;点击转化率=总成交笔数/点击量;投入产出比=总成交金额/总花费)

2023 新风向，数字经济势不可挡

新动能茁壮成长，新经济方兴未艾。近日发布的《2022 中国数字经济主题报告》显示，中国数字经济规模已经达到了 45.5 万亿元，位居世界第二，成为经济增长新引擎。在 2022 天翼数字科技生态大会上，中国电信明确提出"以数字科技引领新消费"，为新一年数字消费的走向定调。

1. 做强做优做大数字经济成为共识

党的二十大报告指出，加快发展数字经济，促进数字经济和实体经济深度融合。中央经济工作会议也提出，要大力发展数字经济，提升常态化监管水平，支持平台企业在引领发展、创造就业、国际竞争中大显身手。

2022 年，我国重点数字产业不断发展壮大，大数据、云计算、人工智能等新技术、新业态、新平台蓬勃兴起。工信部数据显示，三大运营商积极发展 IPTV、互联网数据中心、大数据、云计算、物联网等新兴业务，前 11 个月共完成业务收入 2 811 亿元，同比增长 32.6%，其中云计算和大数据收入同比增速分别达 124.8% 和 60.5%，成为发展重要引擎。

2. 运营商助建数字经济发展新格局

三大运营商夯实基础、拓展应用促进数字经济和实体经济深度融合。

一方面加强核心技术研发，以数字基础设施引领经济新发展。在 2022 天翼数字科技生态大会上，中国电信董事长柯瑞文表示，中国电信持续加大科技创新力度，加强关键核心技术攻关，持续推进云网融合，目前已升级到 3.0 全新阶段。现已建成全球最大的 5G SA 共享网络、千兆光纤网络和 NB-IoT 网络，拥有国内规模最大的一体化数据中心，天翼云已成为国内最大的混合云和全球最大的运营商云之一，实现了云、网、边、端、安全、应用等能力的全面提升，新消费底座进一步夯实。

另一方面，提升区块链、物联网、工业互联网、人工智能等创新能力，以数字技术推动数字化转型。在 2022 天翼数字科技生态大会上，中国电信发布产数领域八大行业数字平台，涵盖数字政府、社会治理、城市运管服、交通运输、园区工业互联网、传染病监测预警与应急智慧、教学、旅游八大行业，成为技术赋能产业、居民生活、社会治理的抓手。中国联通口前也正式发布"一朵云、三平台"——全面升级联通云至 7 版本，围绕七大场景云形成丰富的细分场景解决方案，全面赋能行业数字化转型。中国移动近日发布万物智联子链，华为、中兴等 129 家公司上链，协同产业链合作伙伴，推动物联网产业链高质量发展。

资料来源：2023 新风向 | 数字经济势不可挡，看运营商弄潮新蓝海[EB/OL]. (2023-01-04). https://gov.sohu.com/a/624471107_482239.

提示：我国互联网上网人数约 10.3 亿，但大部分人都是较为浅层次地触及数字技术，缺乏运用数字技术的能力。提高全民数字素质是数字经济发展和数字社会建设的重要内容，提升运用数字技术的本领，应从青年一代做起。

学习情境三 销售数据分析

品牌销售量、区域销售量、月份销售量等指标，是反映产品销售状况的基本元素，通过这

些指标可以了解企业在传统销售方式下每种商品的销售规模、销售区域分布特点、月销售计划完成情况等。利用数据透视表进一步多字段交叉分析，统计各品牌商品在各月、各区域的销售笔数；制作日销售报表，汇总统计各品牌商品每天的销售量、销售额及平均单价，追踪查看业务明细，全面掌握传统销售的状况。

任务一　销售状况分析

一、任务描述

Excel 中提供了很多简单实用的分析工具，可以快速实现某些基本数据分析功能，有效满足日常数据处理的需要。用户可以运用排序、筛选、分类汇总等基本数据分析工具对企业的销售资料进行基本的统计与分析。

二、入职知识准备

(一) 排序

排序是将数据库中各条数据按照个人需要的形式重新呈现。要进行数据排序的第一步即选定排序的范围，只要在列表中选定一单元格，系统便会自动选择列表作为排序的范围。在选定排序范围后，选择排序命令即可进行排序。排序后数据以每一记录为单位，按照指定的字段及递增、递减的属性进行重新排列。

1. 数据排序原则

升序或降序排列是指按某字段取值由小到大或由大到小的顺序排列。不同类别的数据排列原则如下。

(1) 数字类型：以该字段的数值数据的大小来排序。

(2) 日期类型：以该字段数据的日期数列来排序。日期较早者数据较小。

(3) 文字类型：中文在默认状态下是依照笔画来排序的，也可以设置以拼音来排序；英文的排序则是依据字母的顺序而定，当第一个中文(或字母)相同时，将以第二个中文(或字母)为排序依据，依此类推。

(4) 逻辑值："假(False)"排在前，而"真(True)"排在后。

(5) 错误值：全部相等。

(6) 空单元格：通常都排在最后。

(7) 特殊字符："0123456789(空格)!""#$%&'( )*+,-./:;<=>?@[\]^_`{|}~"。

(8) 若同一字段中有不同的数据类别，则排列的顺序是数值、文字、逻辑值、错误值、空白。

2. "排序"对话框说明

排序设置对话框的具体形式，如图 2-34 所示。

(1)"添加条件"：在条件列表区域增加次要关键字设置条件记录，格式与主要关键字相似。

(2)"删除条件"：删除条件列表中选定的条件记录。

(3)"复制条件"：复制并在条件列表区域增加所选择的条件记录。

图 2-34　排序设置对话框

(4)"上下方向键"：调节关键字段在各条件记录中移动。

(5)"选项"：选项对话框中包含"区分大小写"复选框、"方向"选项组和"方法"选项组。

- "区分大小写"复选框：在英文排序时，选中此复选框，则字母大小写视为不同。选中此复选框并设置升序属性时，对英文数据会以先大写字母，再小写字母来显示。
- "方向"选项组：用以决定排序的方向，因列表数据大都以列的方式排列，一般为按列排序。有时候排序的方向不是上下方向，而是左右方向，这时需按行方式排序。
- "方法"选项组。用以自行设置中文排序的方式，如按笔画还是按拼音。

(6)"条件记录区域"：条件记录区域主要用来进行排序条件的设置，主要包括主要关键字和次要关键字的设置，排序依据的设置，以及按升序、降序或自定义序列次序来排序的设置。选项中设置的按列或行排序的方向也在此处有所显示。用户可根据需要增加排序条件记录，但主要关键字一般只有一项，其他增加的排序条件均为次要关键字。

3. 排序的实现

Excel 可以实现单条件排序、多条件排序和自定义排序三种类型的排序功能。

(1) 单条件排序。根据一行或一列的数据对整个数据表按照升序或降序进行排列。选定关键字段列(或行)中的某一个单元格，单击"数据"选项卡下"排序和筛选"工作组中的升序排序按钮 或降序排序按钮 来实现该字段的自动排序。

(2) 多条件排序。选定工作表中任意一个单元格，单击"数据"选项卡下"排序和筛选"工作组中的"排序"命令，打开排序条件设置窗口并添加条件，设置主要关键字和次要关键字的字段名称、排序依据和次序等条件，实现对数据表的多字段高级排序。

(3) 自定义排序。Excel 具有自定义排序功能，用户可以根据需要设置自定义排序序列，并进行排序。在排序条件设置窗口，选择关键字段并在次序下拉列表中选择自定义序列，添加序列，并在次序栏内选择新添加的序列，则可实现数据表按该定义好的序列顺序排列的功能。

(二) 分类汇总

1. 分类汇总概述

在一般常见的数据处理过程中，常需对数据表中相同项目的数据进行运算，如求和、求平均值等，以作为个别项目的汇总。

分类汇总功能的精髓在于其"分类"，即在进行统计之前，需对要分类的字段先进行排序，升序或降序均可，将相同的数据置于一起后，再对列表中的数据进行分类汇总。

使用分类汇总的数据列表，每一列数据都要有列标题。单击数据区域的任一单元格，选中

"数据"-"分级显示"-"分类汇总"选项,在"分类汇总"对话框中设置分类字段、汇总方式、选定汇总项,实现数据的简单和多重分类汇总。

在"分类汇总"对话框中选择"替换当前分类汇总"复选框或"全部删除"按钮,可实现对分类汇总的重新设置及清除分类汇总功能。

2. 分类汇总对话框选项说明

(1) "分类字段":设置作为汇总分组的标准,选项项目为目前列表的字段名称,二次字段中的数据应先进行排序。

(2) "汇总方式":显示不同汇总运算的统计量。其中,包括求和、计数、平均值、最大值、最小值、乘积、数值计数、标准偏差、总体标准差与方差、总体方差等选项。

(3) "选定汇总项":表示要进行统计的字段,可多选。其中,包括数据列表上所有字段的名称,当选中某一字段名称的复选框时,表示在该字段名称下新增汇总的结果。

(4) "替换当前分类汇总":进行汇总时,是否要删除前一次的汇总。若不删除,则可以同时显示不同的统计量。

(5) "每组数据分页":在每一组分类数据中,皆自动设置分页线。

(6) "汇总结果显示在数据下方":计算的汇总结果放置在数据的下方。若没有选择,则汇总结果会显示于该数据的下方。

(三) 数据透视表

1. 数据透视表的用途

数据透视表的主要用途是从数据库的大量数据中生成动态的数据报告,对数据进行分类汇总和聚合,帮助用户分析和组织数据。还可以对记录数量较多、结构复杂的工作表进行筛选、排序、分组和有条件地设置格式,显示数据中的规律。其具体用途如下。

(1) 可以使用多种方式查询大量数据。

(2) 按分类和子分类对数据进行分类汇总和计算。

(3) 展开或折叠所关注结果的数据级别,快速查看摘要数据的明细信息。

(4) 将行移动到列或将列移动到行,以查看源数据的不同汇总方式。

(5) 对最有用和最关注的数据子集进行筛选、排序、分组和有条件地设置格式,使用户能够关注所需的信息。

(6) 提供简明、有吸引力并且带有批注的联机报表或打印报表。

2. 数据透视表的有效数据源

用户可以从以下 4 种类型的数据源中组织和创建数据透视表。

(1) Excel 数据列表。Excel 数据列表是最常用的数据源,如果以 Excel 数据列表作为数据源,则标题行不能有空白单元格或者合并的单元格,否则不能生成数据透视表,会出现错误提示。

(2) 外部数据源。文本文件、Microsoft SQL Server 数据库、Microsoft Access 数据库、Dbase 数据库等均可作为数据源。Excel 2000 及以上版本还可以利用 Microsoft OLAP 多维数据集创建数据透视表。

(3) 多个独立的 Excel 数据列表。数据透视表可以将多个独立 Excel 表格中的数据汇总到一起。

(4) 其他数据透视表。创建完成的数据透视表也可以作为数据源来创建另外一个数据透视表。

3. 数据透视表组成结构

对于任何一个数据透视表来说,可以将其整体结构划分为 4 大区域,分别是行区域、列区域、值区域和筛选器。

(1) 行区域。行区域位于数据透视表的左侧，每个字段中的每一项显示在行区域的每一行中。通常在行区域中放置一些可用于进行分组或分类的内容，如销售地域、产品品牌等。

(2) 列区域。列区域由数据透视表各列顶端的标题组成。每个字段中的每一项显示在列区域的每一列中。通常在列区域中放置一些可以随时间变化的内容，如第一季度和第二季度等，可以很明显地看出数据随时间变化的趋势。

(3) 值区域。在数据透视表中，包含数值的大面积区域就是值区域。值区域中的数据是对数据透视表中行字段和列字段数据的计算和汇总，该区域中的数据一般都是可以进行运算的。默认情况下，Excel对数值区域中的数值型数据进行求和，对文本型数据进行计数。

(4) 筛选器。筛选器位于数据透视表的最上方，由一个或多个下拉列表组成，通过选择下拉列表框的选项，可以一次性对整个数据透视表中的数据进行筛选。

4. 数据透视表值字段设置说明

(1) "源名称"：显示目前所处理的字段在源数据中的名称。

(2) "自定义名称"：显示数据区域在数据透视表中的名称。此名称位于数据透视表的左上角，可重新命名。改变此处的默认值，可以使报表的表达更加清晰。

(3) "值汇总方式"：用来进行统计的方式，可以有求和、计数、平均值、最大值、最小值、乘积、数值计数、标准偏差、总体标准偏差、方差、总体方差等计算类型。

(4) "数字格式"：单击后可打开单元格格式对话框，在其中用户可使用内设的数值格式或自定义格式对数据域中的数据进行格式设置。

(5) "值显示方式"：选定使用何种方法分析数据，为数据区域设定一个计算方式。"值显示方式"基本格式是将一组数据与其他组的相关数据在数据透视表中进行比较。其结果可以用总计的百分比、列汇总的百分比、行汇总的百分比、父行汇总的百分比、父列汇总的百分比、父级汇总的百分比、差异百分比、按某一字段汇总的百分比、指数等形式表示，也可以升序、降序进行排列。

5. 注意事项

(1) 空字段名包括空列，无法制作数据透视表。

(2) 相同的字段名，会自动添加序号，以示区别。

(3) 字段所在行有合并单元格，等同于空字段，也无法创建数据透视表。

(4) 如果有空行，会当成空值处理。

(5) 如果数据源表不规范，则需要处理一下才能制作数据透视表。

(6) 字段拖放在不同的区域，就会以不同的显示方式显示汇总的结果，而且同一个区域内的顺序不同，在数据透视表内汇总的先后层次也会不同。

三、任务内容

(一) 销售基础分析

以宏发公司第二季度的销售清单为基础，见"2-3 销售数据分析"工作簿，采用分类汇总功能完成如下操作。

(1) 制作销售日报表，汇总每天的销售量、销售额及平均价格。

(2) 制作品牌销量汇总表，统计第二季度各品牌总销售量、最大值，以及标准差。

(3) 自定义序列并汇总，具体如下：

- 区域序列，如和平区、沈河区、皇姑区、铁西区、大东区、于洪区、浑南新区、沈北新区、康平县、法库县、辽中区、新民市；
- 品牌序列，如苹果、三星、华为、小米、OPPO、vivo、其他；
- 以区域序列为主要关键字，以品牌序列为次要关键字，对第二季度销售数据进行排序，并汇总计算各区域的总销售量、总销售额。

（二）销售综合分析

以宏发公司第二季度的销售清单为基础，见"2-3 销售数据分析"工作簿，采用数据透视表功能完成如下操作。

(1) 按区域统计各品牌手机第二季度的销售量和销售额。

(2) 统计第二季度各月、各手机品牌的销售额。

(3) 对区域字段进行分组设置，定义区域大类字段。其中，和平区、沈河区、皇姑区、铁西区、大东区一组命名为"市内五区"，于洪区、沈北新区、浑南区三个区域命名为"沈阳郊区"，康平县、法库县、辽中区、新民市、苏家屯区五个区域命名为"沈阳周边"。设置后按组统计各品牌的销售量。

(4) 分页统计每个品牌手机在各月、各区域的销售笔数，并追踪查看业务明细。

四、任务执行

（一）销售基础分析

1. 制作销售日报表

(1) 打开第二季度销售清单，将光标定位到日期字段中的任意单元格，单击"数据"-"排序和筛选"组内的按钮，实现销售数据按日期升序排列。

(2) 光标放置在数据表中任意单元格，单击"数据"-"分级显示"-"分类汇总"选项，弹出"分类汇总"对话框，如图 2-35 所示。在对话框中设置分类字段为日期、汇总方式为求和，选定汇总项为销售量、销售额，选中"替换当前分类汇总"和"汇总结果显示在数据下方"复选框，单击"确定"按钮。此时完成了销售量与销售额的按日汇总，得到汇总结果如图 2-36 所示。

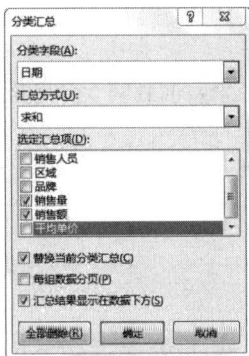

图 2-35　销售日报分类汇总设置

图 2-36　销售量与销售额的按日汇总结果

(3) 重复(2)的操作，在"分类汇总"对话框中设置分类字段为日期、汇总方式为平均值，选定汇总项为平均价格，选中"汇总结果显示在数据下方"复选框，取消选择"替换当前分类汇总"复选框，单击"确定"按钮，完成销售日报的制作，如图 2-37 所示。

图 2-37　销售日报分类汇总结果

视频：销售日报

2. 制作品牌销量汇总表

(1) 打开第二季度销售清单，光标定位到品牌字段中任意单元格，重复上述"1. 制作销售日报表"中第(1)步的操作，实现销售数据按照品牌升序排列。

(2) 重复上述"1. 制作销售日报表"中第(2)步的操作，设置分类字段为品牌、汇总方式为求和；选定汇总项为销售量；选中"替换当前分类汇总"和"汇总结果显示在数据下方"复选框，单击"确定"按钮。

(3) 两次重复上述"1. 制作销售日报表"中第(3)步的操作，分别设置汇总方式为最大值及标准偏差，其他不变，取消选择"替换当前分类汇总"复选框，单击"确定"按钮，完成工作，结果如图 2-38 所示。

图 2-38　品牌分类汇总结果

视频：品牌销量汇总

3. 自定义序列并汇总

(1) 打开第二季度销售清单，光标定位到任意单元格，单击"数据"-"排序和筛选"组中的按钮，打开"排序"对话框。在"主要关键字"下拉列表中选择区域；在"次序"中选择自定义序列，打开"自定义序列"对话框，如图 2-39 所示。在"输入序列"中输入区域序列：和平区、沈河区、皇姑区、铁西区、大东区、于洪区、浑南新区、沈北新区、康平县、法库县、辽中区、新民市(各项目之间用英文逗号或回车隔开)。单击"添加"按钮，新序列出现在左侧自定义序列区域。单击"确定"按钮，返回"排序"对话框。

单击"添加条件"按钮，增加次要关键字品牌。重复前述做法自定义品牌序列，确定完成排序工作，如图 2-40 所示。

(2) 进行分类汇总的设置。做法与"1. 制作销售日报表"相同，汇总计算各区域的总销售量、总销售额，结果如图 2-41 所示。

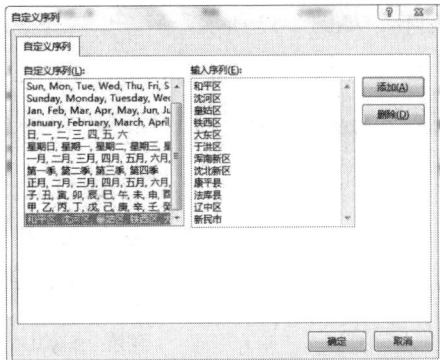

图 2-39　自定义区域序列

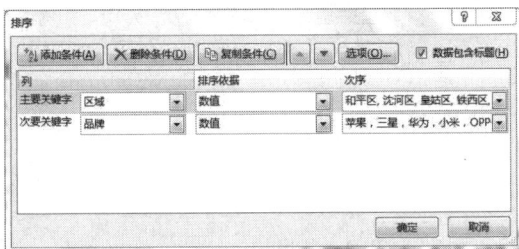

图 2-40　设置排序条件

图 2-41　区域分类汇总结果

视频：自定义序列汇总

（二）销售综合分析

1. 区域与品牌销售数据统计

(1) 打开第二季度销售清单，单击"插入"-"表格"-"数据透视表"选项，返回"创建数据透视表"对话框，如图 2-42 所示。在"选择一个表或区域"列表框中选择整个销售清单表格，选中"现有工作表"单选按钮，"位置"设置为右侧任意空白单元格，单击"确定"按钮，系统生成数据透视表，如图 2-43 所示。

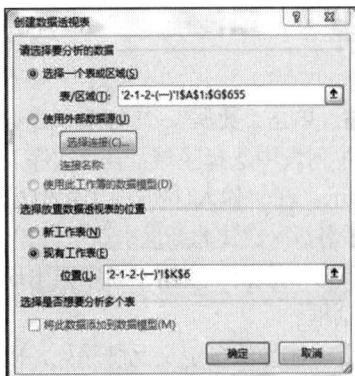

图 2-42　创建数据透视表

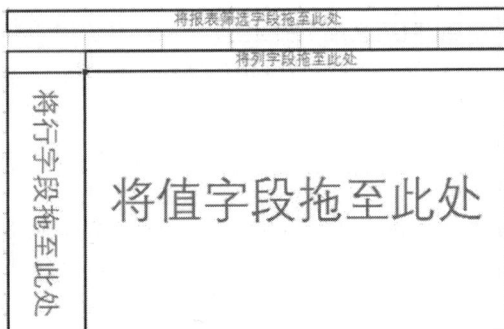

图 2-43　数据透视表样式

在右侧"数据透视表字段"中选择区域选项，并按住左键拖动至左侧"行字段"处，拖动品牌到"列字段"处，拖动销售量和销售额到"值字段"处，完成数据统计，如图 2-44 所示。

区域	数据	OPPO	vivo	华为	苹果	其他	三星	小米	总计
和平区	求和项:销售量	63	15	72	28	27	90	54	349
	求和项:销售额	168400	39500	247400	164300	96800	289700	145000	1151100
沈河区	求和项:销售量	15	25	53	62	40	20	32	247
	求和项:销售额	37800	66600	186000	317300	134900	62100	87600	892300
皇姑区	求和项:销售量	153	75	165	141	84	112	167	897
	求和项:销售额	428400	189100	559200	747800	248200	487300	506600	3166600
铁西区	求和项:销售量	44	27	34	67	16	28	39	255
	求和项:销售额	126400	71100	101800	385300	65800	100900	104700	956000
大东区	求和项:销售量	45	10	79	17	17	67	43	278
	求和项:销售额	116200	36000	245300	100100	42400	198000	119200	857200
于洪区	求和项:销售量	113	18	103	31	17	90	21	393
	求和项:销售额	300400	49300	343100	170800	51900	311500	51300	1278300
沈北新区	求和项:销售量	85	32	140	30	37	78	79	481
	求和项:销售额	221900	77700	454400	142500	112100	303000	238800	1550400

图 2-44　数据统计

(2) 为了使数据透视表中的数据更加清晰及美观，双击"求和项：销售量"，打开"值字段"设置对话框，自定义名称修改为销售总量，单击"确定"按钮。同理，修改"求和项：销售量"为销售总额。这一过程也可以在选中"求和项：销售量"后，从右击弹出的快捷菜单中选择"值字段设置"命令加以实现。

2. 各月品牌销售额统计

(1) 重复上述操作，将日期放入"行字段"，将品牌放入"列字段"，将销售额放入"值字段"，初步完成数据透视表，如图 2-45 所示。

(2) 选中数据透视表中日期字段中的任意单元格，右击选中"创建组"命令，打开"组合"对话框，如图 2-46 所示。设置起始日期为 2024-4-1，终止日期为 2024-7-1，步长为月，单击"确定"按钮，数据透视表则按月统计各品牌的销售量情况，如图 2-47 所示。

求和项:销售额	品牌							
日期	OPPO	vivo	华为	苹果	其他	三星	小米	总计
2024-4-1	18400			50000		50400	43300	162100
2024-4-2		36700		36800		66000	48000	187500
2024-4-3	29600		28600			105300	45000	208500
2024-4-4	11200		34200	80100	20800		81400	227700
2024-4-5	16800		29300	57200				103300
2024-4-6			55200		10400	27000	13800	106400
2024-4-7	25200	28600	14800	41400		36000		146000
2024-4-8	33600	26400	40000	21600			52000	173600
2024-4-9	28600			60400	71500			160500
2024-4-10	22400		11100	21000	17500	52600		124600
2024-4-11			31500	100200		80400		212100
2024-4-12		29900			60300			90200
2024-4-13	20800			26400		74000		121200
2024-4-14	13000	7800	31500					52300
2024-4-15	11200	16800	47000					75000
2024-4-16				46200	25900	6900	36300	115300
2024-4-17	9200		20300	78800				108300
2024-4-18	22400	21000	26100			17700		87200
2024-4-19			29300		14500	54200		98000

图 2-45　品牌销售统计表

图 2-46　设置字段组合

求和项:销售额	品牌							
日期	OPPO	vivo	华为	苹果	其他	三星	小米	总计
4月	513400	266200	832600	916300	268900	828600	602400	4228400
5月	858100	358900	1518800	1062600	443700	816500	857700	5916300
6月	772800	455600	1593600	1097900	557900	1297400	880100	6655300
总计	2144300	1080700	3945000	3076800	1270500	2942500	2340200	16800000

图 2-47　月份品牌销售统计

3. 设置区域分类统计

(1) 复制并打开"1. 制作销售日报表"的结果所在的工作表，选择透视表中区域字段中的和平区、沈河区、皇姑区、铁西区、大东区五个区域，右击选择"创建组"命令，修改"数据组1"为"市内五区",同理将于洪区、沈北新区、浑南区三个区域定义为"沈阳郊区";将康平县、法库县、辽中区、新民市、苏家屯区五个区域命名为"沈阳周边",如图2-48所示。需要说明的是,如果各个地区是分散排列的,可在选中欲移动的区域后,利用右击弹出的"移动"按钮上下移动,直到要组合的各个区域连在一起方可。

求和项:销售量		品牌							
区域2	区域	OPPO	vivo	华为	苹果	其他	三星	小米	总计
⊟市内五区	和平区	63	15	72	28	27	90	54	349
	沈河区	15	25	53	62	40	20	32	247
	皇姑区	153	75	165	141	84	112	167	897
	铁西区	44	27	34	67	16	28	39	255
	大东区	45	10	79	17	17	67	43	278
⊟沈阳郊区	于洪区	113	18	103	31	17	90	21	393
	沈北新区	85	32	140	30	37	78	79	481
	浑南区	36	50	78	24	70	90	79	427
⊟沈阳周边	康平县	63	18	138	56	27	73	75	450
	法库县	37	14	56	13	12	37	50	219
	辽中区	44	33	95	42	25	57	88	384
	新民市	58	71	129	47	17	62	26	410
	苏家屯区	34	19	44	20	15	38	36	206
总计		790	407	1186	578	404	842	789	4996

图2-48　设置区域分类

(2) 修改"值字段"仅为销售量一项。按住左键将"数据"字段拖出数据透视表,再重新把销售量字段拖入"值字段"。单击⊞市内五区 中的减号可隐藏具体的区域构成,只显示这一类别地区各品牌手机的销售量和销售量总计,如图2-49所示。

求和项:销售量		品牌							
区域2	区域	OPPO	vivo	华为	苹果	其他	三星	小米	总计
⊞市内五区		320	152	403	315	184	317	335	2026
⊞沈阳郊区		234	100	321	85	124	258	179	1301
⊞沈阳周边		236	155	462	178	96	267	275	1669
总计		790	407	1186	578	404	842	789	4996

图2-49　自定义区域品牌销售统计

视频:设置区域分类统计

4. 多字段交叉统计

(1) 复制并打开品牌销售统计表,将品牌拖至"报表筛选字段"处,将区域拖至"列字段"处。修改值字段设置,"值汇总方式"修改为"计数",如图2-50所示。单击"确定"按钮完成设置,得到统计结果如图2-51所示。

(2) 在筛选字段品牌的右侧下拉列表中选择要查看的手机品牌(可为单一品牌或多个品牌)并确定,数据透视表自动筛选该品牌手机第二季度的销售情况。如图2-52所示为OPPO手机的筛选结果。

双击数据透视表中数据区域的任意单元格,Excel 将返回该部分的业务明细,以新的工作表的形式显示出来。如想了解和平区4月份OPPO手机的销售明细情况,可双击数据透视表数据区域左上角的单元格,得到新工作表如图2-53所示,完整反映业务明细。

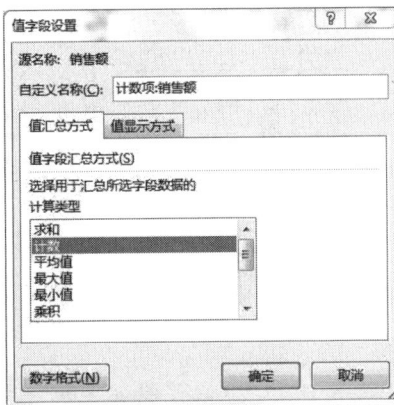

图2-50　值字段设置

品牌	(全部)												
计数项:销售额	区域												
日期	和平区	沈河区	皇姑区	铁西区	大东区	于洪区	沈北新区	康平县	法库县	辽中区	新民市	浑南区	苏家屯区	总计
4月	13	10	29	6	10	14	17	13	4	16	13	14	8	167
5月	14	11	43	13	12	17	25	19	20	17	23	19	8	241
6月	19	11	43	13	13	23	21	22	6	19	23	24	9	246
总计	46	32	115	32	35	54	63	54	30	52	59	57	25	654

图2-51　月份区域销售笔数

品牌	OPPO													
计数项:销售额	区域													
日期	和平区	沈河区	皇姑区	铁西区	大东区	于洪区	沈北新区	康平县	法库县	辽中区	新民市	浑南区	苏家屯区	总计
4月	3		4	2	1	3	3	4			3	4	2	2	31
5月	4	1	10	3	2	5	5	2	4	2	3	2		43
6月	2	2	8	2	3	6	4	2		1	3	1	2	36
总计	9	3	22	7	6	14	12	8	4	6	10	5	4	110

图 2-52　OPPO 手机的筛选结果

	A	B	C	D	E	F	G
1	日期	销售人员	区域	品牌	销售量	销售额	平均单价
2	2024-4-1	陈玲	和平区	OPPO	8	18400	2300
3	2024-4-26	朱洗	和平区	OPPO	4	10400	2600
4	2024-4-8	钟治明	和平区	OPPO	4	11200	2800

图 2-53　OPPO 手机 4 月份销售明细

视频：品牌分页统计

钧元提要

1. 掌握排序、分类汇总等操作的基本功能，能对大型数据库进行分类汇总操作，自定义序列并汇总计算平均数、标准差、最大最小值等指标。

2. 了解数据透视表的作用，掌握数据透视表的创建方法，能运用数据透视表进行单字段分析和多字段交叉分析。

1+X证书相关试题

1. 根据"X 证题训练-项目 2"工作簿中"2-3-1 分类汇总"工作表，利用分类汇总工具分别统计各个城市的销售总量，及各种商品 9 月份的平均销售额。

2. 根据"X 证题训练-项目 2"工作簿中"2-3-1 数据透视表"工作表，进行以下操作。

(1) 统计每个"销售员"的"小计"总和，并且数字格式设定为千分位，没有小数点。

(2) 承接上题，统计每个"销售员"在每一"地区"的"小计"总和，统计每一种"产品"在每一"地区"的"小计"总和。

(3) 承接上题，在分析结果中不显示"桃竹苗"与"花东"地区的数据。

(4) 承接上题，在地区中再度显示"桃竹苗"与"花东"地区的数据。自定义功能区，取消显示"视图"主选项卡，再恢复。

豁目开襟

生活中的数据分析故事

1. 百货公司知道女孩怀孕

美国的 Target 百货公司上线了一套客户分析工具，可以对顾客的购买记录进行分析，并向顾客进行产品推荐。一次，他们根据一个女孩在 Target 连锁店中的购物记录，推断出该女孩已怀孕，然后开始通过购物手册的形式向女孩推荐一系列孕妇产品。事实是，这个女孩的确怀孕了。

点评：看似杂乱无章的购物清单，经过对比发现其中的规律和不符合常规的数据，往往能够得出一些真实的结论。这就是大数据的应用。

2. 搜狗热词里的商机

王建锋是某综合类网站的编辑，基于访问量的考核是他每天都要面对的事情。但在每年的评比中，他都号称是"PV 王"。原来他的秘密就是只做热点新闻。王建锋养成了看百度搜索风云榜和搜狗热搜榜的习惯，所以他会优先挑选热搜榜上的新闻事件来编辑整理，关注他的人自然越来越多。

点评：搜狗拥有输入法、搜索引擎，那些在输入法和搜索引擎上反复出现的热词，就是搜狗热搜榜的来源。通过对海量词汇的对比，找出哪些是网民关注的，这就是大数据的应用。

3. 阿里云知道谁需要贷款

每天海量的交易和数据在阿里的平台上运行着，阿里通过对商户进行最近 100 天的数据分析，就能知道哪些商户可能存在资金问题，此时的阿里贷款平台就有可能出马，同潜在的贷款对象进行沟通。

点评：通常来说，数据比文字更真实，更能反映一个公司的正常运营情况。通过海量的分析得出企业的经营情况，这就是大数据的应用。

提示：大数据时代，数据已经成为决定未来的重要资源。获取数据资源、制定科学的数据管理策略，掌握对数据进行分类、存储、检索和分析等技术和丰富经验，才能发现商机、快速决策、精准营销、风险管控等，在市场中立于不败之地。

任务二　销售业绩分析

一、任务描述

Excel 是一个巨大的函数库，简单的函数运用便可大大提高分析效率。正确选择一些常用的统计函数、查询函数，就可对企业销售人员的工作业绩进行统计与评比。同时，销售业绩常常以销售提成来体现，Excel 提供了多种计算提成的方法。

二、入职知识准备

(一) 一般统计函数——LARGE( )函数与 MAX( )函数

在 Excel 中提供了近 80 个与统计相关的函数，包括最基本的 SUM( )、AVERAGE( )、MAX( )、MIN( )等函数。本部分只介绍 LARGE( )函数、MAX( )函数。

1. LARGE( )函数

LARGE(array,k)函数有两个参数：array 必需，用来表示选择的数组或数据区域；k 必需，用来表示返回值在数组或数据单元格区域中的位置(从大到小排)。用户可以用这个函数返回指定范围中排在第 k 位的值。例如，LARGE(E8:E13,1)会返回 E8:E13 单元格内最大的数值。

如果数组为空，则 LARGE 返回错误值#NUM!；如果 $k \leqslant 0$ 或 k 大于数据点的个数，则 LARGE 返回错误值#NUM!；如果区域中数据点的个数为 n，则函数 LARGE(array,1)返回最大值，函数 LARGE(array,n) 返回最小值。与这个函数相似的 SMALL(array,k)，用来返回指定区域中排在倒数第 k 位的值。

2. MAX( )函数

MAX(number1, [number2], …)用来返回一组数值中的最大值。参数 number1, number2, …是必需的，后续数字是可选的。参数可以是数字或者是包含数字的名称、数组或引用，逻辑值和直接输入参数列表中代表数字的文本被计算在内。如果参数是一个数组或引用，则只使用其中的数字，数组或引用中的空白单元格、逻辑值或文本将被忽略。如果参数不包含任何数字，则 MAX 返回 0(零)；如果参数为错误值或为不能转换为数字的文本，将会导致错误；如果要使计算包括引用中的逻辑值和代表数字的文本，请使用 MAXA( )函数。与其对应的、返回最小值的函数为 MIN( )，用法与其相似，这里不再赘述。

(二) 查找与引用函数——INDEX( )函数与 MATCH( )函数

在 Excel 工作表中，常常会应用到"以某一值，查询另一值"。例如，根据员工的编号到数据库中查询员工的其他基本数据,如姓名、部门、业务量等。比较常用的查询函数有 INDEX( )、MATCH( )、VLOOKUP( )、HLOOKUP( )、LOOKUP( )等，这里只介绍前两种查询函数。

1. INDEX( )函数

INDEX( )函数一般有两种类型：引用型和数组型。在商业数据查询中，主要使用引用型。

INDEX(查询范围，行数，[列数]，[区域])函数主要是返回查询范围中依据给定的区域(area_num)、配合行数(row_num)与列数(column_num)所决定单元格的内容。

查询范围参数是代表单一单元格范围或多重区域范围的引用地址。如果是多重区域范围，则必须以小括号括住。

行数与列数参数用于制定所要选择的对象是位于"查询范围"中的第几行和第几列。如果该行数或列数参数省略，则一定要输入"列数"或"行数"参数，也就是两者必须要有一个参数存在。同时，只要省略或是设为 0，则 INDEX( )函数将会返回该引用地址中的某个整行(或整列)的元素，在这种情况下，必须选定多个单元格，以数组公式方式输入(在工作表中输入数组时，按 Ctrl+Shift+Enter 组合键)。

区域参数用于制定所要选择的对象是位于多重区域范围中的第几个区域，多重区域中的第一个区域编号为1，其余以此类推。如果"区域"参数被省略，则 INDEX( )函数便会采用第一个区域编号。"区域"参数的数值不能大于在"查询范围"中所设置的区域个数。

2. MATCH( )函数

MATCH(查询值,查询范围,查询类型)函数的功能是根据所指定的"查询类型"，返回"查询范围"中与"查询值"相符合的元素的相对位置。

"查询值"参数是用来在"查询范围"中搜寻的数据，其可为数字、文本、逻辑值或包含上述数据的引用地址。而"查询范围"参数可以是数组或单元格引用地址，最常见的应用是单列数据，提供由上而下的查询。

查询类型参数有三种取值：1、-1、0。取 1(或省略)，表示查找不大于"查询值"的最大值，但"查询范围"必须按递增的顺序排列；取-1，表示查找大于或等于"查询值"的最小值，但"查询范围"必须按递减的顺序排列；取 0，表示查找第一个完全等于"查询值"的比较值，此时"查询范围"可按任意顺序排列。

MATCH( )函数返回与查找值相符元素的"相对位置"，而非元素本身的值；如果没有发现相符合的元素，函数会返回错误值"#N/A"。若想返回单元格的内容，则必须配合 INDEX( )函数来实现。

(三) IF( )函数

1. 基本形式

IF(判断式,判断式为真的返回值,判断式为假的返回值)函数，是 Excel 中相当重要的一个函数。它属于假设条件性函数，根据逻辑计算的真假值，返回不同的结果。当"判断式"所返回的值为 TRUE 时，便执行"判断式为真的返回值"参数或返回其结果，否则执行"判断式为假的返回值"参数或返回其结果。其中，"判断式为真的返回值"参数是必要参数，不可省略。

2. IF 函数嵌套

"嵌套"是指在一个公式中的多个函数连接起来。在 IF() 函数中，不论"判断式为真的返回值"参数或"判断式为假的返回值"参数，都可以是任何数值或公式，甚至是另一个 IF() 函数。Excel 允许嵌套最多 64 个不同的 IF 函数。IF() 函数嵌套的语句书写逻辑性很强，多个 IF 语句需要多个左括号和右括号，应用和维护都比较困难。

IF 函数嵌套经常用于不同条件下不同做法的自动甄别计算，可以用来计算销售奖金、提成奖励、企业所得税、个人所得税等。

三、任务内容

(一) 销售业绩统计与评比

以宏发公司第二季度的销售清单为基础，见"2-3 销售数据分析"工作簿。采用数据透视表功能完成如下操作。

(1) 按月统计各销售员、各品牌的销售额，可分页查看每月和全季的销售业绩。

(2) 计算销售员第二季度销售额的区域构成比重，确定每个销售员的主要销售区域。

(3) 根据销售额评定各月单品销售冠军和全季销售总冠军。

(二) 销售提成计算

宏发公司规定，销售人员每月销售额超过基本销售额 20 万元的部分可以获得销售提成。具体比率构成如下：超额 20 万元以下，按超额部分的 0.4% 计算提成；超额部分大于等于 20 万元，小于 50 万元，按超额部分的 0.5% 计算提成；超额部分大于等于 50 万元，小于 100 万元，按超额部分的 0.6% 计算提成；超额部分大于等于 100 万元则提成比率为 0.8%。

根据第二季度销售清单，运用透视表统计员工的销售业绩，并设计提成计算表，计算销售人员第二季度各月可获得的提成金额。

四、任务执行

(一) 销售业绩统计与评比

1. 销售人员工作业绩统计

以日期为"报表筛选字段"，以销售人员、品牌分别为"行字段"及"列字段"，以销售额为"值字段"，设置数据透视表查看每个销售人员的工作业绩。具体结果如图 2-54 所示。

销售人员	OPPO	vivo	华为	苹果	其他	三星	小米	总计
日期	(全部)							
求和项:销售额	品牌							
陈玲	126900	97700	194000	149300	127000	279000	163700	1137600
高志敏	128400	79700	194000	248200	82800	86500	94800	914400
李华	334000	71400	353000	208300	190300	421600	226200	1804800
宋华	127000	72400	302900	324300	129100	107200	210800	1273700
杨婧	162000	90200	307400	291100	123000	446000	312500	1732200
张君君	303700	238700	454500	686400	51900	311800	315300	2362300
张伟	345900	136000	736700	456300	95800	309000	299600	2379300
赵子荣	169300	67000	235000	186000	186500	191000	285900	1320700
钟治明	114300	118400	504000	123500	115200	315200	129400	1420000
朱洗	332800	109200	663500	403400	168900	475200	302000	2455000
总计	2144300	1080700	3945000	3076800	1270500	2942500	2340200	16800000

图 2-54　销售人员工作业绩统计

2. 主要销售区域确定

(1) 以区域、销售人员分别为"行字段"及"列字段",以销售额为"值字段",设置数据透视表查看每个销售人员在各区域的销售额,得到如图 2-55 所示的数据透视表。

求和项:销售额 / 区域	陈玲	高志敏	李华	宋华	杨婧	张君君	张伟	赵子荣	钟冶明	朱洗	总计
大东区	10500		95200	69200	80600	98200	40600	39200	126400	297300	857200
法库县	15600	74500	98000	34800	39500	76400	102800	107300	25200	88000	662100
和平区	38000	112500	81700	91200	93300	157400	172400	88900	215600	100100	1151000
皇姑区	226200	251100	420400	238200	306700	490800	443200	221400	267700	300900	3166600
浑南区	165900		124600	64500	74800	314600	84600	151800	105700	295300	1381600
康平县	78900	205100	161900	164800	225300	179400	147200	59100	99100	216500	1537300
辽中区	180400	14100	188100	89600	20200	156900	249900	114100	94000	169800	1277100
沈北新区	22400	55200	175000	189800	231000	201900	190200	156000	75700	253200	1550400
沈河区	51200	64900	58000	117600	221500	102500	107400	36800	42500	89900	892300
苏家屯区	52000	13800	100800	28400	87000	28600	195500	91400		105800	703300
铁西区	20700	13800	65800	122600	137900	159700	192400	43700	67800	131600	956000
新民市	156600	58800	128600	8400	45700	271000	238000	93000	127800	258800	1386700
于洪区	119200	50600	106900	54600	168700	124900	215100	118000	172500	147800	1278300
总计	1137600	914400	1804800	1273700	1732200	2362300	2379300	1320700	1420000	2455000	16800000

图 2-55 区域销售额统计

(2) 修改数据字段"求和项:销售额"名称和值显示方式。选中数据透视表中"求和项:销售额"单元格,右击选择"值字段设置",修改名称为区域销售额比重,修改值显示方式为列汇总的百分比,确定后得到图 2-56。

区域销售额比重 / 区域	陈玲	高志敏	李华	宋华	杨婧	张君君	张伟	赵子荣	钟冶明	朱洗	总计
大东区	0.92%	0.00%	5.27%	5.43%	4.65%	4.16%	1.71%	2.97%	8.90%	12.11%	5.10%
法库县	1.37%	8.15%	5.43%	2.73%	2.28%	3.23%	4.32%	8.12%	1.77%	3.58%	3.94%
和平区	3.34%	12.30%	4.53%	7.16%	5.39%	6.66%	7.25%	6.73%	15.18%	4.08%	6.85%
皇姑区	19.88%	27.46%	23.29%	18.70%	17.71%	20.78%	18.63%	16.76%	18.85%	12.26%	18.85%
浑南区	14.58%	0.00%	6.89%	5.06%	4.32%	13.32%	3.56%	11.49%	7.44%	12.03%	8.22%
康平县	6.94%	22.43%	8.97%	12.94%	13.01%	7.59%	6.19%	4.47%	6.98%	8.82%	9.15%
辽中区	15.86%	1.54%	10.42%	7.03%	1.17%	6.64%	10.50%	8.64%	6.62%	6.92%	7.60%
沈北新区	1.97%	6.04%	9.70%	14.90%	13.34%	8.55%	7.99%	11.81%	5.33%	10.31%	9.23%
沈河区	4.50%	7.10%	3.21%	9.23%	12.79%	4.34%	4.51%	2.79%	2.99%	3.66%	5.31%
苏家屯区	4.57%	1.51%	5.59%	2.23%	5.02%	1.21%	8.22%	6.92%		4.31%	4.19%
铁西区	1.82%	1.51%	3.65%	9.63%	7.96%	6.76%	8.09%	3.31%	4.77%	5.36%	5.69%
新民市	13.77%	6.43%	7.13%	0.66%	2.64%	11.47%	10.00%	7.04%	9.00%	10.54%	8.25%
于洪区	10.48%	5.53%	5.92%	4.29%	9.74%	5.29%	9.04%	8.93%	12.15%	6.02%	7.61%
总计	100.00%	100.00%	100.00%	100.00%	100.00%	100.00%	100.00%	100.00%	100.00%	100.00%	100.00%

图 2-56 区域销售额比重统计

经过数据透视表分析可见,每个销售员的销售业绩在各个区域分布并不均匀。将光标放置于数据区域中某一销售人员所在列的任意单元格,执行排序功能,可清楚地看到该销售人员销售额主要集中的区域。

3. 销售评比

(1) 制作 2024 年第二季度销售之星评选表,格式如图 2-57 所示。

2024年第二季度销售之星评选结果							
	OPPO	vivo	华为	苹果	其他	三星	小米
季度单品销量冠军							
获奖者							
季度销量总冠军							
获奖者							

图 2-57 2024 年第二季度销售之星评选表

(2) 以"1. 销售人员工作业绩统计"中图 2-54 所示的数据透视表为基础,设置公式检索第二季度各手机单品冠军销量。以 OPPO 手机为例,在单元格 B20 中设置公式"=MAX(B5:B14)",可检索出本季度 OPPO 手机的冠军销量是多少台。在单元格右下角按住左键快速拖动十字光标，完成全部单品冠军销量的填充。操作过程如图2-58所示，结果如图2-59所示。

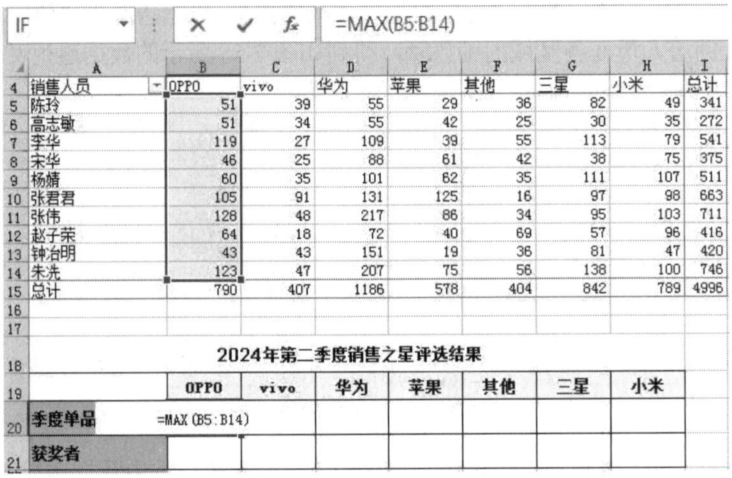

图2-58　2024年第二季度单品销售冠军评选操作过程

	OPPO	vivo	华为	苹果	其他	三星	小米
季度单品销量冠军	128	91	217	125	69	138	107

图2-59　2024年第二季度单品销售冠军评选结果

（3）检索单品冠军的获奖者。以冠军销量为查询值，在左侧销售人员姓名中进行检索，获取对应的获奖者。在单元格B21中设置公式"= INDEX($A$5:$A$14,MATCH(B$20,B5:B14,0))"，如图2-60所示。单击公式编辑栏的"√"按钮，结束公式编辑，系统显示"张伟"。拖动鼠标向右填充，完成其他单品获奖者的填充。

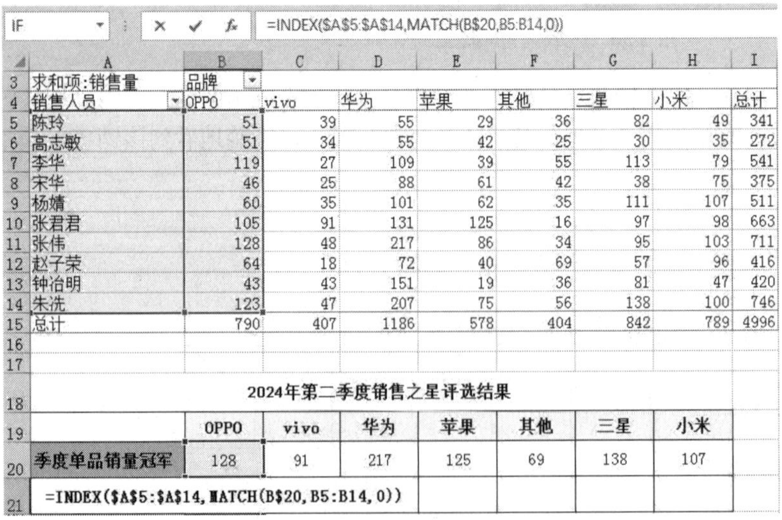

视频：季度单品冠军评选

图2-60　2024年第二季度单品销售冠军姓名检索

在数据透视表右侧总计列中查找最大值，即为季度销量总冠军。以此结果为查询值，在B24单元格里设置公式"=INDEX(A5:A14,MATCH(B23,I5:I14,0))"，返回季度销售总冠军姓名，如图2-61所示。

2024年第二季度销售之星评选结果						
	OPPO	vivo	华为	苹果	其他	三星	小米
季度单品销量冠军	128	91	217	125	69	138	107
获奖者	张伟	张君君	张伟	张君君	赵子荣	朱洗	杨婧
季度销量总冠军	746						
获奖者	朱洗						

图 2-61　2024 年第二季度销售总冠军姓名检索

视频：季度总冠军
评选

(二) 销售提成计算

1. 设置提成计算表

标题设置为××月销售提成计算表，设置公式 "=B1&"销售提成计算表""，从图 2-54 所示的数据透视表的筛选字段中获取月份数据。设置完成的 4 月销售提成计算表，如图 2-62 所示。

图 2-62　设置提成计算表

2. 填充月销售额和提成基数

以姓名为条件，以左侧数据透视表中最后一列总计为查询范围，在单元格 M5 中设置公式 "=INDEX(I5:I14,MATCH(L5,A5:A14,0))"，填充月销售额。提成基数用该销售员的月销售额减去基本业务量 20 万元获得，单元格 N6 中的具体公式为 "=M5-200 000"，如图 2-63 所示。

图 2-63　填充月销售额和提成基数

3. 填充销售提成列

在 O5 单元格中设置公式 "=IF(N5<200000,N5*0.004,IF(N5<500000,N5*0.005,IF(N5 <1000000,N5*0.006,N5*0.008)))"，计算陈玲的销售提成。由于销售提成的数据随着数据透视表筛选的范围而变动，提成数据也会实时变动。4 月销售提成计算表，如图 2-64 所示。

| O5 | | | ƒx | =IF(N5<200000,N5*0.004,IF(N5<500000,N5*0.005,IF(N5<1000000,N5*0.006,N5*0.008))) |

4月销售提成计算表

姓名	月销售额	提成基数	销售提成	本月排名
陈玲	256600	56600	226.4	
高志敏	308900	108900	435.6	
李华	409100	209100	1045.5	
宋华	215300	15300	61.2	
杨婧	545200	345200	1726	
张君君	506800	306800	1534	
张伟	594200	394200	1971	
赵子荣	561900	361900	1809.5	
钟治明	278500	78500	314	
朱洗	551900	351900	1759.5	

视频：销售提成计算

图 2-64　填充销售提成列

4. 排名计算

排名使用的最基本函数为 RANK(number,ref,[order])函数。其中，number 表示待排序的数字；ref 表示排序范围，为了防止公式拖动时排序范围发生变化，一般这个范围要采用绝对引用固定起来(按 F4 键)；order 为排序的顺序，当其为 0 或省略时表示基于 ref 为按照降序排列，为 1 时表示基于 ref 为按照升序排列。

在 P5 单元格中设置公式"=RANK(O5,$O$5:$O$14,0)"，完成本月排名，如图 2-65 所示。切换数据透视表中的筛选月份，可以了解第二季度各月销售人员的提成情况。图 2-66 反映的是 6 月销售人员的提成。

视频：销售排名

日期	4月							
求和项:销售额	品牌							
销售人员	OPPO	vivo	华为	苹果	其他	三星	小米	总计
陈玲	62100	20700	15600			64100	94100	256600
高志敏	60400	18400	38700	125400	38000		28000	308900
李华	82000	32400	94600	72000	26000	102100		409100
宋华	23400	19200	40000	71600	61100			215300
杨婧	16800	55300	67900	21000	26400	272600	85200	545200
张君君	51800	48000	101800	157000	16800	29000	102400	506800
张伟	76900	15600	176900	187400		72800	64600	594200
赵子荣	52400	30200	79900	147100	69400	36000	146900	561900
钟治明	11200		66000		10400	171300	19600	278500
朱洗	76400	26400	151200	134800	20800	80700	61600	551900
总计	513400	266200	832600	916300	268900	828600	602400	4228400

				4月销售提成计算表			
姓名	月销售额	提成基数	销售提成	本月排名
陈玲	256600	56600	226.4	9
高志敏	308900	108900	435.6	7
李华	409100	209100	1045.5	6
宋华	215300	15300	61.2	10
杨婧	545200	345200	1726	4
张君君	506800	306800	1534	5
张伟	594200	394200	1971	1
赵子荣	561900	361900	1809.5	2
钟治明	278500	78500	314	8
朱洗	551900	351900	1759.5	3

图 2-65　销售排名表

日期	6月							
求和项:销售额	品牌							
销售人员	OPPO	vivo	华为	苹果	其他	三星	小米	总计
陈玲	27400		88900	85300	91000	124200	30400	447200
高志敏	18400	48300	71900	108800		63500	41600	352500
李华	119400	39000	140800	55700	64100	227800	101200	748000
宋华	47600		108900	150700		70100	124000	501300
杨婧	105000		87500	144500	59800	88700	144600	630100
张君君	79700	190700	208600	253100	35100	137100	130900	1035200
张伟	139400	22400	268900	28000	63400	186400	39600	748100
赵子荣	80600		93000	23000	88200	74000	42000	400800
钟治明	36400	118400	290000	123500	40200	110500	90200	809200
朱洗	118900	36800	235100	125300	116100	215100	135600	982900
总计	772800	455600	1593600	1097900	557900	1297400	880100	6655300

				6月提成计算表			
姓名	月销售额	提成基数	销售提成	本月排名
陈玲	447200	247200	1236	8
高志敏	352500	152500	610	10
李华	748000	548000	3288	5
宋华	501300	301300	1506.5	7
杨婧	630100	430100	2150.5	6
张君君	1035200	835200	5011.2	1
张伟	748100	548100	3288.6	4
赵子荣	400800	200800	1004	9
钟治明	809200	609200	3655.2	3
朱洗	982900	782900	4697.4	2

图 2-66　6 月销售人员的销售提成

钩元提要

1. 了解 LARGE( )、MAX( )等函数的用法，理解 INDEX( )函数和 MATCH( )函数在信息查询方面的作用和应用方法，能够根据需要选择适当的函数提高数据处理效率。

2. 理解并掌握 IF( )函数嵌套规则，能根据给定的上限或下限设置公式计算销售提成，并运用 RANK( )函数进行排名。

1+X证书相关试题

根据"X 证题训练-项目 2"工作簿中"2-3-2 员工销售业绩表"，进行如下操作。

1. 设计员工销售业绩查询窗口，要求包括员工编号、姓名、销售产品、销售量，以及是否完成任务。

2. 在员工编号对应的单元格设置数据有效性，可从下拉列表中任意选择待查员工的编号，同理在销售产品对应的单元格设置数据有效性，可以任意选择产品名称。

3. 设置公式实现自动检索，要求根据编码自动显示员工姓名，根据编号和销售产品自动检索销售量。

4. 利用 IF( )函数与 INDEX( )、MATCH( )函数组合设置公式，自动返回员工是否完成任务项，完成显示"是"，未完成显示"否"。

5. 根据"2-4 员工销售提成计算表"，按指定的标准计算员工的销售提成。

豁目开襟

销售管理中的三大悖论

销售人员难管是销售管理者的共识，而如何管好难管的销售人员几乎成为众多销售管理者的心病。销售人员的工作性质决定其大部分时间在公司外部工作，公司似乎很难对销售员进行有效控制，销售工作本身又是一项与人打交道的工作，客户情况千变万化，销售过程不可能千篇一律，因此很难完全掌握其中的规律。

其实在销售管理中存在着一些悖论，当你合情合理地推出某项管理措施时，总会有些相反的、矛盾的理由与你的管理对抗，但你却很难去消除掉这些力量。

悖论一　计划没有变化快

"计划没有变化快"，这是在销售队伍中经常会听到的一句口头禅。当你要求销售员制订月度计划、周计划、日计划时，却有些销售员敷衍塞责、应付了事；当你按照销售员制订的拜访计划进行监控检查时，却发现他们根本就没有执行，同时还振振有词："计划没有变化快啊。"销售工作虽然千变万化，但仍然要做计划；正是因为有变化，所以更需要计划。

在普通销售人员眼里的"计划没有变化快"，说明其要进一步提高制订计划的能力了，制订计划首先要"知己"，全面而深入地了解自己所能调度的资源、自我能力、素质和水平，掌握本公司的产品政策、特性、卖点及竞争优势等。还要"知彼"，准确而翔实地掌握客户和竞争对手的动态、营销策略、经营信息、问题及希望等。最为重要的是，要有"预知"的能力，所谓预知是在对内外部信息分析研究的基础上，获取有价值的内容，基于对营销规律的准确认识和把握，对未来或将要发生的失误做出预测性判断。

悖论二　创造力和执行力

与"计划和变化"对应的一条悖论是"创造力和执行力"，以销售人员为工作主体，创造力就是指销售人员依据市场中千变万化的形势，高度发挥主观能动性，以创新的销售策略，灵活机动地"以变制变"，创造性地开展工作；执行力，就是指销售人员对于既定的计划政策方案，按照一定步骤、时间顺序、规范标准去操作执行，并要执行到位。

很多老板、营销总监把销售工作的问题归咎为执行力弱，而把执行力薄弱的责任怪罪于基层的销售人员，他们认为销售人员素质太差，甚至认为执行部门的管理人员素质也太差。在此，需要强调的是，"执行力"问题反映了企业的整体素质问题，更重要的是上层观念问题，不少企业的上层经理在日常管理中，根深蒂固的观念是只利用下属人员的"腿"的功能，而非开发他们"大脑"的作用。他们认为，对于公司的策略计划，你不必问"为什么"，只需脚踏实地地按照要求贯彻执行就是了，至于策略计划的正确与否，那是上层应该考虑的事情。

创造力和执行力，表面上看起来自相矛盾，其实不然，两者都需要以现实状态为基础，围绕着真实的市场信息进行分析判断，发挥洞察力和想象力，富有创造力地去执行，方能在激烈的市场竞争中制胜。

悖论三　监控和信任

管理者认为销售人员难管往往是因为不了解销售人员的工作状态，总担心对他们失去控制，所以对销售人员的管理方法往往多采取监控的手段，如汇报管理、报表管理、监督检查、随访等，还有些企业为了对销售人员进行控制，利用手机定位系统进行管理，虽然也有一些效果，但却让销售人员不胜其烦，认为自己不被信任，导致上下级关系紧张，工作的质量下降。过分的监控将导致销售团队失去活性，限制下属的主观能动性和创造力；可是过分信任、放任自流又将导致失控，这又并非管理的初衷。

所以，控制和信任之间的尺寸把握，关键是要具体事情具体分析。有些销售工作是能够监控的，即管理比较确定的事情是需要监控的，如报表管理、会议管理、目标和计划等。有些销售工作是需要信任和放权的，即管理不确定的事情要信任，如客户的开发、谈判、竞争手段的运用等。

监控和信任，其关键是要把握一个"度"的平衡。销售人员都是独立性很强的个体，他们富有创见、不拘约束，更何况销售人员在外，面对瞬息万变的市场，遇事都要请示汇报的话，其销售竞争力必然很低。但信任不是无限的，必须要有个控制范围。这既是一个合乎个性，同时服从管理的有效制度的问题，又是一个执行制度的艺术。

提示：管理工作中常常会有悖论现象发生。发挥数据在计划、执行、监督等方面的作用，可以让经济活动有序开展，让管理工作科学高效。

学习情境四　销售预测分析

趋势分析又称趋势预测分析、时间序列分析，是在已有数据的基础上，利用科学的方法和手段，对未来一定时期内销售、市场等数据的发展趋势做出判断，为企业经营决策服务。常见的趋势预测法有移动平均法、指数平滑法和回归分析法等。

销售预测是根据趋势分析法原则，对未来特定时间内，全部产品或特定产品的销售数量与销售金额的估计。

任务一　移动平均法预测

一、任务描述

采用移动平均法预测企业的销售数据，是以企业近几年的销售数据为依据，预测下一季度企业可能达到的销售量和销售额。

二、入职知识准备

移动平均法是通过移动平均数来进行预测的方法。它可以较好地修匀历史数据，消除随机波动的影响，使长期趋势显露出来，因而在商情预测中得到广泛应用。

(一) 简单移动平均法

简单移动平均法一般适用于时间序列长期趋势基本平稳的情况，它是以一组观察序列的平均值作为下一期的预测值。按照对资料处理方式的不同，还分为绝对移动平均法和加权移动平均法。

1. 绝对移动平均法

绝对移动平均法是以近 n 期实际数据的简单算术移动平均数作为下一期预测值的计算方法。各期数据同等看待，不考虑时间距离预测期远近所造成的影响程度的大小。第 t 期简单算术移动平均数的计算公式为

$$M_t = \frac{X_t + X_{t-1} + \cdots + X_{t-n+1}}{n}$$

式中，M_t 表示第 t 期的简单移动平均值；X_t，X_{t-1}，$\cdots$，X_{t-n+1} 表示第 t 到第 $t-n+1$ 期的实际值；n 表示移动平均的期数。

第 $t+1$ 期的预测值为第 t 期的移动平均值，计算公式为

$$X_{t+1} = M_t$$

使用移动平均法进行预测可以消除异动期内的数值波动，一般 n 取值较小时，预测结果比较灵敏，能较好地反映数据变动的趋势，但修匀效果较差，达不到消除不规则变动和周期性变动的目的；当 n 取值较大时，情况则刚好相反，修匀效果好，但会影响预测值对实际观察的趋势变动和季节变动做出反应的灵敏程度。因此，n 的选择一般要根据预测对象的特点和市场变化的具体情况来确定。通常，当时间序列含有大量随机成分时，n 宜选择较大数值，当时间序列随机成分干扰较少且发展变化存在趋势变动或季节变动苗头时，n 应选择较小数值。

Excel 中提供了移动平均分析的快捷使用方法。用户加载宏之后，在"数据"选项卡下会出现"分析"功能区，里面数据分析功能下的"移动平均"可有效实现数据的移动平均法预测。

2. 加权移动平均法

加权移动平均法是根据时间序列的具体情况，按近期大、远期小的原则确定权数来加权计算近 n 期实际数据的移动平均数作为下一期预测值的方法。其计算公式为

$$M_t = \frac{a_1 X_t + a_2 X_{t-1} + \cdots + a_n X_{t-n+1}}{a_1 + a_2 + \cdots + a_n}$$

式中，M_t 表示第 t 期的加权移动平均值；a_1，a_2，$\cdots$，a_n 表示各期的权数，凭经验确定，近期大，远期小。

同样道理，第 $t+1$ 期的预测值为第 t 期的加权移动平均值。

(二) 趋势移动平均法

如果预测目标的基本趋势是在某一水平上下波动的较平稳的情况，适合采用简单移动平均

法；如果目标发展趋势存在趋势性的变化，简单移动平均法就会产生预测偏差和滞后，这时应计算二次移动平均值，并建立线性预测模型来解决问题，称为趋势移动平均法。它适用于预测具有线性变动趋势的经济变量，相关公式为

$$X_{t+i} = a_t + b_t \times i \qquad (i=1, 2, \cdots)$$
$$a_t = 2M_t^{(1)} - M_t^{(2)}$$
$$b_t = 2/(n-1) \times (M_t^{(1)} - M_t^{(2)})$$
$$M_t^{(1)} = 1/n \times (X_t + X_{t-1} + \cdots + X_{t-n+1})$$
$$M_t^{(2)} = 1/n \times (M_t^{(1)} + M_{t-1}^{(1)} + \cdots + M_{t-n+1}^{(1)})$$

式中，t 表示本期时间；i 表示本期到预测期的期数；X_{t+i} 表示第 $t+i$ 期的预测值；a_t 为截距，是预测的起始数据；b_t 为斜率；$M_t^{(1)}$ 为一次移动平均值；$M_t^{(2)}$ 为二次移动平均值。

值得说明的是，趋势移动平均法中的第一次移动平均与简单移动平均法不一样。同样是第 t 项的移动平均值，趋势移动平均是求第 t 项实际值到第 $t-n+1$ 项之和的平均数，而简单移动平均是求第 $t-1$ 项实际值到第 $t-n$ 项之和的平均数。即简单移动平均是以本期之前 n 项数据(不含本期数据)的平均值作为本期预测值；而趋势移动平均法则以本期及其前 $n-1$ 期数据的平均值作为预测基础。

三、任务内容

根据宏发公司 2020—2024 季度销售数据(见"2-4 销售预测分析"工作簿)，完成如下任务(时间间隔 n 为 4 个季度)。

(1) 采用简单移动平均法对 2024 年第三季度的销售量和销售额进行预测。

(2) 采用加权移动平均法对 2024 年第三季度的销售量和销售额进行预测，时间间隔 n 为 4 个季度，按时间由远到近权数分别为 1、2、3、4。

(3) 采用趋势移动平均法对 2024 年第三季度的销售量进行预测。

四、任务执行

(一) 简单移动平均预测

1. 利用公式计算

如果以 4 为间隔，按照简单移动平均法的原理，根据宏发公司 2020—2024 季度销售数据，可以计算出预测值的最早时间为 2021 年第一季度。在 2021 年第一季度对应的销售量预测单元格 F7 中设置公式 "=AVERAGE(B3:B6)"，可得到 2022 年第一季度的预测值为 3 698.75 台。同时，向右、向下拖动十字光标，各季度销售量及销售额的预测值如图 2-67 所示。其中，2024 年第三季度销售量预测值为 4 873.25 台，销售额预测为 1 638.75 万元。

2. 利用移动平均宏计算

单击"数据"-"分析"-"数据分析"-"移动平均"选项，打开"移动平均"对话框。在输入区域中选定源数据范围为$B\$2:\$B\$20，选中"标志位于第一行"复选框(如果输入区域不包含字段名称，则不选中该项)；间隔为 4，输出区域为$J\$4，确定后系统将返回各期销售量预测数值，如图 2-68 所示。同理，将输入区域确定为销售额列，可取得销售额的预测值。

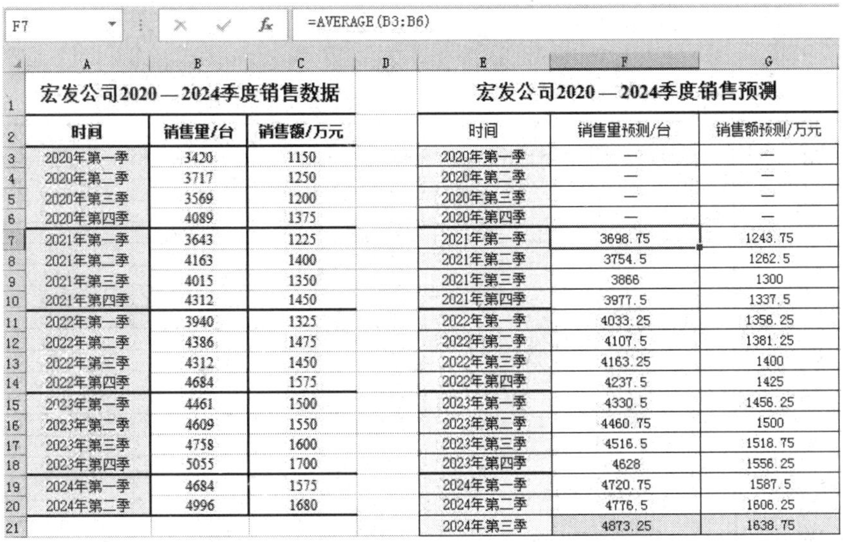

图 2-67　各季度销售量及销售额预测值

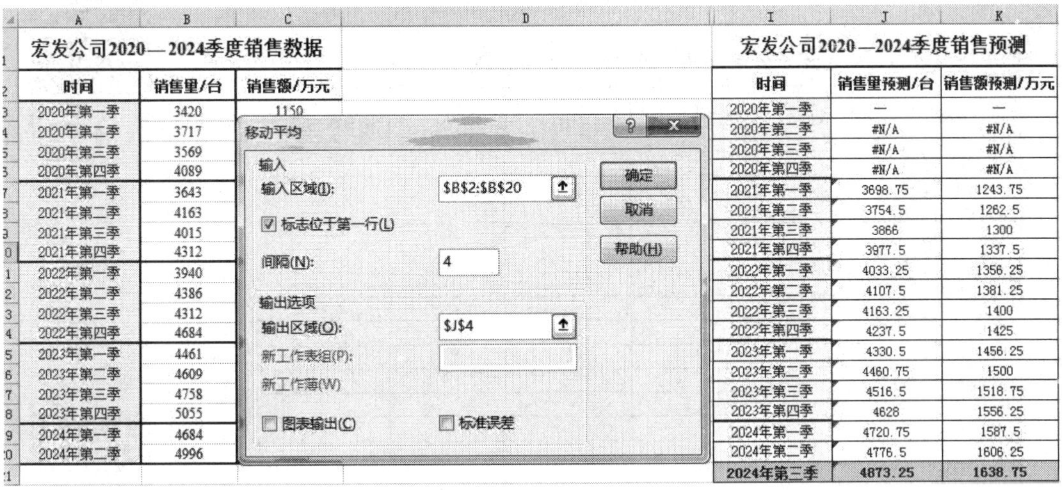

图 2-68　各期销售量预测

需要说明的是，移动平均宏默认起始预测期为源数据起始期间的下一期，如果数据期数不足间隔期，则返回错误值#N/A。

(二) 加权移动平均预测

根据加权移动平均预测的公式，在单元格 G7 中设置公式"=(B3*1+B4*2+B5*3+B6*4)/10"，按 Enter 键，并向右、向下拖动十字光标，可完成相应期间的预测工作，如图 2-69 所示。2024 年第三季度销售量预测值为 4 890.4 台，销售额预测为 1 644.5 万元。

(三) 趋势移动平均预测

(1) 按照趋势移动平均预测的公式设计宏发公司 2020—2024 季度销售预测表，如图 2-70 所示。

图 2-69 加权移动平均预测

视频：加权移动平均

图 2-70 季度销售预测表

视频：趋势移动平均

(2) 在 F6 单元格中设置公式 "=1/4*SUM(B3:B6)" 并向下填充，计算各期的一次移动平均值 $M_t^{(1)}$；在 G9 单元格中设置公式 "=1/4*SUM(F6:F9)" 并向下填充，计算各期的二次移动平均值 $M_t^{(2)}$；在 H9 单元格中设置公式 "=2*F9-G9"，并向下填充，计算各期的截距 a_t；在 I9 单元格中设置公式 "=2/(4-1)*(F9-G9)"，并向下填充，计算各期的斜率 b_t，进而可设置公式进行销售量的预测。在单元格 J10 中设置公式 "=H9+I9*1"，可根据本期数据预测下一期的销售量。填充之后可知，根据 2024 年第二季度的销售量，采用趋势移动平均法预测得到 2024 年第三季度的销售量为 5 079.29 台，如图 2-71 所示。同理，可对销售额进行预测，这里不再赘述。

J10 ··· ✕ ✓ fx =H9+I9*1

宏发公司2020—2024季度销售数据				宏发公司2020—2024季度销售预测					
时间	销售量/台	销售额/万元		时间	$M_t^{(1)}$	$M_t^{(2)}$	a_t	b_t	销售量预测/台
2020年第一季	3420	1150		2020年第一季	—	—	—	—	—
2020年第二季	3717	1250		2020年第二季	—	—	—	—	—
2020年第三季	3569	1200		2020年第三季	—	—	—	—	—
2020年第四季	4089	1375		2020年第四季	3698.75	—	—	—	—
2021年第一季	3643	1225		2021年第一季	3754.5	—	—	—	—
2021年第二季	4163	1400		2021年第二季	3866	—	—	—	—
2021年第三季	4015	1350		2021年第三季	3977.5	3824.19	4130.81	102.21	—
2021年第四季	4312	1450		2021年第四季	4033.25	3907.81	4158.69	83.63	4233.02
2022年第一季	3940	1325		2022年第一季	4107.5	3996.06	4218.94	74.29	4242.31
2022年第二季	4386	1475		2022年第二季	4163.25	4070.38	4256.13	61.92	4293.23
2022年第三季	4312	1450		2022年第三季	4237.5	4135.38	4339.63	68.08	4318.04
2022年第四季	4684	1575		2022年第四季	4330.5	4209.69	4451.31	80.54	4407.71
2023年第一季	4461	1500		2023年第一季	4460.75	4298.00	4623.50	108.50	4531.85
2023年第二季	4609	1550		2023年第二季	4516.5	4386.31	4646.69	86.79	4732.00
2023年第三季	4758	1600		2023年第三季	4628	4483.94	4772.06	96.04	4733.48
2023年第四季	5055	1700		2023年第四季	4720.75	4581.50	4860.00	92.83	4868.10
2024年第一季	4684	1575		2024年第一季	4776.5	4660.44	4892.56	77.38	4952.83
2024年第二季	4996	1680		2024年第二季	4873.25	4749.63	4996.88	82.42	4969.94
				2024年第三季	—	—	—	—	5079.29

图2-71 趋势移动平均法预测结果

提示：在计算一次移动平均值 $M_t^{(1)}$ 和二次移动平均值 $M_t^{(2)}$ 时，也可以用移动平均宏来计算，结果相同，可自行尝试。

钩元提要

理解移动平均预测法的原理和应用条件，能运用公式和移动平均宏两种方式实践简单移动平均、加权移动平均，以及趋势移动平均方法，进行销售预测。

1+X证书相关试题

根据"X证题训练-项目2"工作簿中"2-4超市营业分析"及"2-4销售记录分析"进行以下操作。

1. 采用简单移动平均法对超市2024年第一季度的营业额进行预测。

2. 以近5年的数据为基础，采用加权移动平均法对2024年的销售额进行预测，各年的权数(由远到近)分别为1、2、3、4、5。

3. 采用趋势移动平均法预测2024年第一季度的营业额及2024年的销售额。

豁目开襟

有趣的"日内循环"

你知道吗？你的身高，早晚不同。

1957年，加尔各答某个研究机构对41名学生的身高调查结果显示：当你夜间睡眠时，身高要长1cm，而白天工作时，身高却要缩1cm。

为什么身高会变化呢？是哪里变化了呢？该项调查对学生的身体各部位做了标记，分别在早晚进行测量,发现这个1cm的变化发生在脊椎部分。生理学上的解释是,因为椎骨之间的软骨(椎间板)的收缩,白天的椎骨变得非常接近;而夜里当身体放松时,椎骨又回到原来的位置。

你知道吗?你的精力,早晚不同。

精力的充沛度取决于体内血浆中的可的松(一种荷尔蒙)含量。在正常状态下,早上8点时,人体内的可的松水平为每100毫升含16微克(16μg/100ml),然后逐渐下降,到晚上11点为每100毫升含6微克(6μg/100ml),降低了60%。早上可的松的升高催人起床,到晚上的下降则诱人入睡。因此,一般来说,我们白天是机敏的,而当夜幕降临时,我们会变得迟缓起来。

实际上,除了身高和精力,我们还有很多生理特征,以24小时为周期,存在日内循环。

研究身体的日内循环有没有价值?有的。例如,可以通过日内循环统计数据的研究,找出患者服药的最佳时间。发现在一天之中,哪个时刻服药是有效的,而哪些时刻是无效的,因为服药的有效程度也许依赖于不同时间内血浆中各种生化物质的水平。

同样道理,由于测量时间不同,数据之间往往出现偏差。我们在进行趋势预测时,要保证数据在测量时间上的可比性,避免时间偏差造成的影响。尤其当数据量较少时,更要如此。

当前,身体的日内循环(即时间生物学)已成为一个具有广泛应用前景的活跃的研究领域。

提示: 哲学上认为万事万物都有规律。数据分析的根本作用就是帮助人们透过纷繁芜杂的现象看到背后的本质,它是我们认识世界的窗口。

任务二 指数平滑法预测

一、任务描述

指数平滑法是以近几年的销售数据为依据,对下一季度可能达到的销售量和销售额进行预测。

二、入职知识准备

(一)指数平滑法基本公式

指数平滑法通过对预测目标历史统计序列的逐层的平滑计算,来消除由于随机因素造成的影响,找出预测目标的基本变化趋势,并以此预测未来。它的预测效果比移动平均法要好,应用面也更广。对于平稳移动趋势、线性趋势都可以使用指数平滑法进行预测。指数平滑值的计算公式为

$$S_t^{(1)} = \alpha X_t + (1-\alpha)S_{t-1}^{(1)} \ (t=1, 2, \cdots, n)$$

式中,$S_t^{(1)}$ 为第 t 期的一次平滑值;α 为平滑系数,取值在0和1之间,其与阻尼系数之和为1;上标(1)表示一次指数平滑。

第 t 期的一次指数平滑值等于本期的实际值与上期的一次指数平滑值的加权和。如果对一次平滑的结果再进行一次平滑,称为二次指数平滑。以此类推,可以计算三次平滑、四次平滑。

(二)指数平滑法初始值的确定

确定初始值,一般可做如下考虑:当时间序列观察期 n 大于15时,以第一期观察值作为

初始值；当 n 小于 15 时，可以取最初几期的观察值的平均数作为初始值。通常可取前 3 个观察期数据的平均值作为初始值。

（三）平滑系数 α 的选择

在计算指数平滑值时，选择合适的平滑系数是非常重要的。α 的选择是否得当，直接影响到预测结果。α 越大，说明预测值越依赖于近期信息，修正幅度越大；α 越小，说明预测更依赖于历史信息，修正幅度也越小。一般来说，α 取值应遵循下述原则。

(1) 如果预测目标的时间序列有不规则的起伏变动，但整个长期发展趋势却呈现比较稳定的水平趋势，则 α 应取小一些，一般可在 0.05～0.20。这时预测模型包含了较长的时间序列信息，从而使各期预测值对预测结果有相似的影响。

(2) 当时间序列波动很大，长期趋势变化幅度较大时，α 取值应大一些，可在 0.3～0.5，这时模型能迅速地根据当前的信息对预测进行大幅度的修正。

(3) 当时间序列具有明显上升或下降趋势时，则 α 应取较大的值，一般取值范围为 0.6～0.9。

(4) 在实际应用中，可取若干个 α 值进行试算比较，选择预测误差最小的 α 值。

（四）指数平滑预测模型

指数平滑值的计算与指数平滑预测是不同的概念。指数平滑预测模型一般有如下两种方法。

1. 平稳移动趋势的指数平滑预测

当时间序列没有明显的趋势变动时，使用第 t 周期的一次指数平滑就能直接预测第 $t+1$ 期之值，即未来各期的预测值是最近一期的一次平滑值。

$$X_{t+i} = S_t^{(1)} \quad (i=1, 2, \cdots)$$

Excel 中提供了平稳移动趋势指数平滑预测的快捷使用方法，即在数据分析功能设置的"指数平滑"宏，利用该工具计算出的数值就是各期的平滑预测值。

2. 线性趋势的指数平滑预测

当时间序列的变动呈现出直线趋势时，用一次指数平滑仍存在着明显的滞后偏差，因此也需要修正。修正的方法是在一次指数平滑的基础上再做二次指数平滑，利用偏差规律找出曲线的发展方向和发展趋势，然后建立线性趋势预测模型。公式为

$$X_{t+i} = a_t + b_t \times i \quad (i=1, 2, \cdots)$$

$$a_t = 2S_t^{(1)} - S_t^{(2)}$$

$$b_t = \alpha / (1-\alpha) \times (S_t^{(1)} - S_t^{(2)})$$

式中，X_{t+i} 为第 $t+i$ 期的预测值；i 为预测超前期；$S_t^{(1)}$ 为一次指数平滑值；$S_t^{(2)}$ 为二次指数平滑值。

指数平滑法计算简便，预测成本低，适宜对各种目标进行中短期预测，尤其在外部资料缺乏的情况下更为适用。但由于它仅仅是通过对历史的分析估计未来，缺乏对目标的相关因素的分析，所以进行长期预测时可信度较差。

三、任务内容

根据宏发公司 2020—2024 季度销售数据(见"2-4 销售预测分析"工作簿)，完成如下任务(时间间隔 n 为 4 个季度)。

(1) 采用平稳移动趋势的指数平滑法对 2024 年第二季度的销售量和销售额进行预测，平滑系数为 0.3(注：阻尼系数与平滑系数之和为 1)。

(2) 采用线性趋势的指数平滑法对 2024 年第二季度的销售量和销售额进行预测，平滑系数为 0.3。

四、任务执行

(一) 平稳移动趋势的指数平滑法预测

以宏发公司 2020—2024 季度销售数据为基础，单击"数据"-"分析"-"数据分析"-"指数平滑"选项，打开"指数平滑"对话框。输入区域设为\$B\$2:\$B\$20，阻尼系数为 0.7，选中"标志"复选框，输出区域为\$F\$3，确定后完成 2020 年第二季度到 2024 年第二季度销售量预测数量的填充，如图 2-72 和图 2-73 所示。

以十字光标向下拖动 2024 年第二季度预测值所在的单元格的公式，得到 2024 年第三季度的预测值为 4 780.74。同理，利用指数平滑宏预测各季度销售额，如图 2-74 所示，可见 2024 年第三季度销售额预测值为 1 607.63 万元。

图 2-72　设置指数平滑法预测条件

提示：利用指数平滑法公式计算平滑值，进而采用平稳移动趋势的指数平滑预测模型进行预测，可得到相同的结果。

(二) 线性趋势的指数平滑法预测

按照线性趋势的指数平滑法预测的公式，设计宏发公司 2020—2024 季度销售量预测表，如图 2-75 所示。

宏发公司2020—2024季度销售数据

时间	销售量预测/台	销售额预测/万元
2020年第一季	#N/A	
2020年第二季	3420.00	
2020年第三季	3509.10	
2020年第四季	3527.07	
2021年第一季	3695.65	
2021年第二季	3679.85	
2021年第三季	3824.80	
2021年第四季	3881.86	
2022年第一季	4010.90	
2022年第二季	3989.63	
2022年第三季	4108.54	
2022年第四季	4169.58	
2023年第一季	4323.91	
2023年第二季	4365.03	
2023年第三季	4438.22	
2023年第四季	4534.16	
2024年第一季	4690.41	
2024年第二季	4688.49	
2024年第三季	4780.74	

图 2-73　销售量预测数量填充

宏发公司2020—2024季度销售数据

时间	销售量预测/台	销售额预测/万元
2020年第一季	#N/A	#N/A
2020年第二季	3420.00	1150.00
2020年第三季	3509.10	1180.00
2020年第四季	3527.07	1186.00
2021年第一季	3695.65	1242.70
2021年第二季	3679.85	1237.39
2021年第三季	3824.80	1286.17
2021年第四季	3881.86	1305.32
2022年第一季	4010.90	1348.72
2022年第二季	3989.63	1341.61
2022年第三季	4108.54	1381.63
2022年第四季	4169.58	1402.14
2023年第一季	4323.91	1454.00
2023年第二季	4365.03	1467.80
2023年第三季	4438.22	1492.46
2023年第四季	4534.16	1524.72
2024年第一季	4690.41	1577.30
2024年第二季	4688.49	1576.61
2024年第三季	4780.74	1607.63

图 2-74　平稳移动趋势的指数平滑法预测结果

宏发公司2020—2024季度销售预测

时间	$S_t^{(1)}$	$S_t^{(2)}$	a_t	b_t	销售量预测/台
2020年第一季			—	—	—
2020年第二季			—	—	
2020年第三季					—
2020年第四季					
2021年第一季					
2021年第二季					
2021年第三季					
2021年第四季					
2022年第一季					
2022年第二季					
2022年第三季					
2022年第四季					
2023年第一季					
2023年第二季					
2023年第三季					
2023年第四季					
2024年第一季					
2024年第二季					
2024年第三季	—	—	—	—	

图 2-75　按照线性趋势的指数平滑法设计的销售量预测表

　　按照指数平滑值计算公式，在 F3 单元格输入 3 420，在 F4 单元格输入"=B4*0.3+0.7*F3"，并将十字光标向下填充至单元格 F20，完成一次指数平滑值 $S_t^{(1)}$ 的计算。同理，设置公式并填充二次指数平滑值 $S_t^{(2)}$ 所在列，结果见图 2-76。在 H5 单元格中设置公式"=2*F5-G5"并向下填充，计算各期的截距 a_t；在 I5 单元格中设置公式"=0.3/(1-0.3)*(F5-G5)"，并向下填充，计算各期的斜率 b_t；在 J6 单元格中设置公式"=H5+I5*1"，可根据本期数据预测下一期的销售量。填充之后可知，根据 2024 年第二季度的销售量，采用线性趋势的指数平滑法预测得到 2024 年第三季度的销售量为 5 042.93 台，如图 2-77 所示。同理，可对销售额进行预测，这里不再赘述。

图 2-76　设置计算公式

思考:采用线性趋势指数平滑模型预测时,计算一次指数平滑值 $S_t^{(1)}$ 和二次指数平滑值 $S_t^{(2)}$ 可以采用指数平滑宏来计算吗?为什么?

宏发公司2020—2024季度销售预测

时间	$S_t^{(1)}$	$S_t^{(2)}$	a_t	b_t	销售量预测/台
2020年第一季	3420.00	3420.00	—	—	—
2020年第二季	3509.10	3446.73	—	—	—
2020年第三季	3527.07	3470.83	3583.31	24.10	—
2020年第四季	3695.65	3538.28	3853.02	67.45	3607.41
2021年第一季	3679.85	3580.75	3778.96	42.47	3920.47
2021年第二季	3824.80	3653.96	3995.63	73.21	3821.43
2021年第三季	3881.86	3722.33	4041.38	68.37	4068.85
2021年第四季	4010.90	3808.90	4212.90	86.57	4109.75
2022年第一季	3989.63	3863.12	4116.14	54.22	4299.47
2022年第二季	4108.54	3936.75	4280.34	73.63	4170.36
2022年第三季	4169.58	4006.60	4332.56	69.85	4353.96
2022年第四季	4323.91	4101.79	4546.02	95.19	4402.41
2023年第一季	4365.03	4180.76	4549.30	78.97	4641.21
2023年第二季	4438.22	4258.00	4618.45	77.24	4628.28
2023年第三季	4534.16	4340.85	4727.47	82.85	4695.68
2023年第四季	4690.41	4445.72	4935.10	104.87	4810.31
2024年第一季	4688.49	4518.55	4858.43	72.83	5039.97
2024年第二季	4780.74	4597.21	4964.28	78.66	4931.26
2024年第三季	—	—	—	—	5042.93

图 2-77　线性趋势的指数平滑法预测结果

视频:平稳移动指数平滑公式

视频:线性趋势指数平滑

✎ 钩元提要

掌握指数平滑法的预测原理及平滑系数的意义和选择方法,能运用平稳趋势的指数平滑法和线性趋势的指数平滑法进行预测。

1+X证书相关试题

根据 "X 证题训练-项目 2" 工作簿中 "2-4 超市营业分析" 及 "2-4 销售记录分析",进行如下操作。

1. 分别采用平稳趋势的指数平滑法和线性趋势的指数平滑法,对超市 2024 年第一季度的营业额进行预测。

2. 分别采用平稳趋势的指数平滑法和线性趋势的指数平滑法,对 2024 年的销售额进行预测。

豁目开襟

神奇的指数爆炸

百万富翁杰瑞碰上了一件奇怪的事,一个叫韦伯的人对他说:"我想和你签个合同,我将在整整一个月中每天给你 10 万元,而你第一天只需给我一分钱,以后每天给的钱是前一天的两倍。" 杰瑞觉得这是一笔非常划算的生意,于是欣然允诺。

合同开始执行了,杰瑞欣喜若狂。第一天杰米支出一分钱,收入 10 万元;第二天,杰瑞支出 2 分钱,收入 10 万元;第三天,杰瑞支出 4 分钱,收入 10 万元;第四天,杰瑞支出 8 分钱,收入 10 万元……到了第十天,杰瑞共得到 200 万元,而韦伯才得到 10 000 元。杰瑞想:"要是合同定两个月、三个月该多好啊!" 可是从第 25 天起,情况发生了逆转。

第 25 天,杰瑞收入 10 万元,却发生支出 167 772 元。这让他感到意外,但并没在意。没想到接下来的几天,支出的数额急剧增加,第 31 天的支出额已经达到 1 073 万元之多。整整一个月(31 天)杰瑞共支付给韦伯 2 000 多万元,而他的收入仅 310 万元!

这就是赫赫有名的"指数爆炸"现象。聪明的小伙伴们,你们知道上面的数据是如何计算的吗?让 Excel 帮助大家算一算吧。

提示: 任何决策都要经过科学的数据分析来验证和支撑,不能"靠直觉""拍脑袋""想当然",否则很可能遭遇重大失败,造成严重损失。

任务三　回归分析法预测

一、任务描述

销售活动受到很多因素的影响。回归分析法是根据公司历年销售资料,通过相关与回归分析判断销售量的影响因素,并建立回归模型进行预测。

二、入职知识准备

(一) 相关分析

在社会经济活动中,任何事物的产生和变化总是由一定的原因引起,并对其他一些事物产生影响。各种社会经济活动总是存在于一定的相互联系之中。事物之间的相互关系可以分为相关关系和函数关系。

函数关系是变量之间客观存在的一种确定的对应关系，如圆的面积与圆的半径之间的关系。当一个变量数值确定下来，另外一个变量总有唯一确定的数值与之对应。相关关系又称不确定性关系，指变量之间存在的不确定的依存关系，表现为一个变量发生变化，会影响另外一个变量随之发生数量上的变化，但具体的数值并不确定，如身高与体重之间的关系。身高越高，体重越大，但二者之间却没有严格的对应关系。相关关系普遍存在于社会现象之中。

相关分析是定性和定量分析相结合，正确选择变量，确定变量间有无相关关系，并确定相关关系的表现形式、密切程度和方向等。定性分析的工具有相关表和相关图；相关表是用表格的形式客观记录变量之间数值的变化情况，将其对应描绘在直角坐标系里变形成相关图；相关图又称散点图，能直观反应变量间的相关关系。定量分析工具为相关系数，用来确定变量之间是否具有线性相关关系，以及相关的密切程度的测量。在运用回归分析预测之前，应计算变量间的相关系数，其计算公式可简化为

$$r = \frac{n\sum xy - \sum x \sum y}{\sqrt{n\sum x^2 - \left(\sum x\right)^2}\sqrt{n\sum y^2 - \left(\sum y\right)^2}}$$

相关系数的值介于-1和$+1$之间，即$-1 \leqslant r \leqslant +1$。其绝对值的大小说明两现象之间线性相关的密切程度。

当$|r|=1$时，表示两变量为完全线性相关，即为直线函数关系。

当$r=0$时，表示两变量间无线性相关关系。无线性相关关系，不等于说现象间没有相关关系。现象间不具有线性相关关系，可能具有曲线相关关系。

当$0<|r|<1$时，表示两变量存在一定程度的线性相关。$|r|$越接近于1，两变量间线性相关越强；$|r|$越接近于0，表示两变量的线性相关越弱。

一般可按四级划分：$|r|<0.3$为微弱线性相关；$0.3 \leqslant |r|<0.5$为低度线性相关；$0.5 \leqslant |r|<0.8$为显著线性相关；$0.8 \leqslant |r|<1$为高度线性相关。

在 Excel 中，相关系数函数 CORREL(array1, array2)和相关系数宏提供了两种计算相关系数的方法。

(二) 回归分析

回归分析就是针对具有相关关系的变量，采用数学方法构建起它们之间近似的关系方程(回归方程)，进而在一个变量(自变量)数值确定的情况下，可以测算另一个变量(因变量)的平均取值。也就是在相关分析的基础上，建立变量间的回归方程，以反映或预测相关变量的数值关系和具体数值。

1. 一元线性回归分析

虽然影响市场变化的因素是多方面的，但存在一个最基本的、起决定作用的因素，而且自变量与因变量之间的数据分布呈线性(直线)趋势，那么就可以运用一元线性回归方程$\hat{y}=a+bx$进行预测，称为一元线性回归分析。这里，$\hat{y}$是因变量，x是自变量，a、b均为参数，其中b为回归系数，表示当x每增加一个单位时$\hat{y}$的平均增加数量。一元线性回归分析的前提条件是，两个变量之间确实存在相关关系，而且其相关的密切程度必须是显著的。相关程度高，回归预测的准确性才会高。最常用的确定直线方程的方法是最小二乘法。

一元线性回归预测法就是要依据一定数量的观察值(x_i, y_i) $(i=1, 2, \cdots, n)$，找出回归方程$\hat{y}=a+bx$，确定方程参数为a、b。

应用最小二乘法可以求得 a、b，即

$$b = \frac{n\sum x_i y_i - \sum x_i \sum y_i}{n\sum x_i^2 - \left(\sum x_i\right)^2} \quad a = \frac{\sum y_i - b\sum x_i}{n}$$

这样，把求出的 a、b 代入 $\hat{y}=a+bx$ 中就得到回归直线，只要给定 x_i 值就可以用 y_i 做因变量 y_i 的预测值。

一元线性回归预测要遵循以下步骤：第一，确定预测目标和影响因素，也就是确定因变量和自变量；第二，收集整理因变量和自变量的观察资料，绘制散点图，判定变量之间的关系；第三，进行相关分析，判断变量间相关关系的密切程度；第四，建立回归方程预测模型，即根据回归分析基本原理，建立预测模型；第五，进行模型检验；第六，进行预测。

一元线性回归预测模型的检验就是利用各种统计检验方法来检验模型是否能解释预测对象变量之间的实际关系及模型对实际数据拟合的程度，进而说明模型能否用于预测的分析方法。常用的统计检验方法有标准离差检验、拟合程度检验、显著性检验等。

(1) 标准离差检验。标准离差 S 表示变量 y 的各个观测值与回归直线估计值 y 的绝对离差数额，用来检验回归预测模型的精度，其计算公式为

$$S = \sqrt{\frac{\sum(y_i - \hat{y}_i)^2}{n-k}}$$

式中，k 代表参数的个数，一元线性回归预测模型中有两个参数即可。

由公式可以看出，S 越小，实际值与预测值的平均误差越小，预测精度也就越高。同时，为了对不同模型的精度进行比较，往往要计算离散系数或标准离差系数，即

$$V = \frac{S}{Y} \times 100\%$$

一般希望 V 不超过 15%。

(2) 拟合程度检验。变量 y 的各个观测值点聚集在回归直线 $\hat{y}=a+bx$ 周围的紧密程度，称作回归直线对观测数据点的拟合程度，通常用可决系数 R^2 来表示。其计算公式为

$$R^2 = \frac{\sum(\hat{y}_i - \overline{y})^2}{\sum(y_i - \overline{y})^2}$$

可决系数一般用来测定回归直线对各观测值点的拟合程度。若全部观测值点 $y_i(i=1, 2, \cdots, n)$ 都落在回归直线上，则 $R^2=1$；若 x 完全无助于解释 y 的变差，则 $R^2=0$。显然，R^2 越接近于 1，用 x 的变化解释 y 的变差的部分就越多，表明回归直线与各观测值点越接近，回归直线的拟合度越高。相反，R^2 值较小，说明了回归方程所引入的自变量不是一个好的解释变量，它所能解释的变差占总变差的比例较低。因此，可决系数是检验回归方程拟合程度的一个重要指标，R^2 的取值范围为 $0 \leqslant R^2 \leqslant 1$。

回归直线拟合程度的另一个测度是线性相关系数 r。在一元线性回归中，线性相关系数实际上是可决系数 R^2 的平方根，即 $r = \pm\sqrt{R^2}$。r 的绝对值越接近于 1，表明回归直线拟合程度越高。

(3) 显著性检验。回归方程的显著性检验，是用数理的方法检验所建立的回归方程 $\hat{y}=a+bx$ 是否有意义。通过回归方程这一整体来检验判定变量 y 与 x 之间的线性关系，它是

以方差分析为基础,对 y 与 x 存在"真实"线性关系的检验,也称为回归方程的 F 检验。其检验步骤如下。

建立原假设 H0:$b=0$,对立假设 H1:$b\neq0$,计算回归方程的 F 统计量为

$$F=\frac{\sum(\hat{y}_i-\overline{y})^2/1}{\sum(y_i-\hat{y})^2/n-2}$$

服从自由度为 1 和 $n-2$ 的 F 分布。

根据给定的显著水平 α(通常 $\alpha=0.05$)和两个自由度:$df_1=1$,$df_2=n-2$,查 F 分布表,得到临界值 $F_\alpha(1,n-2)$。若 $F>F_\alpha(1,n-2)$,则否定统计假设 H0:$b=0$,而认为 x 与 y 之间的回归方程显著,线性假设成立。否则,认为回归方程不显著,所建立的回归方程没有意义。

t 检验适用于小样本($n\leq30$),主要是检验自变量对因变量是否有显著影响,即回归方程的回归系数 b 是否等于零。若 $b=0$,则回归方程中没有 x 项,即 y 并不随着 x 的变动而变动,因此 y 与 x 之间不存在线性关系;若 $b\neq0$,说明变量 y 与 x 之间存在线性关系。其检验步骤如下。

建立原假设 H0:$b=0$;对立假设 H1:$b\neq0$。计算回归系数 b 的 t 值:$t_b=b/S_b$。其中,S_b 是回归系数 b 的标准差,$S_b=\sqrt{\dfrac{S^2}{\sum(x_i-\overline{x})}}$,$S^2=\dfrac{\sum(y_i-\hat{y}_i)}{n-2}$。

根据给定显著水平 α(通常 $\alpha=0.05$)和自由度 $df_2=n-2$,查 t 分布表,得到临界值 $t_\alpha/2(n-2)$。若 $|t_b|>t_\alpha/2(n-2)$,便否定原假设 H0:$b=0$,说明 x 与 y 之间存在着线性相关关系。否则,x 与 y 之间不存在线性关系。

事实上,在一元线性回归中,拟合程度检验、F 检验、t 检验都是检验 x 与 y 之间是否存在线性关系。如果模型没有通过上述检验,应分析其原因,重新加以处理。其原因有可能有以下几种:第一,影响变量 y 的因素除了 x 之外还有其他不可忽略的因素;第二,变量 y 与 x 的关系不是线性的,可能是曲线关系;第三,变量 y 与 x 根本没有关系。

预测模型通过各种检验后,说明它是可信的,也就可以用于预测了。利用回归模型进行预测有两种方法:一是点预测法,二是置信区间预测法。点预测法将变量的预测值 x 代入预测模型 $\hat{y}=a+bx$,求出因变量的预测值,即为预测点。置信区间预测法是指在实际工作中,预测对象的实际值不一定恰好等于预测值 $\hat{y}_0$,随着实际情况的变化和各种环境因素的影响,并且由于自变量与因变量是相关关系,对于自变量的每一个值 x_i,因变量的 y_i 并不一定等于回归模型计算的预测 $\hat{y}_i$,它一般在 $\hat{y}_i$ 的附近。在实际应用中,希望估计出一个范围,并知道实际值在此范围中的可靠程度,这个取值范围即为置信区间。

2. 多元线性回归分析

多元线性回归预测的基本原理与一元线性回归预测一样,也是采用最小乘法使回归预测值与实际值之间的总偏差平方和最小,求出多元线性回归预测模型的回归系数,达到使用多元线性回归方程与实际观察数据点的最佳拟合。

多元线性回归分析预测步骤与一元线性回归分析预测步骤基本相似,只是扩展了回归分析中的自变量数量。回归系数计算变得复杂,同时也增添了多元线性回归预测模型统计检验的复杂性。在多个自变量的选择和多元线性回归模型统计检验两方面存在一定差异。

建立一个具有良好预测效果的多元回归方程,必须谨慎地筛选自变量。某个市场变量往往受到许多因素(自变量)不同程度的影响。在拟定多元线性回归分析模型时,必须从众多自变量因素中认真筛选,挑选出尽可能少的、互不相关的、对因变量起关键作用的主要因素,通常需要借助经验消元法、相关消元法和逐步回归法。

如果不加鉴别,把所有自变量选入回归模型,不但会加大工作量而且会出现在自变量之间高度线性相关的情况,以至降低预测结果的准确性。筛选自变量应当注意掌握好以下几点。

(1) 所选自变量必须对因变量有显著的影响。

(2) 所选自变量应该具有完整的统计数据资料,而且自变量本身的变动有一定的规律性,能够取得准确性较高的预测值,难以定量的因素在多元回归方程中一般不宜选入。

(3) 所选的自变量与因变量之间具有较强的相关性,具有经济意义和内在的因果联系,而不是形式上的相关。

(4) 所选的自变量之间的相关程度不应高于自变量与因变量之间的相关程度。应当尽可能避免自变量之间高度线性相关,以免发生多重共线问题。

显著性检验在预测前进行,用来判断回归方程是否适用。多元线性回归模型统计检验工具主要包括复决定系数 R^2 和复相关系数 r 检验、F 检验和 t 检验。各种检验的计算公式与一元线性回归模型的检验原理相同,但计算公式有所不同,这里不再具体展开,感兴趣的读者可以参考数理统计相关教材。

三、任务内容

根据宏发公司 2020—2024 季度销售数据(见"2-4 销售预测分析"工作簿),计算销售量、销售人数、广告投放量三个变量之间的相关系数,并建立回归模型,预测如果 2024 年第三季度的广告投放为 40 万元,销售量将达到多少。

四、任务执行

(一) 相关分析

1. 利用 CORREL( )函数

在 CORREL(array1,array2)函数中,array1 与 array2 分别表示计算相关系数的两个变量数据列,用来计算两个变量之间的相关系数,如图 2-78 所示。

视频:相关系数——函数

图 2-78　相关系数的计算

2. 利用相关系数宏

单击"数据"-"分析"-"数据分析"-"相关系数"选项，打开"相关系数"对话框。输入区域设置为欲计算相关系数的变量数列，本例中包括销售量、销售人数和广告量三个变量数列；分组方式为逐列；选中"标志位于第一行"复选框；输出区域为右侧空白区域任一单元格，如图 2-79 所示。

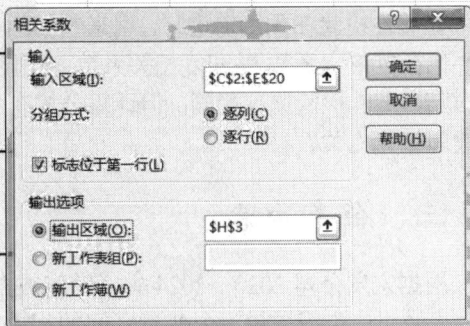

图 2-79　相关系数的设置

分析结果如下：销售量与广告量之间的相关系数为 0.956 4，存在高度线性正相关关系；销售量与销售人数之间的相关系数为 0.571 4，存在中度线性相关关系。利用相关系数宏计算得到相关系数，如表 2-2 所示。

视频：相关系数——宏

表 2-2　相关系数

项目	销售量/台	销售人数/人	广告量/万元
销售量/台	1		
销售人数/人	0.571 480 797	1	
广告量/万元	0.956 383 531	0.508 277 121	1

（二）回归分析

通过相关分析发现，销售量与广告量之间具有高度线性关系，可通过回归分析建立二者之间的一元线性回归方程，进而进行销售量预测。单击"数据"-"分析"-"数据分析"-"回归"选项，打开"回归"对话框。Y 值输入区域为因变量所在区域，本案例中为销售量所在数据列；X 值输入区域为自变量所在区域，本案例中为广告量所在数据列；置信度为回归估计的可靠程度，通常为 95%，也可根据需要自行设定。关于残差和正态分布相关复选项均可选择，系统会返回相应的图表，操作过程如图 2-80 所示。分析结果如图 2-81 所示。

图2-80 回归分析数据设定

从图2-81可见，销售量与广告量之间的相关系数为0.956 38，可决系数为0.914 67，说明二者存在高度线性正相关关系。回归分析回归方程F检验p值与回归系数t检验p值5.7E-10远远小于显著性水平0.05，说明回归方程具有代表意义。销售量与广告量之间近似存在如下数量关系：

$$\hat{y}=3\,512.98+41.4x$$

SUMMARY OUTPUT

回归统计	
Multiple R	0.95638
R Square	0.91467
Adjusted R Square	0.90934
标准误差	146.485
观测值	18

方差分析

	df	SS	MS	F	Significance F
回归分析	1	3680149	3680149	171.506	5.7E-10
残差	16	343325.2	21457.8		
总计	17	4023474			

视频：回归分析

	Coefficients	标准误差	t Stat	P-value	Lower 95%	Upper 95%	下限 95.0%	上限 95.0%
Intercept	3512.98	67.16056	52.3072	2.6E-19	3370.61	3655.35	3370.61	3655.3541
广告量/万元	41.4005	3.161299	13.096	5.7E-10	34.6988	48.1021	34.6988	48.102142

图2-81 回归分析结果

当广告量为40万元时，可以预测销售量为5 168.98(3 512.98+41.4×40)台。有95%的可靠程度保证销售量在4 758.56台和5 579.44台之间。

钩元提要

掌握回归分析的意义和检验方法,能根据具有高度线性相关关系的多个变量建立回归方程,并检验回归方程的代表性,进行预测。

1+X证书相关试题

根据"X证题训练-项目2"工作簿中"2-4-3广告-销售量预测"工作表、"2-4-3广告-销售人员-销售量"工作表和"2-4-3收入与教育关系"工作表,进行如下操作。

1. 进行相关分析,建立广告与销售量之间的回归方程。

2. 进行相关分析,建立广告与销售人员对销售量的回归方程。

3. 分析"受教育年限"与"年收入"之间的相关关系,建立二者之间的回归方程,并假定一个自变量,对因变量进行预测。

豁目开襟

回归的由来

"回归"这个词本来的意思是向回走,那为什么利用解释变量来预测反应变量的统计方法要用"回归"这个词呢?最先把回归方法用在生物及心理资料上的是英国科学家弗朗西斯·高尔顿(Francis Galton)。他在研究儿童身高对应其父母身高例子的时候,发现身高超过平均数的父母,通常孩子的身高也超过平均数,但是并没有父母那么高。高尔顿称这种现象为"朝平均数回归",后来这种说法就用在统计方法上了。此外,若干描述性统计的概念和计算方法,如"相关""回归""中位数""四分位数""四分位数差""百分位数"等都是由高尔顿提出的。高尔顿认为,他是运用统计方法研究生物进化问题的第一人,并指出统计学不是一门让人生畏的科学,相反却是处理复杂问题的一种高级手段,它能够帮助人们从重重困难中找到一条好的出路。

卡尔·皮尔逊(Karl Pearson)是高尔顿的学生,他全面继承和发展了高尔顿的统计相关与回归思想,"总体""众数""标准差""变差系数"都是由皮尔逊引进的。皮尔逊认为,统计的基本问题在于"由过去的数据来推断未来会发生什么事",做到这一点的途径就是"把观测数据转化为一个可供预测用的模型",他对统计的理解已经接近现代的理解。

提示:注重实证,以审慎的态度对待每一次数据观测与分析工作。

项目三　人事数据处理与分析

能力目标

(1) 能根据条件选择字符处理函数、查询函数及统计函数等解决实际问题，提升数据处理速度。

(2) 熟练运用数据透视表进行数据交叉分析，并绘制符合数据特征的数据透视图。

(3) 能正确设置表格制作职工工资结算单，运用 IF( )函数嵌套计算个人所得税，准确核算公司的人工费用。

知识目标

(1) 理解工资构成，掌握工资、各项保险费用，以及个人所得税的计算方法。

(2) 了解企业人工费用核算的一般程序和包含内容。

(3) 了解数据透视图的特点，掌握数据透视图的创建方法。

素质目标

(1) 契合岗位需求，培养良好的口头沟通和书面表达能力。

(2) 从考核数据处理出发，激励学生养成爱岗敬业、精益求精的职业习惯。

(3) 引导学生注重效率与效益，学会开源节流。

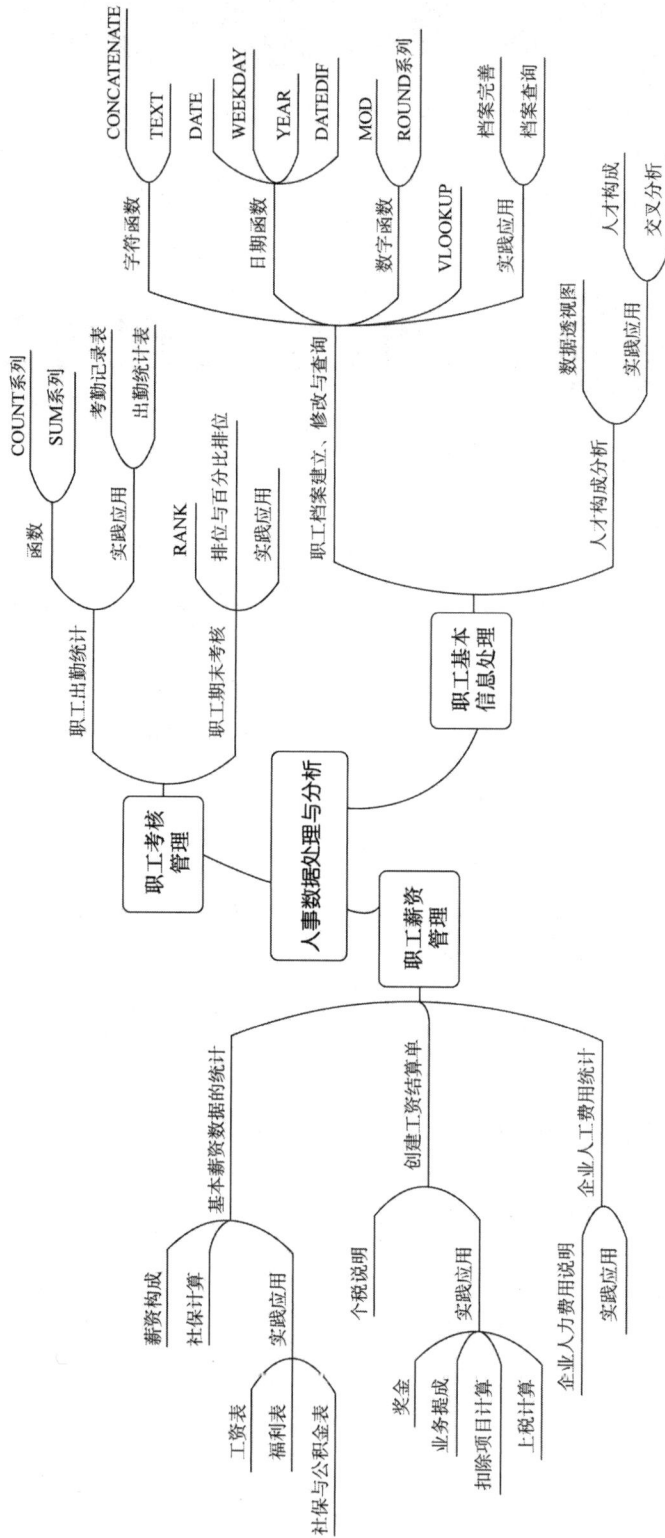

项目框架

```
                                                              CONCATENATE
                                                              TEXT
                                                              DATE
                                                              WEEKDAY
                                                              YEAR
                                                              DATEDIF
                                                              MOD
                                                              ROUND系列
                                                              档案完善
                                                              档案查询

                                                字符函数
                                        日期函数
                                数字函数
                        VLOOKUP
                实践应用
                                                              人才构成
                                                              交叉分析
                        数据透视图
                                实践应用

                COUNT系列
        SUM系列
                考勤记录表
                出勤统计表
    函数
        实践应用
                        职工档案建立、修改与查询
            RANK
                排位与百分比排位
                实践应用                              人才构成分析

                                                职工基本
                                                信息处理

职工出勤统计

职工期末考核

职工考核
管理
                    人事数据处理与分析

                        职工薪资
                        管理

        基本薪资数据的统计
                    创建工资结算单
                                    企业人工费用统计

薪资构成
社保计算
实践应用
            个税说明
            实践应用
                        企业人力费用说明
                        实践应用

工资表
福利表
社保与公积金表
        奖金
        业务提成
        扣除项目计算
        上税计算
```

项目导入

知识经济时代，企业间竞争的实质是人才的竞争。党的二十大报告指出，必须坚持科技是第一生产力、人才是第一资源、创新是第一动力，深入实施科教兴国战略、人才强国战略、创新驱动发展战略，开辟发展新领域新赛道，不断塑造发展新动能新优势。企业要以人为本，做好人事数据的收集和分析，建立职工信息库，制定合理的人事考核制度、薪资管理办法，随时掌握人才结构，为经营提供有力的人力资源保障。

关键词： 信息查询　工资结算单　个人所得税　人工费用
课程启思： 爱岗敬业　精益求精　开源节流

学习情境一　职工基本信息处理

建立职工信息数据库，随时跟踪职工就职信息的变化并更新，分析人才结构，掌握公司人才供给状况，为职工的招聘、考核、培训、晋升提供基本数据。

任务一　职工档案建立、修改与查询

一、任务描述

由于企业内部人员较多且流动性较大，因而人力资源部应及时建立职工档案，随时根据人员变动修改数据，并定期进行分析和汇总，保证企业人才结构合理，符合生产经营需要。职工档案应包括职工编号、姓名、性别、年龄、身份证号码、学历、职务、联系电话、居住地址等信息。在实务中，通常需要运用大量的函数进行人事数据处理，以提高工作效率和精准度。

二、入职知识准备

(一) 字符处理函数

常用的字符处理函数有如下两种。

1. CONCATENATE( )函数

CONCATENATE(text1, [text2], …)函数用来将两个或多个文本字符串连接为一个字符串，功能与"&"符号相似。参数 text1 为必需项，表示要连接的第一个项目。项目可以是文本值、数字或单元格引用。参数 text2, … 为可选项，表示要连接的其他文本项目。CONCATENATE 函数最多可以有 255 个参数项目，总共最多支持 8 192 个字符。

2. TEXT( )函数

TEXT(value,format_text)函数能够实现格式化文本输出，可以将数值内容转换成文本按指定格式输出。其中，value 为数值、计算结果为数字值的公式，或对包含数字值的单元格的引用。format_text 是用来指定数值的显示格式的文本字符串，如 TEXT(TODAY( ),"DDDD")可以返回当前日期是周几。TEXT 函数很少单独出现，通常与其他内容配合使用。

(二) 日期函数

1. DATE( )函数

DATE(年,月,日)函数返回对应于所指定的年、月、日的日期序列值，当需要采用三个单独的值并将它们合并为一个日期时，采用这个函数。例如，使用 DATE(2024,5,23)会返回 2024 年 5 月 23 日。

2. WEEKDAY( )函数

WEEKDAY(serial_number,[return_type])函数用来返回对应于某个日期的一周中的第几天。默认情况下，天数是 1(星期日)到 7(星期六)范围内的整数。serial_number 为必需项，表示要查找年份的日期。日期应使用 DATE 函数，或者作为其他公式或函数的结果输入。如果以文本形式输入日期，则会出现问题。return_type 是可选项，为 2 时表示天数是 1(星期一)到 7(星期日)范围内的整数。

3. YEAR( )函数

YEAR(serial_number)函数用来返回日期序列值所代表的年份。与之相似的日期函数有 DAY( )和 MONTH( )函数，前者用来返回序列值所代表的日期数(该月的第几天)，后者返回月份数(该年的第几月)。serial_number 为必需项，具体要求同 WEEKDAY( )函数，这里不再赘述。

4. DATEDIF( )函数

DATEDIF(start_date,end_date,unit)函数用来计算两个日期之间相隔的天数、月数或年数。start_date 表示给定期间的第一个或开始日期的日期，其可用带引号的文本字符串、序列号或其他公式或函数的结果来表示；end_date 表示时间段的结束日期；unit 有几种表达形式，"Y"表示计算该段时期内的整年数,"M"表示计算该段时期内的整月数,"D"表示计算该段时期内的天数。若为"MD"、"YM"、"YD"，则分别表示该段时期的天数之差(忽略年、月)，月份之差(忽略年、日)及月日之差(忽略年)。

(三) 数学函数

1. MOD( )函数

MOD(number, divisor)函数返回两数相除的余数，结果的符号与除数相同。参数 number 表示要计算余数的被除数；参数 divisor 表示除数，二者都是必需项。MOD( )函数常用来判断数字的奇偶性。

2. ROUND( )函数

ROUND(number, num_digits)函数能将数字四舍五入到指定的位数。例如，如果单元格 A2 包含 23.782，而且想要将此数值舍入到两个小数位数，可以使用公式=ROUND(A2, 1)，则可返回 23.8。

参数 number 表示要四舍五入的数字，参数 num_digits 表示要进行四舍五入运算的位数，二者皆为必需项。当 num_digits 大于零，函数将数字四舍五入到指定的小数位数；当 num_digits 等于零，则将数字四舍五入到最接近的整数；如果 num_digits 小于零，函数将数字四舍五入到小数点左边的相应位数。

ROUNDUP(number, num_digits)函数与 ROUND( )函数相似，只是它始终将数字向上舍入。若 num_digits 大于 0，将数字向上舍入到指定的小数位数；若其等于 0，将数字向上舍入到最接近的整数；若其小于 0，则将数字向上舍入到小数点左边的相应位数。

同理，ROUNDDOWN(number, num_digits)函数始终将数字向下舍去。当 num_digits 大于 0 时，将数字向下舍入到指定的小数位数；等于 0 时，将数字向下舍入到最接近的整数；小于 0 时，则将数字向下舍入到小数点左边的相应位数。接上例，公式=ROUNDUP(A2, -1)，则可返回 30；公式=ROUNDDOWN(A2, 0)，可返回 23。

此外，INT( )、CEILING( )和 FLOOR( )也都是对数据进行舍入操作的函数，想深入学习其用法的读者可自学，这里不再展开叙述。

(四) VLOOKUP( )函数

VLOOKUP( )函数用来按照查询值在查询区域内从左到右查找符合值条件的数据，返回区域中指定条件对应的值。VLOOKUP(要查找的值、要在其中查找值的区域、区域中包含返回值的列号、精确匹配或近似匹配，这是 VLOOKUP( )函数的基本形式。

查询值必须位于查询区域的最左一列，即查询值所在列为查询区域的起始列。查询值可为数值、引用地址或一个双引号括起来的字符串。

查询区域代表查询的数据范围，此参数通常以区域单元格的引用地址或名称来代替。选项参数是一个逻辑值，用来指定当查询值不是完全符合时的情况，函数如何应用。该参数选择 0 或 FALSE 表示精确匹配，如果查找不到完全符合的数值，则返回错误值#N/A；如果选项参数选择 1 或 TRUE，函数在查找不到完全匹配的数值时返回小于查询值的最大数值，这时要求查询区域中查询值所在的列必须按升序排列，否则会得到错乱的结果。

HLOOKUP( )函数的构成与 VLOOKUP( )函数相似，只是它按行从上到下检索，能够返回查询区域内与查询值相匹配的指定行的内容。参数的设置要求与 VLOOKUP( )函数一致。

此外，还可以利用 INDEX( )与 MATCH( )函数的组合来检索信息。

⬇ 扩展阅读

"数字人才"需求旺盛

机构预测当前数字人才总体缺口在 2 500 万至 3 000 万左右；针对 2023 届高校毕业生的职位中，人工智能、智能制造等增速较快，AI 大模型应届生职位同比增速超过 100%……从人才流动的趋势，可洞悉数字经济蓬勃向上的发展态势。

人瑞人才联合德勤中国发布的《产业数字人才研究与发展报告(2023)》指出，大量数字化、智能化的岗位相继涌现，相关行业对数字人才的需求与日俱增，人才短缺已经成为制约数字经济发展的重要因素。

调研显示，有 52.6%的企业最希望人才掌握数字分析技能，其次是数字营销，占比为 38.3%。在被问到最希望提升的人才能力时，52.5%的企业表示希望加强人才复合型学习，尤其是技术人员的商务和运营能力。

整体数字人才供不应求的同时，人工智能、智能制造等领域的人才需求更加旺盛。

资料来源："数字人才"需求旺盛[N]. 经济参考报，2023-06-09.

三、任务内容

以宏发公司职工档案为基础，见"3-1 职工档案管理"工作簿，完成如下操作。

(1) 对职工档案中出生日期和性别列进行填充，要求出生日期从身份证号码中提取，格式为年-月-日，性别根据身份证号码设置公式计算列示。

(2) 完成职工信息查询表，"职工姓名"一栏内，利用 Excel "数据有效性"功能设置下拉列表，包含公司全部职工姓名。查询时选择职工姓名，自动显示查询表中其他项目的数据。

四、任务执行

(一) 数据完善

1. 出生日期提取

除了采用 Excel 2016 自带的快速填充功能从身份证号码中提取出生日期(此时提取的出生日期是一串数字，若想在年月日之间加入间隔符号需要另外处理)外，也常常运用几个简单函数的叠加来实现出生日期的提取，间隔符号的样式可自行设计。先用 MID( )函数将出生日期从身份证号码中提取出来，再利用 CONCATENATE( )函数或者 "&" 符号将年月日之间用分隔符号 "-" 连接起来。具体操作过程如下。

(1) 打开 "3-1 职工档案管理" 工作簿中的 "职工档案" 工作表，在出生日期列 G3 单元格输入公式 "=CONCATENATE(MID(E3,7,4),"-",MID(E3,11,2),"-",MID(E3,13,2))"，按 Enter 键或单击公式编辑栏上的 ✓ 按钮完成公式书写。

(2) 双击单元格右下角的十字光标，整个 "出生日期" 字段全部填充完毕，结果如图 3-1 所示。

图 3-1　出生日期提取

视频：提取生日

提示：利用 TEXT( )与 MID( )函数的组合，也可将出生日期提取并显示为 "yyyy-mm-dd" 的形式，并且更为便捷，读者可自行尝试。

2. 性别计算

通常身份证号码的倒数第二位数字可以反映出持有者的性别：倒数第二位是奇数，性别为男；倒数第二位是偶数，性别为女。利用这条规律，根据身份证号码的特性，可快速填充企业职工的性别。先使用 MID( )函数将倒数第二位的字符提取出来，再利用 MOD( )函数判断其奇偶性，最后利用 IF( )函数做判断和反馈。将三个函数嵌套起来，便可完成性别的计算。

在单元格 F3 中输入公式 "=IF(MOD(MID(E3,17,1),2),"男","女")"，按 Enter 键并双击单元格右下角的十字光标，可准确无误地计算出全部职工的性别，结果如图 3-2 所示。

图 3-2　性别计算

视频：计算性别

提示：利用 ISEVEN( )、ISODD( )函数也可以判断数字的奇偶性，进而计算出职工的性别。读者可以自行学习函数并在此应用。

（二）信息查询

1. 建立职工信息查询窗口

根据查询需要建立信息查询窗口，从数据库中选择适当的字段作为查询内容，格式如图 3-3 所示。

2. 设置查询依据

姓名是查询依据，选中 B5 单元格，单击"数据"–"数据工具"选项，打开下拉列表，选择"数据验证"，打开"数据验证"对话框，如图 3-4 所示。在"设置"选项卡下，在"允许(A):"列表框中选择"序列"；在"来源(S):"列表框中选择"职工档案"工作表中全部职工姓名所在区域"=职工档案!$B$3:$B$42"，如图 3-5 所示。单击"确定"按钮，此时在 B5 单元格右侧将出现一个下拉箭头，单击其会显示所有职工的姓名，方便信息查询者按照姓名检索职工详细资料，如图 3-6 所示。

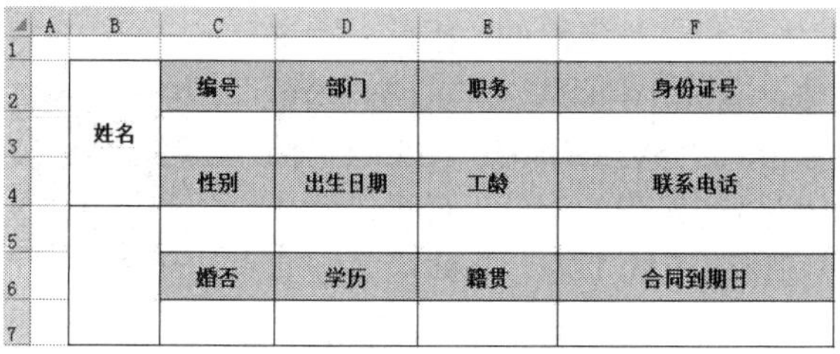

图 3-3　信息查询窗口格式

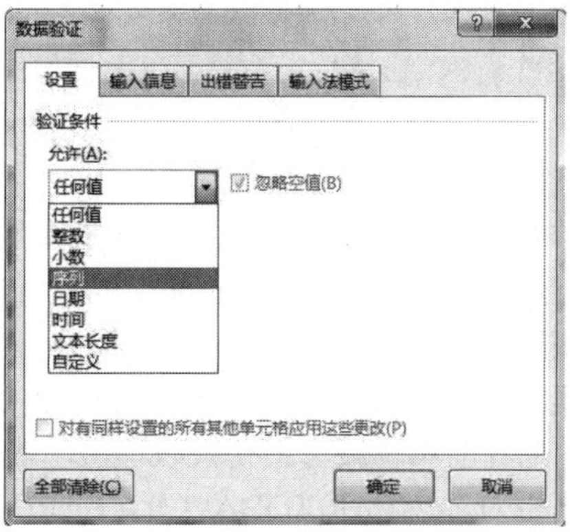

图 3-4　数据验证信息设置

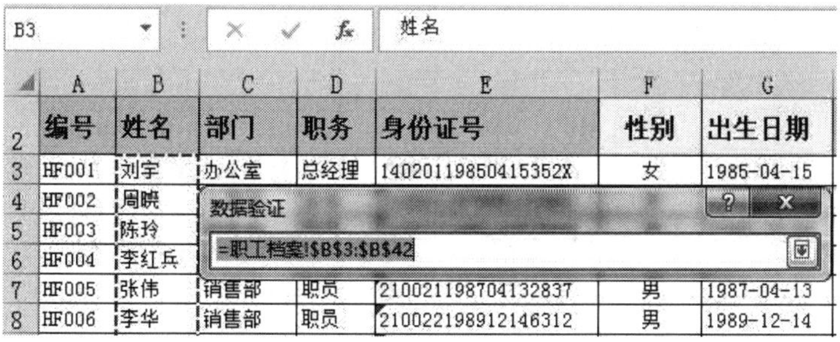

图 3-5　姓名有效性设置

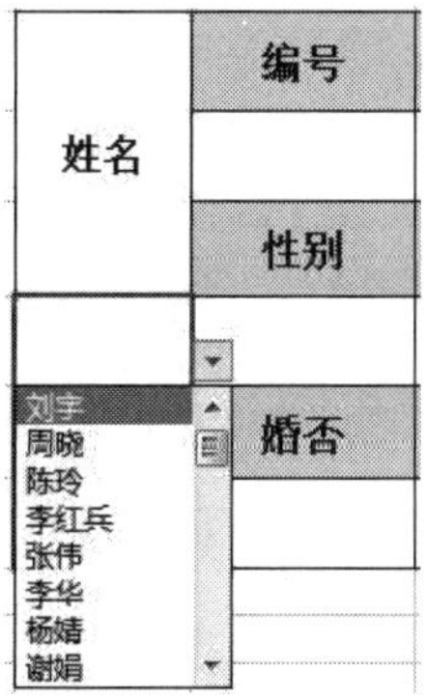

图 3-6　姓名查询设置效果

3. 设置查询内容

为了让系统可以自动根据"姓名"反馈"编号""部门""性别"等员工具体信息进行检索，应在各查询内容对应的空白单元格内进行公式设置。通常可以使用 VLOOKUP( )函数或 INDEX( )函数与 MATCH( )函数的组合来完成检索工作，用户应根据函数使用条件和检索需要自行选择。

以"编号"字段为例，采用 INDEX( )与 MATCH( )函数组合更好。在单元

视频：职工编号查询

121

格 C3 内设置公式 "=INDEX(职工档案!A3:A42,MATCH(职工信息查询!B5,职工档案!B3:B42,0))"，以姓名为查询值，使用 MATCH( )函数匹配当前姓名在工作表 "职工档案" 全部职工姓名列中所在的行，并运用 INDEX( ) 函数反馈该行所对应的职工编号，完成检索设置，如图 3-7 所示。同理，可以设置 "部门" "职务" 等对应的检索内容。

以 "部门" 字段为例，采用 VLOOKUP( ) 函数查询。在单元格 D3 中设置公式 "=VLOOKUP(B5,职工档案!B3:N42,2,0)"，直接指定系统应返回的查询区域中的第几列，效率很高，如图 3-8 所示。如果通过设置查询区域的绝对引用和查询值的混合引用，以及利用 COLUMN( )函数返回列数，公式可向右填充，迅速完成所有查询单元格(除工龄字段以外)的设置。

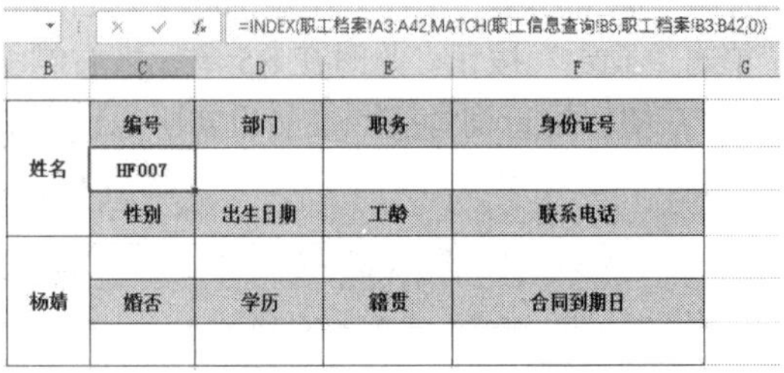

图 3-7 职工编号检索

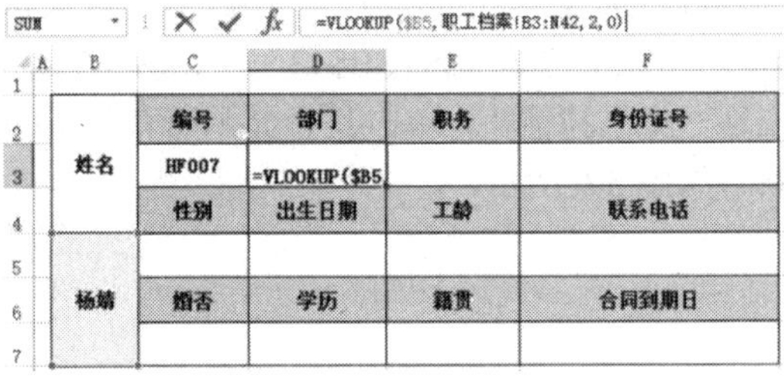

图 3-8 职工部门检索

对于 "工龄" 一项，"职工档案" 数据库中是没有该字段的。因此，查询时还要添加一些计算，把相应的数值计算出来。首先，利用 VLOOKUP( )函数将该职工的 "最初入职时间" 检索出来，设置公式 "=VLOOKUP (B5,职工档案!B3:H42,7,0)"；其次，利用 YEAR( )函数计算最初入职的年份；最后，用当前所在的年份减去最初入职年份，就能够得到该职工的工龄。具体函数嵌套结果为 "=YEAR(TODAY( ))-YEAR(VLOOKUP(B5,职工档案!B3:H42,7,0))"，如图 3-9 所示。

视频：工龄查询计算

全部字段的信息设置完成，人事管理人员可以在姓名下拉框中任意选择一名员工，在右侧查看其 "编号" "职务" "学历" 及 "联系电话" 等，如图 3-10 所示。

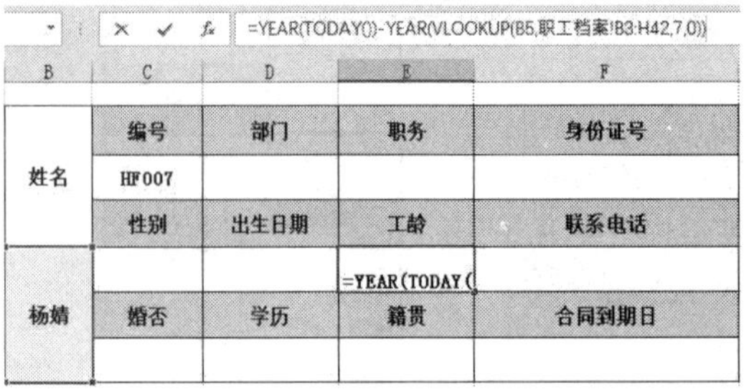

图 3-9 职工工龄检索

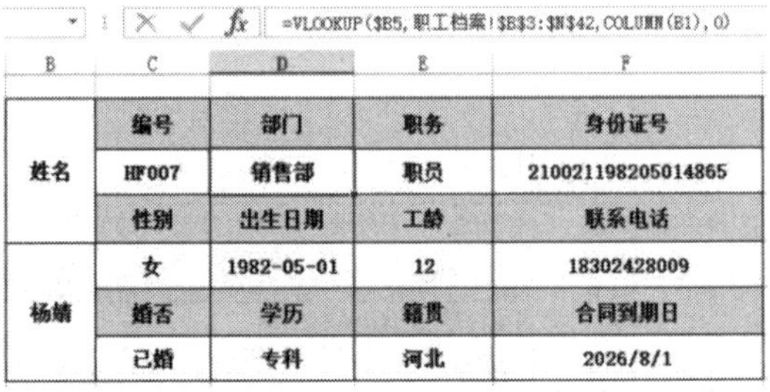

图 3-10 职工全部信息检索

钩元提要

掌握基本的字符处理函数、时间日期函数、数学函数，以及 VLOOKUP( )查询函数的用法，能从身份证号码中提取出生日期和性别，能熟练制作信息查询表，快速完成信息的查询。

打开"X证题训练-项目3"工作簿中"3-1-1 职工基本情况"工作表与"有关计算比率表"，进行如下操作。

1. 运用函数设置公式从身份证号码中提取出生日期及职工性别，并完成其他字段的录入。
2. 录入完成"有关计算比率表"。

✏ 豁目开襟

人力资源数据分析师——大数据下的精英岗位

数据分析在人力资源领域很常见，如人才构成分析、离职率分析、敬业调查分析等，而完成这项工作的是人力资源数据分析师。这项工作绝不是简单地分析独立数据，然后输出图表以供管理者参考，而是通过横截面上数据的整体性分析，结合纵向数据的历史演变与未来趋势，对公司人力资源情况有一个宏观的把握。

在如今飞速发展的社会进程中，人才制胜，人力资源数据分析师已经成为关乎大企业命脉的核心岗位。这份工作除了要具有丰富的专业知识背景外，对数据敏感性、逻辑思维能力，表达与执行能力都有很高的要求。

第一，要有较为扎实的统计学与数据科学基础，具备专业数据处理和分析能力，熟练掌握Excel、结构化查询语言(SQL)、数据可视化工具(PB)等软件。

第二，熟悉人力资源相关流程，有人力资源业务经验，熟悉薪酬、绩效等模块。

第三，对数据敏感，有良好的逻辑思维能力，现象分析、问题定位、总结归纳能力强，能够提出解决方案。

第四，良好的口头和书面沟通表达能力，理解准确，传递清晰，表达有条理。

第五，优秀的执行能力、抗压能力和应变能力，严谨仔细，注重细节，富有团队协作精神。

提示：了解岗位要求，学习专业知识，提升职业能力，做好职业规划。

任务二 人才构成分析

一、任务描述

从性别、学历构成、工龄等方面分析公司人力资源的供给状况，并针对各部门内部的人员构成情况了解企业人才任用的现状，为制订下个季度的人才招聘计划提供有力的数据支撑。

二、入职知识准备

数据透视图是数据透视表中数据的图形表示形式。与数据透视表一样，数据透视图也是交互式的。创建数据透视图时，数据将筛选显示在图表区中，相关联的数据透视表中的任何字段布局更改和数据更改将立即在数据透视图中反映出来。

数据透视图的创建方法有两种：一是直接通过数据表中数据创建数据透视图；另一种是通

过已有的数据透视表创建数据透视图。

(一) 通过数据创建

选择数据区域的任意一个单元格，单击"插入"选项卡下"图表"选项组中的"数据透视图"按钮，在弹出的下拉菜单中选择"数据透视图"命令，打开"创建数据透视图"对话框。选择数据区域和图表位置，单击"确定"按钮。在数据透视表的编辑界面，工作表中会出现图表1和数据透视表1，在其右侧出现"数据透视图字段"窗格。在"数据透视图字段"窗格中选择要添加到视图的字段，即可完成数据透视图的创建。

(二) 通过数据透视表创建

选择数据透视表区域的任意一个单元格，单击"分析"选项卡下"工具"选项组中的"数据透视图"按钮，弹出"插入图表"对话框。选择一种图表类型，单击"确定"按钮，即可创建一个数据透视表。

三、任务内容

以宏发公司完整职工档案为基础，见"3-1 职工档案管理"工作簿中"职工档案"工作表的计算结果，完成如下操作。

(1) 运用数据透视表来表现宏发公司的部门构成、性别构成、工龄构成与学历构成，显示人数与比重，并以数据透视图的形式展示各分析结果。

(2) 分析宏发公司各部门内部的性别构成、学历构成及工龄构成。

四、任务执行

(一) 公司整体人才状况分析

1. 统计构成

以"职工档案"中的"部门"为"行字段"，以"性别"为"值字段"，"值汇总依据"为计数，设置数据透视表查看宏发公司部门构成。再次拖动"性别"到值字段区域，数据透视表将产生两个数据字段，如图3-11所示。

修改字段"计数项：性别"的名称为"人数"；修改"计数项：性别 2"的名称为"人数比重"，其值显示方式为"列汇总的百分比"。此时数据透视表清晰地显示出宏发公司部门构成情况及人数比重，如图3-12所示。

部门	数据	
	计数项:性别	计数项:性别2
办公室	4	4
财务部	5	5
电商部	5	5
后勤部	3	3
人事部	5	5
市场部	8	8
销售部	10	10
总计	40	40

图3-11 设置数据透视表

部门	数据	
	人数	人数比重
办公室	4	10.00%
财务部	5	12.50%
电商部	5	12.50%
后勤部	3	7.50%
人事部	5	12.50%
市场部	8	20.00%
销售部	10	25.00%
总计	40	100.00%

图3-12 职工部门构成统计

采用同样的方法可以统计宏发公司职工的性别构成、学历构成和工龄构成(工龄构成需要先在源数据库中增加工龄一列，按前述查询表中工龄的计算方法设置公式，完成填充；再根据行字段分组方法，步长为 5，设置分组)，得到的数据透视表如图 3-13～图 3-15 所示。

	数据	
工龄 ▼	人数	比重
1-5	6	15.00%
6-10	3	7.50%
11-15	10	25.00%
16-20	10	25.00%
21-25	8	20.00%
26-30	3	7.50%
总计	40	100.00%

	数据	
性别 ▼	人数	人数比重
男	19	47.50%
女	21	52.50%
总计	40	100.00%

图 3-13 性别构成透视表

	数据	
学历 ▼	人数	比重
本科	20	50.00%
专科	15	37.50%
研究生	5	12.50%
总计	40	100.00%

图 3-14 学历构成透视表

图 3-15 工龄构成透视表

2. 图形绘制

以部门分析为例，选中数据透视表区域任意一个单元格，单击"分析"-"工具"-"数据透视图"选项，弹出"插入图表"对话框，如图 3-16 所示。在左侧"所有图表"中选择"饼图"选项，默认图形为右侧上方的第一种类型——饼图，单击"确定"按钮，即得到数据透视图，如图 3-17 所示。

视频：部门构成

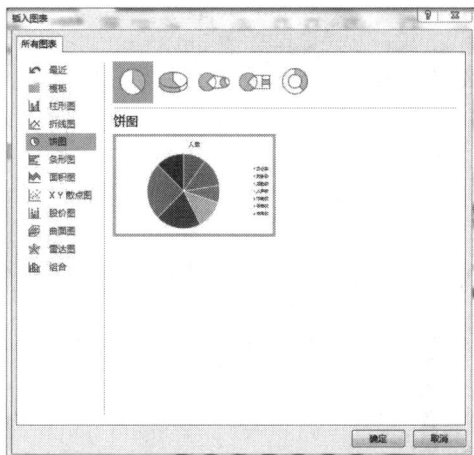

图 3-16 绘制透视图

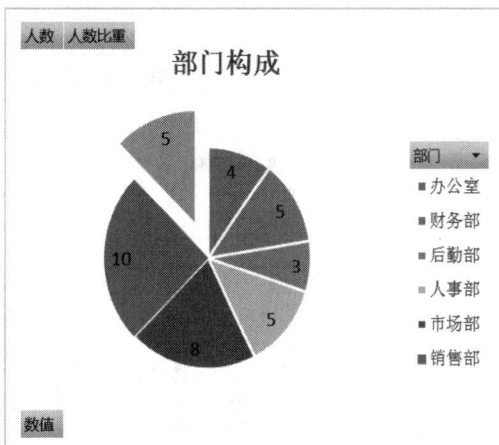

图 3-17 职工部门构成数据透视图

也可根据需要选择右上方的三维饼图、复合饼图、复合条饼图、圆环图来改变饼图的形式。如果饼图不适合，也可以在左侧选择"柱形图""条形图"或"折线图"等其他类型，还可以选择"组合"，对不同的数据列采用不同的图表类型，绘制数据透视表。如以部门分析数据透视表为基础，重复上述操作。打开"插入图表"对话框，选择左侧"组合"选项，在右侧自定义组合区域将"人数"系列设置为"簇状柱形图"，"人数比重"设置为"带标记的堆积折线图"，选中其后的"次坐标轴"复选框(两坐标轴刻度差异太大，需分开设置)。单击"确定"按钮，系统将绘制出组合类型的数据透视图，具体操作过程如图 3-18 所示。最终的成果如图 3-19 所示。

按照上述方法绘制完成的职工性别构成数据透视图、职工工龄构成数据透视图、职工学历构成数据透视图，如图 3-20～图 3-22 所示。

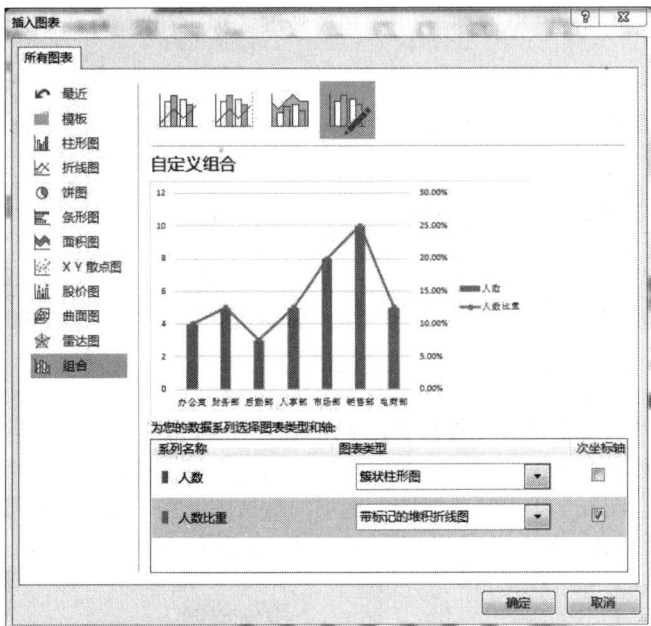

图 3-18　职工部门构成组合图的绘制

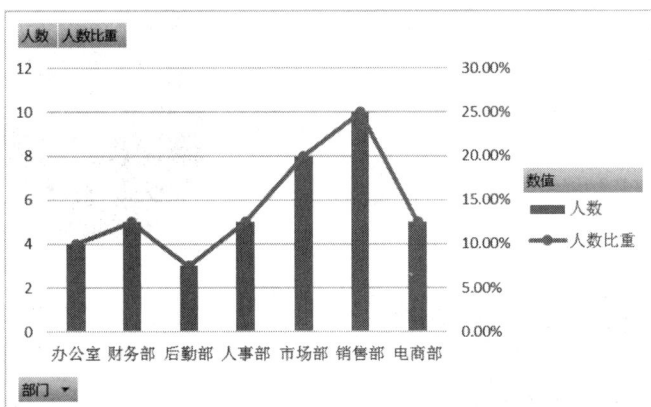

图 3-19　职工部门构成组合图效果

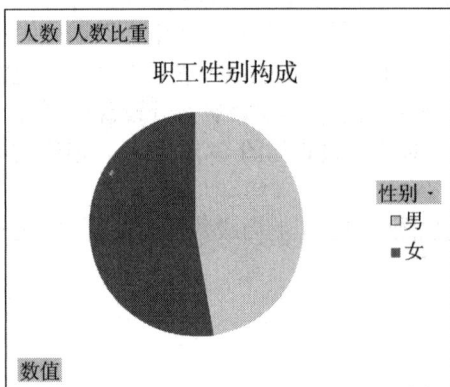

图 3-20　职工性别构成数据透视图

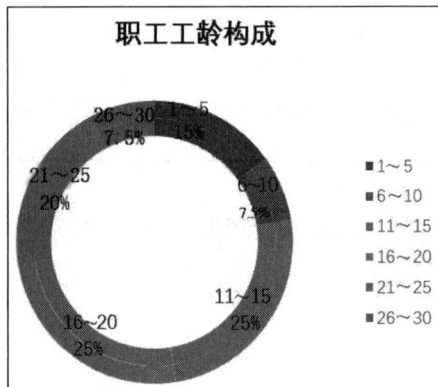

图 3-21　职工工龄构成数据透视图

(二) 部门内部人才构成分析

1. 分部门统计

以"职工档案"中的"部门"为"报表筛选字段",以"性别"为"行字段"及"值字段","值汇总依据"为计数,建立数据透视表。依次按部门筛选数据,可查看每个部门内部人员的性别构成。图 3-23 所示为市场部职工性别构成透视表,图 3-24 所示为电商部职工性别构成透视表。

图 3-22 职工学历构成数据透视图

2. 部门与其他字段交叉分析

以"职工档案"中的"部门"为"行字段",以"学历"为"列字段",以"婚否"为报表筛选字段,以"性别"为值字段,"值汇总依据"为计数,建立数据透视表,如图 3-25 所示。该透视表可以反映宏发公司各部门人才学历构成情况,并且可分页显示已婚和未婚人才的学历构成。

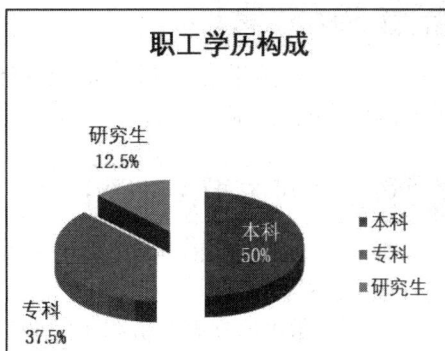

视频:分部门性别构成

部门	市场部 🔽	
	数据	
性别 🔽	人数	人数比重
男	4	50.00%
女	4	50.00%
总计	8	100.00%

图 3-23 市场部职工性别构成透视表

部门	电商部 🔽	
	数据	
性别 🔽	人数	人数比重
男	2	40.00%
女	3	60.00%
总计	5	100.00%

图 3-24 电商部职工性别构成透视表

选择图 3-25 所示的数据透视表区域的任一单元格,单击"分析"-"工具"-"数据透视图"选项,打开"插入图表"对话框,选择二维条形图中的第一个图形"簇状条形图",单击"确定"按钮,结果如图 3-26 所示。分析者也可根据需要选择其他图表类型,或单击"组合"按钮,针对不同的数列选择不同的类型绘制数据透视图。

重复类似操作,可以交叉分析各部门人才学历与年龄分布情况,学历与性别、工龄等的分布情况,并绘制清晰醒目的统计图。这里不一一举例了。

视频:部门学历交叉分析

婚否	(全部) 🔽			
计数项:学历 🔽				
部门 🔽	本科	专科	研究生	总计
办公室	1	2		4
财务部	4		1	5
电商部	2	2	1	5
后勤部	1	2		3
人事部	2	3		5
市场部	5		3	8
销售部	5	4	1	10
总计	20	15	5	40

图 3-25 部门/学历/婚否交叉分析透视表

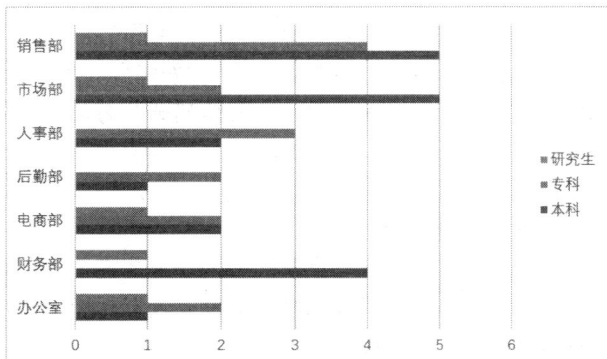

图 3-26 部门/学历/婚否交叉分析透视图

✎ **钩元提要**

掌握数据透视图的绘制方法，能将数据透视表与数据透视图结合起来分析实际项目，得到清晰醒目的图文结论。

✎ **1+X证书相关试题**

打开"X 证题训练-项目 3"工作簿中"3-1-1 职工基本情况"工作表，承接前一任务结果进行数据分析。

1. 利用数据透视表分析职工的部门构成、学历构成、性别构成，并采用合适的图表类型绘制数据透视图。

2. 利用数据透视表交叉分析各部门职工的学历构成，并绘制适当形式的数据透视图。

✎ **豁目开襟**

人力资源数据分析要关注的基本指标

1. 人力资源离职率

人力资源离职率是以某一单位时间(如以月为单位)的离职人数，除以工资册的月初月末平均人数然后乘以 100%，计算公式为：离职率=(离职人数/工资册平均人数)×100%。

离职人数包括辞职、免职、解职人数，工资册上的平均人数是指月初人数加月末人数，然后除以 2。离职率可用来测量人力资源的稳定程度。之所以离职率常以月为单位，是由于如果以年度为单位，就要考虑季节与周期变动等因素。

2. 人力资源新进率

人力资源新进率是新进人员除以工资册平均人数然后乘以 100%，计算公式为：新进率=(新进人数/工资册平均人数)×100%。

3. 净人力资源流动率

净人力资源流动率是补充人数除以工资册平均人数。所谓补充人数，是指为补充离职人员所雇的人数，计算公式为：净流动率=(补充人数/工资册平均人数)×100%。

4. 招聘成本的考核数值

年人均招聘成本：年招聘总投入/录用总人数(含试用期后未留用人员)。

年人均有效招聘成本：年招聘总投入/签约人数(不含试用期后未留用人员)。

其中，"年招聘总投入"中应包含如下内容。

直接招聘成本：①招聘会、广告、网络信息发布等用来传播招聘信息的媒体、场所使用费；②图片、文字等信息制作费；③付给猎头公司的中介费。

间接招聘成本：①主要招聘的员工加班费；②因招聘而产生的通信费、餐费、交通费等管理费用。

5. 员工数量指标

期末人数，是指报告期最后一天企业实有人数，属时点指标，如月、季、年末人数。

平均人数，是指报告期内平均每天拥有的劳动力人数，属序时平均数指标，可以按月、按季或按年计算平均人数。

计算公式为：月平均人数=报告期内每天实有人数之和÷报告期月日数，或者取月初及月末人数的平均数来代替。

6. 员工人数变动指标

企业员工人数存在一定的平衡关系,期初人数+本期增加人数=本期减少人数+本期末人数。因此,员工发生变动可以计算员工变动指标,其公式为:员工变动率=(报告期员工人数÷基期员工人数)×100%。

7. 劳动时间利用指标

劳动时间是指员工从事生产劳动持续的时间,是衡量劳动消耗量的尺度,通常以"工日""工时"等单位表示。在实务中要计算员工出勤率、出勤工时利用率、制度工时利用率、加班加点比重指标和强度指标等,用以考核员工的工作态度与表现。

提示:爱岗敬业,从夯实岗位基础、做好日常分析工作开始。理解指标含义,能根据指标大小变化做出准确判断,提出改进措施与建议。

学习情境二 职工考核管理

现代企业管理越来越注重人力资源的合理使用与培养。职工考核是指公司或上级领导按照一定的标准,采用科学的方法,衡量与评定员工完成岗位职责任务的能力与效果的管理方法,其主要目的是更好地了解职工的工作状态、工作能力,知人善任,保证每个职工都能较好地发挥个人的价值。

任务一 职工出勤统计

一、任务描述

出勤统计就是通过 Excel 统计记录职工每个工作日迟到、早退、病假、事假、旷工等出勤状况,以及在规定工作时间之外加班加点的时长及次数等。出勤统计直接关系职工的薪资报酬。按照《中华人民共和国劳动法》的规定,国家实行劳动者每日工作时间不超过八小时,平均每周工作时间不超过四十四小时的工时制度。

二、入职知识准备

(一) 计数函数

1. COUNT( )函数

COUNT(value1,value2,…)函数用来计算参数列表中的数字项的个数。函数 COUNT 在计数时,只计算数值型的数字,错误值、空值、逻辑值、文字将被忽略。

2. COUNTIF( )函数

COUNTIF(range,criteria)函数用来计算指定范围内符合指定条件的单元格的个数。参数 range 表示要计算其中非空单元格数目的区域;criteria 为条件,即确定哪些单元格将被计算在内的条件,其形式可以为数字、表达式或文本。参数 criteria 的书写格式有一定要求,也可以跟通配符联合使用，在具体应用时应遵循相关规则，否则会出错。

3. COUNTIFS( )函数

COUNTIFS(criteria_range1,criteria1,criteria_range2,criteria2, …)函数又称多条件计数函数，用来统计多个区域中满足给定条件的单元格的个数。criteria_range1 为第一个条件区域，criteria1 为第一个区域中要满足的条件，后面的参数含义类推。该函数在功能上是对 COUNTIF 的升级，COUNTFI 只能对单一条件计数，而 COUNTIFS 可对一个或多个条件计数。在参数的使用规则上二者相似。

(二) 条件求和函数

1. SUMIF( )函数

SUMIF(criteria_range, criteria, sum_range)函数与 COUNTIF( )函数对应，对指定条件范围criteria_range 内满足指定条件 criteria 的求和区域 sum_range 的项目计算总和。SUMIF( )函数可以将"条件"与"求和范围"分开思考，针对某个项目设置条件，在条件满足时对另一个项目求和。如果省略求和范围 sum_range，则是针对符合条件的"条件范围"求和；如果不省略求和范围，则是以符合条件范围所对应的求和范围求和。此函数主要适用于数据列表的数值操作。

2. SUMIFS( )函数

SUMIFS(sum_range, criteria_range1, criteria1, [criteria_range2, criteria2], …)函数是 SUMIF 函数的升级版，能实现单一条件及多条件求和。其原理与 COUNTIFS 函数相似，功能上与 SUMIF 相近，条件的书写也应参照这些函数的规则。

⊕ 扩展阅读

沃尔玛的积分系统

沃尔玛采用积分系统来跟踪出勤情况，员工因缺勤、迟到和提前离职而累积积分。分数是根据出勤违规的严重程度计算的，员工可能会因在规定的时间内超过某个分数阈值而面临纪律处分。

这种考勤方法提供了一种透明且可衡量的方式来管理出勤问题。它对违规行为规定了明确的后果，允许渐进式纪律处分。缺点是它没有考虑个人情况或紧急情况，导致对某些员工进行不公平的处罚。即使员工确实身体不适，他们也可能被迫来上班，这可能会传播疾病。

通过结构化的出勤管理方法，建立灵活性并考虑真正紧急情况的例外情况至关重要，鼓励员工工作与生活保持平衡和优先考虑员工的福祉也应该是制定政策时应考虑的一部分。

资料来源：根据网络资料整理。

三、任务内容

根据"3-2 职工考核管理"工作簿中"出勤考核"工作表，完成如下操作。

(1) 制作考勤表，实现对 2024 年 6 月职工出勤情况(病假、事假、旷工、迟到、早退、加班)的记录。

(2) 对职工出勤情况进行统计，按照公司奖惩规定计算每个员工的出勤总计分和总扣款。

(迟到：比照公司正常上班时间晚 10 分钟及以上，120 分钟以内视为迟到，超过 120 分钟视为旷工。早退：比照公司正常下班时间提前 5 分钟及以上，视为早退。加班：公休日到单位工作时间达到 2 小时及以上，视为加班一次，不超过 2 小时，不给予奖励，2 小时以上不重复计次。全勤奖：当月无迟到、早退、病假、事假、旷工，可获得全部计划奖金。)

四、任务执行

(一) 制作考勤表

制作职工考勤表，合并单元格 A1～A11，录入"职工考勤表"几个字，格式如图 3-27 所示。姓名、部门、职务几个字段的内容，可利用编号字段为查询值到"职工档案"数据库中检索，具体可用 VLOOKUP( )或 INDEX( )与 MATCH( )函数组合，这里不再赘述。

图 3-27 职工考勤表格式

E2 单元格利用 TODAY( )函数返回当前系统日期(欲考勤的年月)，设置日期显示形式为"2024 年 3 月"。也可以直接输入目标日期，比如 2024 年 6 月。在 E3 单元格输入该月第一天的日期"2024-6-1"，自定义格式为"d"(只显示日)，向右拖动生成序列，表示本月的每一天。在 E4 单元格输入公式"=E3"，设置单元格格式为"日期-周三"，向右拖动完成日期填充。

接下来，运用条件格式功能设置周六和周日显示为绿底、红字。选中区域$E$4:$AH$4，点击"开始"-"条件格式"-"新建规则"选项，在打开的"新建格式规则"对话框中选择"使用公式确定要设置格式的单元格"，同时输入公式"=WEEKDAY(E$4,2)>5"，并单击"格式"按钮设置符合条件的单元格样式为填充绿色，字体红色，如图 3-28 所示。单击"确定"按钮完成设置。

在以 E5 为起始单元格的数据区域内，按照公司规定的出勤情况设置数据有效性。宏发公司出勤状况 共有 6 种：迟到、早退、病假、事假、旷工和加班。数据有效性的设置方法同前(注意要将空白加进来，代表正常上班)，设置后的结果如图 3-29 所示。

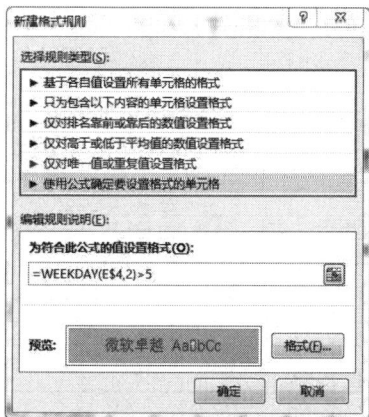

图 3-28 职工考勤表设置

图 3-29 出勤状况设置

131

有了这张考勤表,公司人事部门就可以每天统计员工的出勤情况,为员工考评及薪资核算做好基础准备。

(二) 出勤状况统计

在出勤表的右侧增加数列,对应统计该员工本月发生各类出勤事项的次数。表格形式如图 3-30 所示。

视频:考勤表格式设置

图 3-30   职工出勤状况统计表格式

在单元格 AR5 中输入公式 "=COUNTIF($E5: $AH5,AQ$4)",统计编号为 HF002 的员工本月病假总次数,如图 3-31 所示。将公式向右、向下拖动,完成全部员工当月出勤状况统计。

汇总计算当月职工出勤情况获得的奖惩分数,病假每次扣 0.5 分,事假每次扣 1 分,旷工每次扣 3 分,迟到每次扣 0.2 分,早退每次扣 0.5 分,加班每次奖励 1 分。按照这一标准,根据统计出的当月出勤数据,汇总计算每个职工的奖惩分数,如图 3-32 所示,作为月度考核的一项依据。

图 3-31   职工出勤状况统计

图 3-32   职工出勤状况汇总

汇总计算当月职工出勤获得的奖罚金额，病假每次扣20元，事假每次扣30元，旷工每次扣100元，迟到每次扣10元，早退每次扣20元，加班每次奖励50元。按照这一标准，根据统计出的当月出勤数据，汇总计算每个职工的奖罚金额，作为每月计划奖金的一个减项(如果是正数，则为奖励，作为奖金的增项)，纳入职工工资的计算，如图3-33所示。

| AY5 | | | f_x | =AR5*\$AQ\$5+AS5*\$AQ\$6+AT5*\$AQ\$7+AU5*\$AQ\$8+AV5*\$AQ\$9+AW5*\$AQ\$10 | | | | | | | | | |

	AM	AN	AO	AP	AQ	AR	AS	AT	AU	AV	AW	AX	AY	AZ
2							出勤状况统计							
3	部门	职务		奖惩规则			请假天数统计					总计分	总扣款	
4			出勤状况	计分/次	罚款/次	病假	事假	旷工	迟到	早退	加班			
5	办公室	主任	病假	-0.5	-20.00	1	1	0	0	0	2	0.5	50	
6	销售部	职员	事假	-1	-30.00	0	0	0	0	0	0	0	0	
7	后勤部	职员	旷工	-3	-100.00	0	0	0	0	0	0	0	0	
8	销售部	职员	迟到	-0.2	-10.00	0	1	0	0	0	0	-1	-30	
9	销售部	职员	早退	-0.5	-20.00	0	0	0	0	0	0	0	0	
10	销售部	职员	加班	1	50.00	0	0	0	0	0	0	0	0	

图3-33 汇总职工出勤奖罚金额

视频：出勤统计

钩元提要

重温数据有效性的设定及INDEX( )、MATCH( )、VLOOKUP( )函数的应用，掌握COUNTIF( )、SUMIF( )函数的构成和应用条件，能根据数据分析需要选择适当的函数，设置恰当的公式进行分析计算，提升分析效率。

1+X证书相关试题

打开"X证题训练-项目3"工作簿，完成"3-2-1考勤及奖金表"的计算统计，按照"相关计算比率表"中的出勤状况，计算职工个人的奖金扣款，并从"工资调整表"中调用"计划奖金"，进而计算每个员工的实际奖金。

豁目开襟

华为的增量绩效管理

在华为，部门经理的一项重要任务就是精减人员，将很多岗位合并。企业认为：管理岗位和职能岗位越合并越好，一个岗位的职能越多越好，产出岗位越细越好。

产出岗位是什么？就是研发经理、市场经理、客户经理。对于产出岗位，最好不要让他们"升官"，而是要"发财"，要对产出职位"去行政化"。也就是说，企业一定要提升产出职位的级别，让他们只干产出的事情，但是可以享受总裁级的待遇。

从这个角度上来说，企业管理的行政职位和产出职位要进行分离，要有明确分工，有了分工以后，才能更好地调整工资结构，而且对于产出职位，一定不能亏待他们。例如，对于前三名的优秀省办主任、产品经理、客户经理，要拿出20%的收入对他们进行增量激励。

很多企业经常犯一个错误：部门绩效越差，就越不给员工涨工资。如果工资不涨，优秀员工肯定要走，剩下的都是比较差的。对于中小企业而言，不能让每个员工工资都很高，但可以让核心员工工资高。在这种情况下，核心产出职位的薪酬增加将成为必然。

总之，要留住核心员工，给少数优秀的员工涨工资，来倒推任务，这就是增量绩效管理。

提示：深谙识人之术、用人之道、激励之法是人力资源管理的关键要素。

任务二 职工期末考核

一、任务描述

宏发公司每月末都要对职工的表现进行全月考核评价，从工作态度、工作能力、工作业绩、奖惩情况几个方面展开，作为职工评优评奖、职位晋升的依据。

二、入职知识准备

在职工期末考核中常常要计算成绩并排名次。最常使用的是RANK( )排名函数，可从大到小或从小到大进行排名，简单易用。此外，Excel数据分析宏还提供了"排位与百分比排位"，功能更为强大。

(一) RANK( )函数

RANK(数值，相对数值数组，指定顺序)函数用来返回某数值依据指定排序方法在一串数字列表(相对数值数组)中的等级位置或是排名，常用于产生排名。如果指定顺序为零或被忽略，则表示以降序顺序来评定等级；如果指定顺序不是零，则以升序顺序来评定等级。

如果有两个数值相等，则排名的结果也相同，并列的位次会导致下一个或几个位次不出现。值得说明的是，相对数值数据如果是应用的一个单元格区域，在使用拖动方法对位次进行填充时，应采用绝对引用将其完全固定，不然会出现错误结论。

(二) 排位与百分比排位

在Excel的数据分析中，有一个与统计决策相关的分析功能，主要用于大量数据的评分与排名工作，称为排位与百分比排位。这一功能可对个体的成绩、业绩等在某一指定范围内进行排名，显示个体的百分比排位，以更深入细致地了解个体成绩、业绩水平、所处位置和上升空间等。

Excel加载宏之后，排位与百分比排位功能会出现在数据选项卡下数据分析功能中，通过设置排位与百分比排位对话框中的各个项目，完成排位功能设置。

"输入区域"用于设置要进行"排位与百分比排位"的数据范围，其中应该只包含数字，如果选择了含有标题行的单元格区域，一定要选中"标志位于第一行"复选框。

"分组方式"可依数据的形式，设置分类标准为逐"行"或逐"列"。

"标志位于第一行"设置数据的类别标记，是否为所选区域的上端(分组方式为逐"列")或最左端(分组方式为逐"行")。假若没有设置，则系统按逐"列"分类时以列1、列2、列3等来做项目名称；逐"行"分类则以行1、行2、行3等作为项目名称。

"'输出选项'选项组"用于设置输出范围，共提供了"输出区域""新工作表组""新工作簿"三个单选按钮。通常只需设置输出范围的左上角的单元格地址即可。

⊕ 扩展阅读

薪资调整"红圈"与"绿圈"

实际工作中通常把员工薪酬低于薪酬级别称为"绿圈",把员工薪酬高于薪酬级别称为"红圈"。

绿圈是指员工的工资低于薪酬架构的最低值,或者员工的工资和外部市场相比较的比率(CR)低于某个数值(如低于80%)。通常由于组织重组、快速晋升、调薪不及时及员工业绩较差、新员工入职等原因会造成"绿圈"的出现,应根据员工目前的薪酬和最低值之间的差距制定解决对策。

如果差距很小,可利用调薪机会一次性调整过来;如果差距较大,需要制定逐步增长的方案。

红圈则是指员工的工资高于薪酬架构的最高值,或者员工的工资和外部市场相比较的比率(CR)高于某个数值(如高于120%)。如果出现红圈,应考虑晋升员工职位,或者通过薪酬冻结、控制薪酬增长比例、发固定奖金等方法来调节。

总之,薪资管理人员应通过数据分析密切关注员工薪资的最大值、最小值和中位值,及时对出现的"红圈"和"绿圈"问题进行合理有效的调整。

资料来源:根据网络资料整理。

三、任务内容

根据"3-2职工考核管理"工作簿中"月度考核总表"工作表,完成如下操作。

(1) 整理各部门上报的职工评价表,汇总制作月度考核总表。运用 RANK( )函数对考核总成绩进行排名,填充名次字段。

(2) 对职工的月度考核总成绩进行排位与百分比排位分析。

四、任务执行

(一) 制作月度考核表

1. 建立表格

月末要对职工本月的表现做出考核评价,此时需要建立一个考核表。不同的公司考核表各不相同,宏发公司的考核表形式,如图3-34所示。

编号	姓名	部门	职务	工作态度	工作能力	工作业绩	奖惩情况	总成绩	名次
HF002	周晓	办公室	主任						
HF003	陈玲	销售部	职员						
HF004	李红兵	后勤部	职员						
HF005	张伟	销售部	职员						
HF006	李华	销售部	职员						
HF007	杨婧	销售部	职员						
HF008	谢娟	电商部	职员						
HF009	李晓峰	人事部	主任						

图 3-34 职工月度考核表格式

其中,姓名、部门、职务是以编号为查询值,从"职工档案"数据库中检索得到;工作态度、工作能力、工作业绩三项内容评分来自公司内部考核数据：按照公司考核制度，由部门安排的"部门评价""职工互评""职工自评"三部分评分加权平均获得，这一过程不再展开陈述。奖惩情况根据"出勤统计"工作表中的"总计分"项目检索填充，公式为"INDEX(出勤考核!\$AX\$5: \$AX\$43, MATCH(月度考核总表!\$B3,出勤考核!\$A\$5:\$A\$43,0))"，如图3-35所示。

| I3 | ▼ | : | × | ✓ | fx | =INDEX(出勤考核!\$AX\$5:\$AX\$43,MATCH(月度考核总表!\$B3,出勤考核!\$A\$5:\$A\$43,0)) |

	B	C	D	E	F	G	H	I	J	K
2	编号	姓名	部门	职务	工作态度	工作能力	工作业绩	奖惩情况	总成绩	名次
3	HF002	周晓	办公室	主任	82	93.00	98	0.5		
4	HF003	陈玲	销售部	职员	75.2	67.67	80			
5	HF004	李红兵	后勤部	职员	80	85.00	80			
6	HF005	张伟	销售部	职员	85	90.20	90			
7	HF006	李华	销售部	职员	90	85.00	88			

图3-35 职工月度考核表各项目的填写

双击右下角的十字光标，完成"奖惩情况"一列数据的填充，具体结果如图3-36所示。

编号	姓名	部门	职务	工作态度	工作能力	工作业绩	奖惩情况
HF002	周晓	办公室	主任	82	93.00	98	0.5
HF003	陈玲	销售部	职员	75.2	67.67	80	0
HF004	李红兵	后勤部	职员	80	85.00	80	0
HF005	张伟	销售部	职员	85	90.20	90	−1

图3-36 职工月度考核结果

2. 汇总成绩并排名

在职工月度考核表中"总成绩"一列填充计算公式"工作态度*30%+工作能力*30%+工作业绩*40%+奖惩情况"，计算职工月度考核总成绩；"名次"一列利用排名函数RANK( )计算得来，并在该列填充，具体公式为=RANK(J3,\$J\$3:\$J\$41,0)，如图3-37所示。

视频：期末考核

| K3 | ▼ | : | × | ✓ | fx | =RANK(J3,\$J\$3:\$J\$41,0) |

	B	C	D	E	F	G	H	I	J	K
2	编号	姓名	部门	职务	工作态度	工作能力	工作业绩	奖惩情况	总成绩	名次
3	HF002	周晓	办公室	主任	82	93.00	98	0.5	92.20	1
4	HF003	陈玲	销售部	职员	75.2	67.67	80	0	74.86	36
5	HF004	李红兵	后勤部	职员	80	85.00	80	0	81.50	19
6	HF005	张伟	销售部	职员	85	90.20	90	−1	87.56	8

图3-37 职工月度考核汇总及排名

(二) 排位与百分比排位分析

职工的月度考核成绩计算得出后，还可以利用Excel提供的"排位与百分比排位"功能对其进行企业范围内的排名和比较。

以图3-37所示的职工考核表为基础，采用"排位与百分比排位"功能，对职工考核的总成绩进行排位分析。具体操作过程为：单击"数据"-"分析"-数据分析"选项，在打开的"分析工具"对话框中选择"排位与百分比排位"选项，单击"确定"按钮，系统则打开"排位与百分比排位"对话框，如图3-38所示。在"输入区域"列表框中选择"总成绩"所在列的数据区域；设置"分组方式"为列，选中"标志位于第一行"复选框，选择任意一个空白单元格作为"输出区域",单击"确定"按钮,得到分析结果如图 3-39 所示。

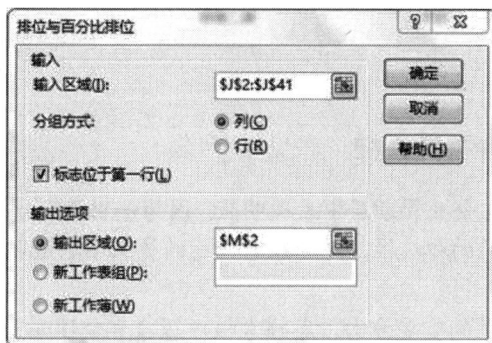

点	总成绩	排位	百分比
1	92.20	1	100.00%
17	90.76	2	97.30%
34	90.50	3	94.70%
26	88.90	4	92.10%
18	88.70	5	89.40%
35	88.20	6	86.80%
5	87.70	7	84.20%
4	87.56	8	81.50%
13	87.10	9	78.90%
29	86.40	10	76.30%
12	85.18	11	73.60%
31	84.90	12	71.00%

图 3-38　排位条件设置　　　　图 3-39　职工考核成绩排位(部分)

　　分析结果中用"点"代表每个被考核者,其数值大小是以其在源数据中的位置决定的。例如,点 1 表示源数据中的第一个职工,编号为 HF002 的周晓;点 4 为编号为 HF005 的张伟等。分析结论不仅表明了每个职工的位次,还提供了百分比排名,掌握每个职工在全部职工中所处的位置。如点 4,即销售部张伟,他的排名为第 8,公司有 81.5%的职工考核成绩低于他,排在其后。人事部门据此可以全面掌握每位职工的考核情况,为加强人才管理提供决策依据。

　　实务中为了能清晰地知道"点"所对应的人名,可以在源数据中插入"序号"一列(其数值与点一致),再在分析结论"点"列右侧插入"姓名"一列,以"点"数据为查询值,在源数据库中检索"点"所对应的姓名,并且填充,处理后的结果如图 3-40 所示。

视频:排位与百分比排位

图 3-40　职工考核成绩排位

钩元提要

　　熟练掌握 RANK( )函数进行排序,会加载宏,能够运用"排位与百分比排位"分析成绩的位次,并正确理解分析结论。

1+X证书相关试题

　　打开"X 证题训练-项目 3"工作簿,对"3-2-2 员工培训成绩表"进行设置和处理,确定每个职工培训的总成绩和名次。自制简易查询窗口，自动显示成绩表中最高成绩、最低成绩，以及最高成绩和最低成绩的获得者姓名。

豁目开襟

员工考核，怎样做才合理

越来越多的企业实施强制考核制度，这一点在企业管理层中表现明显。因为一旦没有了考核制度，不仅不能对优秀员工进行激励，激发他们的积极性，还会纵容懒惰的员工不思进取，滥竽充数。

无论从哪方面看，员工考核都是人力资源管理的重要方面。怎样考核评级才算合理呢?

1. 按照每个月的业绩划分

这个方法是目前大多数公司正在使用的对员工进行考核的方法，尤其是在很多销售类的部门，月薪通常情况下都是底薪加提成。多劳多得，这一点在业绩上面体现得很明显。这种考核方法一方面能够激励员工创造更多的业绩，另一方面也能够促进公司的发展和提升。

但是这种方法也有一些不科学的地方，公司中有一些部门是为了维持公司正常运转而存在的，他们没有办法每个月创造出可以量化的数据，这样的考核方法对他们来说难免失之偏颇。

2. 按照对公司的忠心程度划分

在员工流失率逐渐升高的今天，员工对一个公司的忠诚度无疑是考核的标准之一。新人的培训成本越来越高，如果新人经过培训具备了一定的可实际操作能力以后却选择离职，这样对公司来说无疑是一种损失。

一个公司需要那种很聪明的人来为公司创造价值，更需要那种对公司忠诚度比较高并且愿意为了公司的事业去拼搏努力的人。

3. 按照在公司的敬业度划分

关于敬业度，《哈佛商业评论》最近将员工敬业度称为"当今职场的圣杯"，这也从侧面反映出员工敬业度的重要性。

敬业度高的员工多产，工作积极性高，更愿意花时间来提升自己的工作业绩。不敬业的员工会给公司带来明显的损失，所以员工敬业度对公司来说至关重要。

此外，根据敬业度来衡量一个员工，能够变相地调动员工的积极性。

综上所述，想要真正给员工分等级，可以从上面这几个方面去衡量。这样既能够不委屈老员工，也不会亏待新员工。

提示：爱岗敬业、精益求精、团队精神、大局意识都是职场人必备的职业素养。

学习情境三　职工薪资管理

近年来，随着生活水平的提高，企业人力成本逐年递增。在企业各项成本费用中，用于"人力"方面的支出越来越多。职工薪资管理是企业人事管理工作的主要内容之一，薪资不仅与每个人的利益息息相关，更形成了企业一笔重大开支。正确计算企业的职工薪资和企业人力成本，能够为进一步加强企业成本管理提供数据支持。

任务一　基本薪资数据的统计

一、任务描述

计算宏发公司各职工的工资合计，主要包括基本工资、岗位工资和工龄工资。职工工龄每增加1年，工龄工资增加50元，工龄工资的上限为1 000元。统计宏发公司发放给工人的各项补贴补助，以及应由职工个人负担的各项保险费用，完成福利表和社会保险表。

二、入职知识准备

职工薪资，也称职工薪酬，从财务的角度讲，是指企业为获得职工提供的服务或结束劳动关系而给予的各种形式的报酬或补偿。企业提供给职工配偶、子女、受赡养人等的福利也属于职工薪资。职工薪资一般包括职工工资、奖金、津贴和补贴，职工福利费，社会保险与住房公积金，工会经费、职工教育经费，非货币性福利等短期薪资，以及离职后福利、辞退福利等。

职工工资、奖金、津贴和补贴构成企业职工的工资总额，是企业在一定时期内给职工的劳动报酬总额。职工工资一般按照基本工资、岗位工资、工龄工资或者计时工资、计件工资等划分；奖金是支付给职工个人的超额劳动报酬和增收节支的劳动报酬；津贴和补贴是指为了补偿职工特殊或额外的劳动消耗，或其他特殊原因而支付给职工的津贴，以及为了保证职工工资水平不受物价变动影响而支付给职工的物价补贴。

在我国，企业除了支付职工工资、奖金和补贴、补助外，还需支付一定的职工福利费，如职工生活困难补助、职工异地安家费、抚恤费等。企业可按工资总额的一定比例计提福利费或据实计算分配。

社会保险费是按国家规定由职工个人和企业共同负担的参加社会保险机构应缴纳的社会保险费费用。根据《中华人民共和国社会保险法》和《住房公积金管理条例》，我国社保体系由基本养老保险、医疗保险、工伤保险、失业保险和生育保险(俗称"五险")，以及住房公积金构成。住房公积金是按国家规定由职工个人和企业共同负担的用于解决职工住房问题而缴存的长期储蓄金，俗称"一金"。不同地区职工与企业应缴纳的社会保险和住房公积金的提取比例不尽相同。个人缴纳的社会保险和住房公积金通常由企业发放工资时代扣，并代替职工个人向社会保险经办机构和住房公积金管理机构缴纳。2020年7月，人社部公布《人力资源和社会保障事业发展"十三五"规划纲要》，提出将生育保险和基本医疗保险合并实施，至此，人们熟悉的"五险一金"变为"四险一金"。

社会保险基数简称社保基数，是指职工在一个社保年度的社会保险缴费基数。其数额为本人上年度月平均工资，包括工资、奖金、津贴、补贴等收入的总和。职工工资收入高于当地上年度职工平均工资300%的，以当地上年度职工平均工资的300%为缴费基数；低于当地上一年职工平均工资60%的，以当地上一年职工平均工资的60%为缴费基数；介于两者之间的，按实申报。职工工资收入无法确定时，其缴费基数按当地劳动行政部门公布的当地上一年职工平均工资为缴费工资确定。

每年社保都会在固定的时间(3月或7月，各地不同)核定基数，根据职工上年度的月平均工资申报新的基数，企业需要准备相关证明。

三、任务内容

（一）完成工资表

(1) 打开"3-3 职工薪资管理"工作簿中"基本工资表"，根据编号到职工档案中检索职工的姓名、部门、职务，并完成基本工资表中相关项目的填充。

(2) 录入职工基本工资、岗位工资和计划奖金。

(3) 计算工龄工资，按照工龄工资为 1 000 元与工龄(当前年度−参加工作年度)×50，两者中较小者计列。

（二）完成福利表

(1) 打开"3-3 职工薪资管理"工作簿中的"职工福利表"，根据编号到职工档案中检索职工的姓名、部门、职务，并完成基本工资表中相关项目的填充。根据编号到职工档案中检索职工的姓名、部门、职务，并完成福利表中相关项目的填充。

(2) 录入住房补贴、伙食补贴、交通补贴、医疗补助等项内容，并计算补贴合计。

（三）完成社保与公积金表

(1) 打开"3-3 职工薪资管理"工作簿中的"保险与公积金表"，根据编号到职工档案中检索职工的姓名、部门、职务，并完成基本工资表中相关项目的填充。根据编号到职工档案中检索职工的姓名、部门、职务，并完成社会保险表中相关项目的填充。

(2) 设计公式，利用"3-3 职工薪资管理"工作簿中"相关比率"工作表的"社会保险及住房公积金"缴费基数与扣缴比例，以及该工作簿下"基础数据"表里各位职工的"上年平均月工资"，计算职工个人应负担的和企业为职工缴纳的医疗保险、养老保险、失业保险及住房公积金数据。

四、任务执行

（一）基本工资表

基本工资表，用来统计职工当月应获取的基本工资、岗位工资、工龄工资、计划奖金及工资总额等。宏发公司基本工资表(可参照教学案例资源包中"3-3 职工薪资管理"工作簿)格式，如图 3-41 所示。

编号	姓名	部门	职务	基本工资	岗位工资	工龄工资	计划奖金	工资合计
HF001								
HF002								

图 3-41　宏发公司基本工资表格式

工资表中的姓名、部门、职务等信息要根据编号从"职工档案"数据库中调取，方便职工信息发生变化时随时更新，可使用 VLOOKUP( )函数或 INDEX( )与 MATCII( )函数的组合来设计公式实现，这里不再展开。基本工资、岗位工资、计划奖金根据公司工资制度录入工龄工资，根据职工的工龄，按每年 50 元的补助计算，上限为 1 000 元。工龄工资的计算公式为"= MIN((YEAR(TODAY( ))-YEAR('[3-1 职工档案管理.xlsx]职工档案'!$H3))*

50,1000)"。

其中，"YEAR(TODAY( ))-YEAR('[3-1 职工档案管理.xlsx]职工档案'!$H3)"意指从"职工档案管理"工作簿"职工档案"工作表中获取职工的"最初入职时间"，并采用 YEAR( )函数提取当年年份和最初入职年份，计算工龄；"(YEAR(TODAY( ))-YEAR('[3-1 职工档案管理.xlsx]职工档案'!$H3))*50"为计算工龄工资，其等于工龄与 50 的乘积；整个 MIN( )函数则限制工龄工资的上限为 1 000 元(注：教材本部分编写时间为 2024 年 6 月，为了方便与教材核对数据，读者在设计此公式时，可以将公式中的"YEAR(TODAY( ))"部分替换成"YEAR(DATE(2024,6,30))"，避免时间推移造成数据差异)。

录入并填充好基本工资表中前几列数据后，便可设置求和公式计算工资总额。工资总额为基本工资与岗位工资，以及工龄工资的和，不包括计划奖金。完成的基本工资表，如图 3-42 所示。

编号	姓名	部门	职务	基本工资	岗位工资	工龄工资	计划奖金	工资合计
HF001	刘宇	办公室	总经理	7000	2500	700	4000	10200
HF002	周晓	人事部	主任	6000	1500	700	2600	8200
HF003	陈玲	销售部	职员	4800	500	200	1000	5500
HF004	李红兵	电商部	职员	5200	500	350	2000	6050
HF005	张伟	销售部	职员	4800	500	750	1000	6050
HF006	李华	销售部	职员	4800	500	750	1000	6050
HF007	杨婧	销售部	职员	4800	500	1000	1000	6300
HF008	谢娟	人事部	职员	6200	750	1000	2000	7950
HF009	李晓峰	办公室	主任	6000	1500	700	2600	8200
HF010	董飞	人事部	职员	6000	680	1000	2000	7680
HF011	文强	人事部	职员	6000	750	1000	2000	7750
HF012	王莉莉	人事部	职员	6000	750	1000	2000	7750
HF013	魏军	电商部	职员	6000	750	1000	2000	7750
HF014	黄宏飞	电商部	主任	6000	2000	600	2600	8600
HF015	曹燕	电商部	职员	6200	750	600	2000	7550
HF016	朱喜	电商部	职员	6000	750	100	2000	6850
HF017	陈东	市场部	职员	6000	750	1000	2000	7750
HF018	钟冶明	销售部	副总	6000	1000	1000	1000	8000
HF019	路河	市场部	副总	6000	1500	1000	2600	8500
HF020	罗红利	后勤部	职员	5500	600	500	2000	6600
HF021	程小强	市场部	职员	5500	700	950	2000	7150
HF022	蒋文佳	市场部	职员	5500	800	1000	2000	7300
HF023	曾玉	市场部	职员	5500	750	500	2000	6750
HF024	张玲玲	市场部	职员	5500	650	800	2000	6950
HF025	张娴	市场部	职员	4800	600	900	1500	6300
HF026	周小波	后勤部	职员	4800	600	1000	1500	6400
HF027	江涛	后勤部	主任	6000	1500	1000	2600	8500
HF028	王明明	财务部	职员	5200	500	850	2000	6550
HF029	陈芳	财务部	职员	6000	750	1000	2000	7750
HF030	郝赫	财务部	副总	6000	2000	1000	2600	9000
HF031	王丹	财务部	职员	6000	750	700	2000	7450
HF032	宋燕	财务部	职员	6000	750	200	2000	6950
HF033	李云珊	办公室	职员	6000	750	1000	2000	7750
HF034	李文君	市场部	职员	6000	680	1000	1500	7680
HF035	张君君	销售部	职员	4800	500	1000	1000	6300
HF036	朱冼	销售部	职员	4800	500	1000	1000	6300
HF037	赵子荣	销售部	职员	4800	500	800	1000	6100
HF038	高键	办公室	职员	4500	600	150	1500	5250
HF039	高志敏	销售部	职员	4500	500	250	500	5250
HF040	宋华	销售部	职员	4500	500	300	500	5300

图 3-42　基本工资表

（二）职工福利表

福利表相对较为简单，主要统计企业发给职工个人的住房补贴、伙食补贴、交通补贴、医疗补助等项目。与基本工资表相同，福利表中有关职工个人信息的部分要通过对"职工档案"数据库的检索完成；各项补贴根据公司工资制度录入；补贴合计设置求和公式计算而来。完成的福利表，如图 3-43 所示。

视频：基本工资表

职工福利表

编 号	姓 名	部 门	职 务	住房补贴	伙食补贴	交通补贴	医疗补助	合 计
HF001	刘宇	办公室	总经理	855	500	200	100	1655
HF002	周晓	人事部	主任	855	500	200	100	1655
HF003	陈玲	销售部	职员	635	500	200	100	1435
HF004	李红兵	电商部	职员	743	500	200	100	1543
HF005	张伟	销售部	职员	434	500	200	100	1234
HF006	李华	销售部	职员	545	500	200	100	1345
HF007	杨婧	销售部	职员	455	500	200	100	1255
HF008	谢娟	人事部	职员	864	500	200	100	1664
HF009	李晓峰	办公室	主任	855	500	200	100	1655
HF010	董飞	人事部	职员	845	500	200	100	1645
HF011	文强	人事部	职员	945	500	200	100	1745
HF012	王莉莉	人事部	职员	765	500	200	100	1565
HF013	魏军	电商部	职员	777	500	200	100	1577
HF014	黄宏飞	电商部	主任	855	500	200	100	1655
HF015	曹燕	电商部	职员	843	500	200	100	1643
HF016	朱喜	电商部	职员	635	500	200	100	1435
HF017	陈东	市场部	职员	743	500	200	100	1543
HF018	钟冶明	销售部	副总	855	500	200	100	1655
HF019	路河	市场部	副总	855	500	200	100	1655
HF020	罗红利	后勤部	职员	455	500	200	100	1255
HF021	程小强	市场部	职员	864	500	200	100	1664
HF022	蒋文佳	市场部	职员	678	500	200	100	1478
HF023	曾玉	市场部	职员	845	500	200	100	1645
HF024	张玲玲	市场部	职员	945	500	200	100	1745
HF025	张娴	市场部	职员	765	500	200	100	1565
HF026	周小波	后勤部	职员	777	500	200	100	1577
HF027	江涛	后勤部	主任	855	500	200	100	1655
HF028	王明明	财务部	职员	855	500	200	100	1655
HF029	陈芳	财务部	职员	635	500	200	100	1435
HF030	郝赫	财务部	副总	855	500	200	100	1655
HF031	王丹	财务部	职员	434	500	200	100	1234
HF032	宋燕	财务部	职员	545	500	200	100	1345
HF033	李云珊	办公室	职员	455	500	200	100	1255
HF034	李文君	市场部	职员	864	500	200	100	1664
HF035	张君君	销售部	职员	678	500	200	100	1478
HF036	朱冼	销售部	职员	845	500	200	100	1645
HF037	赵子荣	销售部	职员	945	500	200	100	1745
HF038	高键	办公室	职员	765	500	200	100	1565
HF039	高志敏	销售部	职员	777	500	200	100	1577
HF040	宋华	销售部	职员	777	500	200	100	1577

图 3-43　职工福利表

（三）社保及公积金表

社会保险表需要分别统计职工个人与企业负担的养老保险、医疗保险、失业保险及住房公积金项目金额。根据最新的社保及公积金计算规则，缴费基数应介于最低标准与最高标准之间。

本例中，相关的基数标准及扣缴比例如图 3-44 所示。

	最低缴费基数	最高缴费基数	单位	个人
社会保险及住房公积金				
项目	**缴费基数**		**扣缴比例**	
	最低缴费基数	最高缴费基数	单位	个人
养老保险	2880.6	14403	16%	8%
医疗保险	3146	——	8.6%	2%
失业保险	2880.6	14403	0.5%	0.5%
住房公积金	2880.6	14403	12%	12%

图 3-44 社会保险及住房公积金计算比率表

首先，计算缴费基数。观察图 3-44 可以发现，缴费基数标准分成养老保险和其他两个类别。比较职工上年平均月工资是否在标准范围内，分别设置并按列填充公式 "=MAX(基础数据!G3,相关比率!\$C\$7)" 及 "=MIN(MAX(基础数据!G3,相关比率!\$C\$6),相关比率!\$D\$6)"，计算养老保险基数和其他保险及公积金的基数。其中，基础数据表中的 G3 单元格是职工上年平均月工资，相关比率表中的 C 列是最低缴费基数，D 列是最高缴费基数。

其次，在缴费基数基础上选择相应的扣缴比例计算各项社保和公积金费用，完成整个表格的计算工作。职工社保与公积金计算表，如图 3-45 所示。

视频：社保表

社会保险及公积金计算表

编号	姓名	部门	医疗基数	其他基数	个人医保	个人养老	个人失业	个人公积金	单位医保	单位养老	单位失业	单位公积金
HF001	刘宇	办公室	16205.00	14403.00	324.10	1152.24	72.02	1728.36	1393.63	2304.48	72.02	1728.36
HF002	周晓	人事部	12805.00	12805.00	256.10	1024.40	64.03	1536.60	1101.23	2048.80	64.03	1536.60
HF003	陈玲	销售部	8600.00	8600.00	172.00	688.00	43.00	1032.00	739.60	1376.00	43.00	1032.00
HF004	李红兵	电商部	10093.00	10093.00	201.86	807.44	50.47	1211.16	868.00	1614.88	50.47	1211.16
HF005	张伟	销售部	12010.00	12010.00	240.20	960.80	60.05	1441.20	1032.86	1921.60	60.05	1441.20
HF006	李华	销售部	11300.00	11300.00	226.00	904.00	56.50	1356.00	971.80	1808.00	56.50	1356.00
HF007	杨婧	销售部	10450.00	10450.00	209.00	836.00	52.25	1254.00	898.70	1672.00	52.25	1254.00
HF008	谢娟	人事部	11594.00	11594.00	231.88	927.52	57.97	1391.28	997.08	1855.04	57.97	1391.28
HF009	李晓峰	办公室	12705.00	12705.00	254.10	1016.40	63.53	1524.60	1092.63	2032.80	63.53	1524.60
HF010	董飞	人事部	11325.00	11325.00	226.50	906.00	56.63	1359.00	973.95	1812.00	56.63	1359.00
HF011	文强	人事部	11475.00	11475.00	229.50	918.00	57.38	1377.00	986.85	1836.00	57.38	1377.00
HF012	王莉莉	人事部	11115.00	11115.00	222.30	889.20	55.58	1333.80	955.89	1778.40	55.58	1333.80
HF013	魏军	电商部	11137.00	11137.00	222.74	890.96	55.69	1336.44	957.78	1781.92	55.69	1336.44
HF014	黄宏飞	电商部	13255.00	13255.00	265.10	1060.40	66.28	1590.60	1139.93	2120.80	66.28	1590.60
HF015	曹燕	电商部	10943.00	10943.00	218.86	875.44	54.72	1313.16	941.10	1750.88	54.72	1313.16
HF016	朱喜	电商部	10785.00	10785.00	215.70	862.80	53.93	1294.20	927.51	1725.60	53.93	1294.20
HF017	陈东	销售部	11293.00	11293.00	225.86	903.44	56.47	1355.16	971.20	1806.88	56.47	1355.16
HF018	钟冶明	销售部	14300.50	14300.50	286.01	1144.04	71.50	1716.06	1229.84	2288.08	71.50	1716.06
HF019	路河	市场部	12655.00	12655.00	253.10	1012.40	63.28	1518.60	1088.33	2024.80	63.28	1518.60
HF020	罗红利	后勤部	9555.00	9555.00	191.10	764.40	47.78	1146.60	821.73	1528.80	47.78	1146.60
HF021	程小强	市场部	10514.00	10514.00	210.28	841.12	52.57	1261.68	904.20	1682.24	52.57	1261.68
HF022	蒋文佳	市场部	10568.00	10568.00	211.36	845.44	52.84	1268.16	908.85	1690.88	52.84	1268.16
HF023	曾玉	市场部	10145.00	10145.00	202.90	811.60	50.73	1217.40	872.47	1623.20	50.73	1217.40
HF024	张玲玲	市场部	10495.00	10495.00	209.90	839.60	52.48	1259.40	902.57	1679.20	52.48	1259.40
HF025	张娴	市场部	9115.00	9115.00	182.30	729.20	45.58	1093.80	783.89	1458.40	45.58	1093.80
HF026	周小波	后勤部	9427.00	9427.00	188.54	754.16	47.14	1131.24	810.72	1508.32	47.14	1131.24
HF027	江涛	后勤部	12605.00	12605.00	252.10	1008.40	63.03	1512.60	1084.03	2016.80	63.03	1512.60
HF028	王明明	财务部	9955.00	9955.00	199.10	796.40	49.78	1194.60	856.13	1592.80	49.78	1194.60
HF029	陈芳	财务部	11225.00	11225.00	224.50	898.00	56.13	1347.00	965.35	1796.00	56.13	1347.00
HF030	郝赫	财务部	13155.00	13155.00	263.10	1052.40	65.78	1578.60	1131.33	2104.80	65.78	1578.60
HF031	王丹	财务部	10484.00	10484.00	209.68	838.72	52.42	1258.08	901.62	1677.44	52.42	1258.08
HF032	宋燕	财务部	11075.00	11075.00	221.50	886.00	55.38	1329.00	952.45	1772.00	55.38	1329.00
HF033	李云珊	办公室	10655.00	10655.00	213.10	852.40	53.28	1278.60	916.33	1704.80	53.28	1278.60
HF034	李文君	市场部	10644.00	10644.00	212.88	851.52	53.22	1277.28	915.38	1703.04	53.22	1277.28
HF035	张君君	销售部	13536.20	13536.20	270.72	1082.90	67.68	1624.34	1164.11	2165.79	67.68	1624.34
HF036	朱冼	销售部	12115.40	12115.40	242.31	969.23	60.58	1453.85	1041.92	1938.46	60.58	1453.85
HF037	赵子荣	销售部	9900.00	9900.00	198.00	792.00	49.50	1188.00	851.40	1584.00	49.50	1188.00
HF038	高键	办公室	8695.00	8695.00	173.90	695.60	43.48	1043.40	747.77	1391.20	43.48	1043.40
HF039	高志敏	销售部	8200.00	8200.00	164.00	656.00	41.00	984.00	705.20	1312.00	41.00	984.00
HF040	宋华	销售部	9000.00	9000.00	180.00	720.00	45.00	1080.00	774.00	1440.00	45.00	1080.00

图 3-45 职工社保与公积金计算表

钩元提要

掌握薪资核算的内容和Excel实现过程，能够正确使用三维引用，从各个表格中提取基本数据，完成工资表、福利表和社会保险表。

1+X证书相关试题

打开"X证题训练-项目3"工作簿，完成其中的"3-3-1工资调整表""3-3-1福利表""3-3-1社会保险表"。要求职工基本信息要从"职工基本情况表"中引用。工龄按年计算，工龄工资按每年100元的补助计算。福利表各项分别按基本工资的10%、5%、3%、2%计提；社会保险表的计提比率按"有关计算比率表"中的比率来计算提取，提取基数为工资合计(基本工资+岗位工资+工龄工资)。

豁目开襟

带你认识"百变工资"

根据国家《最低工资规定》，最低工资标准调整方案经省级人民政府批准并发布，每两年至少调整一次。那么什么是最低工资？它与应发工资有怎样的关系？

1. 什么是最低工资标准

最低工资标准指劳动者在法定工作时间提供了正常劳动的前提下，其雇主(或用人单位)支付的最低金额的劳动报酬。劳动者依法享受带薪年假、探亲假、婚丧假、生育假、节育手术假等期间，以及法定工作时间内依法参加社会活动期间，视为提供了正常劳动。

最低工资标准一般采取月最低工资标准和小时最低工资标准两种形式。月最低工资标准适用于全日制就业劳动者；小时最低工资标准适用于非全日制就业劳动者。

最低工资不应包括加班加点工资(工作日加班、休息日加班、法定休假日加班)，福利待遇(医疗卫生费、计划生育补贴、探亲路费、培训费等)，特殊工作环境津贴(高温、有毒等)，以及非货币收入(社保、公积金，住房、伙食补贴等)。

值得注意的是，最低工资是劳动者的应发工资，而不是实发工资。

2. 什么是应发工资

应发工资，即根据劳动者付出的劳动，应当得到的工资待遇。

应发工资=基本工资+奖金+津贴和补贴+加班加点工资+特殊情况下支付的工资－劳动者因个人原因缺勤或旷工造成的工资或者奖金减少的部分。

3. 什么是实发工资

实发工资，也称应得工资，即劳动者应当实际得到或者用人单位应当实际支付给劳动者的工资报酬。实发工资不等同于应发工资。实发工资=应发工资－五险一金个人缴纳部分－应缴个人所得税。

4. 什么是应税工资

应税工资是在《中华人民共和国个人所得税法》中的说法，即劳动报酬在扣除免税项目后的应当按国家规定缴纳所得税的部分。而此处提到的"劳动报酬"应当是应发工资。应发工资中所有的组成项目，都在应当缴纳个人所得税的范围之内。

5. 什么是缴费工资

缴费工资是单位和职工缴纳社会保险费的基数，它根据职工上年度月平均工资收入确定。单位缴费工资总额应等于本单位全部职工的缴费工资之和。缴费工资经社会保险部门核定后全年不变，缴费工资一般等于应发工资。

提示： 弄懂工资的相关规定，才能客观衡量自身"价值"，才能正确计算分析企业的人力资源费用。

任务二　创建工资结算单

一、任务描述

创建公司职工工资结算单，综合汇总列示各职工的工资薪金、补贴、保险、业务提成、奖金等项目，计算每个职工的应发合计，应缴纳的个人所得税，应扣除的社会保险和住房公积金，得到职工的实发工资数额，为制作工资条提供数据基础。

二、入职知识准备

工资结算单又称工资结算汇总表，用来汇总计算职工个人取得的各项工资、补贴、奖金、奖励收入等工资总额和职工个人应该承担的社会保险费、住房公积金，以及个人所得税等应扣合计，二者相减，确定职工最终的实发工资。工资结算单是企业发放工资的依据，通常每月编制一次，企业根据工资结算单制作工资条，下发给每个员工。

我国从 2019 年开始实施个人所得税专项附加扣除办法，个税采用按月预缴，年度汇算清缴的方式来计算。除了五险一金等专项扣除外，增加了专项附加扣除项目及其他扣除项目，大大减轻了纳税者的缴税压力。附加扣除项目包括 6 个方面，具体如表 3-1 所示。

表 3-1　个人所得税专项附加扣除项目说明

项目名称	扣除条件	扣除标准
子女教育专项	从子女年满三岁的学前教育阶段，一直到硕士研究生、博士研究生教育	每个子女1 000元/月，夫妻双方可各选择扣除50%
继续教育专项	接受继续教育，包括学历、学位教育，职业技能教育	继续教育按照每月400元定额扣除，同一学历(学位)继续教育的扣除期限不能超过48个月；职业资格继续教育、专业技术人员职业资格继续教育，在取得相关证书的当年，按照3 600元定额扣除
大病医疗专项	医药费用支出扣除医保报销后个人负担累计超过15 000元的部分。未成年子女产生的费用可由父母一方扣除	在80 000元限额内据实扣除
住房贷款利息专项	个人住房贷款为本人或者其配偶购买中国境内首套住房，包括商业贷款和公积金贷款，扣除期限最长不超过240个月	1 000元/月

(续表)

项目名称	扣除条件	扣除标准
住房租金专项	夫妻双方在主要工作城市无自有住房	直辖市、省会(首府)城市、计划单列市及国务院确定的其他城市，扣除标准为每月1 500元；其他户籍人口超过100万的城市，按1 100元/月扣除，户籍人口不超过100万的城市，按800元/月扣除
赡养老人专项	被赡养人为年满60岁的父母，以及子女均已去世的年满60岁的祖父母、外祖父母	独生子女2 000元/月，非独生子女由其与兄弟姐妹分摊2 000元/月

⬇ 扩展阅读

科学看待平均工资

你的工作"钱"景如何？国家统计局发布的数据显示，2022年全国城镇非私营单位就业人员年平均工资为114 029元，比上年增加7 192元；全国城镇私营单位就业人员年平均工资为65 237元，比上年增加2 353元。在19个行业门类中，有18个行业的就业人员平均工资保持增长。

宏观经济大盘总体稳定为工资增长奠定了基础。2022年，面对国内外多重超预期因素冲击，党中央、国务院及时出台实施稳经济一揽子政策和接续措施，各地区各部门加大援企稳岗、就业帮扶力度，就业形势保持了总体稳定。2022年城镇单位就业人员工资增速虽有所回落，但总体上保持了增长。

平均工资统计数据与个体感受差异较大，几乎是每年数据发布后大家都有的感受，对此应科学理性看待。

首先要看到，行业间、地区间工资水平差距确实还较为明显。数据显示，城镇非私营单位工资水平行业高低倍差达到4.08；城镇私营单位工资水平行业高低倍差为2.91。私营单位平均工资仅相当于非私营单位的57.2%，且增速慢于非私营单位。

分区域看，无论在城镇非私营单位还是私营单位中，工资水平都是东部最高、东北最低。分行业看，信息传输、软件和信息技术服务业，金融业，科学研究和技术服务业平均工资水平位居前三位，这也符合近年来社会的普遍认知。在城镇非私营单位中，工资水平排在后三位的是住宿和餐饮业，农林牧渔业，居民服务、修理和其他服务业；在私营单位中则是农林牧渔业，水利、环境和公共设施管理业及住宿和餐饮业。

理性看待平均工资，还需要了解这一数据是如何统计的。平均工资的统计对象是城镇地域内从业人员在5人及以上的法人单位，个体工商户、自由职业者等非单位就业人员不在统计范围内。为什么平均工资比感觉中的高？首先，平均工资反映的是税前工资，也就是单位就业人员领取的由本单位发放的全部劳动报酬，包括工资、奖金和各类津贴补贴，以及单位从个人工资中代扣代缴的个人所得税、社会保险基金及住房公积金等。因此，统计数据往往比个人拿到手的实发工资要高一些。

平均工资也不等于个人工资。平均工资是某一范围内所有个人工资的平均值。由于所处行业、隶属关系、单位性质、所在地区、经济效益及个人所在岗位不同等诸多因素影响，各地区、各行业之间工资水平客观上存在较大差异。不宜简单将个人工资与总体平均工资直接比较。实际上，工资和收入一般呈现正偏态分布，也就是少数人工资水平较高，多数人工资水平较低，平均值往往偏离并高于一般水平，即大多数个体数据低于平均值。

资料来源：科学看待年均工资数据[N]. 经济日报，2023-05-13.

三、任务内容

根据"3-3 职工薪资管理"工作簿中"工资结算单",完成如下任务。

(1) 根据编号到职工档案中检索职工的姓名、部门,并完成工资结算单中相关项目的填充。

(2) 从"基本工资表"中调用"基本工资""岗位工资""工龄工资"等项目金额,完成工资结算单中相关项目的填充。

(3) 从"职工福利表"中调用"伙食补贴""住房补贴""交通补贴""医疗补助"项目金额,完成工资结算单中相关项目的填充。

(4) 根据"工资表"中的"计划奖金"额,以及"考勤统计"表中的"总扣款",设置公式完成工资结算单中"奖金"项目的填充。

(5) 根据职工编号从"2-3 销售数据分析"工作簿中"提成计算"工作表下"6月销售提成计算表"里面检索"销售提成"的金额,完成工资结算单中"业务提成"项目的填充。

(6) 计算并填充"应发合计"项目,根据编号从"社保与公积金表"中检索个人应缴纳的医疗保险、养老保险、失业保险和住房公积金项目金额,并填充。

(7) 计算"个人所得税"项目并填充,为了减少函数书写的烦琐性,增加"累计应纳税所得额"辅助项目,结合"基础数据"中"本月初累计工资""本月初累计专项扣除"及"本月初累计专项附加及其他"完成相关计算。

(8) 完成"工资结算单"中"应扣合计"与"实发合计"项目的计算。

四、任务执行

(一) 基础信息获取

工资结算单是职工当月可以获取的劳动报酬的明细数据表。职工结算单需从"职工档案""基本工资表""职工福利表"和"社保与公积金表"中调取数据,并汇总计算职工个人当月取得的"应发合计"金额,应预缴的"个人所得税",从而明确职工最终可以获取到手的"实发合计"金额。

工资结算单中的职工基本信息从"职工档案"中调取;基本工资、岗位工资、工龄工资从"基本工资表"中调取;住房补贴、伙食补贴、交通补贴、医疗补助项目从"职工福利表"中调取;采用的函数为 VLOOKUP( )或 INDEX( )与 MATCH( )函数的组合,其中住房补贴 H3 单元格设计的公式为"=VLOOKUP($B3,职工福利表!$A$3:$H$42,COLUMN(E4),0)",如图 3-46 所示。其他内容不再赘述。

| H3 | ∨ | : × ✓ fx | =VLOOKUP($B3,职工福利表!$A$3:$H$42,COLUMN(E4),0) |

	A	B	C	D	E	F	G	H	I	J	K	L	M	N
2	月份	编号	姓名	部门	基本工资	岗位工资	工龄工资	住房补贴	伙食补贴	交通补贴	医疗补助	奖金	业务提成	应发合计
3	6月	HF001	刘宇	办公室	7000	2500	700	855	500	200	100			

图 3-46　工资结算单项目设置

（二）奖金与业务提成的计算

1. 奖金

奖金是根据"工资表"中的"计划奖金"，扣除"考勤统计"表中的"总扣款"得到的。计算中需要按照职工编号从"工资表"和"考勤统计"两个工作表中检索数据，并进行计算。具体公式为"=VLOOKUP(B3,基本工资表!\$A\$3:\$H\$42,8,0)+VLOOKUP(B3,'[3-2 职工考核管理.xlsx]出勤考核'!\$AJ\$5:\$AX\$44,15,0)"。其中，公式 VLOOKUP(B3,基本工资表!\$A\$3:\$H\$42,8,0) 表示从"基本工资表"中获取与职工编号相匹配的计划奖金；公式 VLOOKUP(B3,'[3-2 职工考核管理.xlsx]出勤考核'!\$AJ\$5:\$AX\$44,15,0) 表示从"出勤考核"工作表中获取与职工编号相匹配的"总扣款"。

由于该工作表与引用工作表"工资结算单"不在同一工作簿中，因此在打开状态下，系统引用这个工作表数据时要标明该表所在的工作簿名称。如果该工作表尚未打开，还需在工作簿名称前标明工作表存放的位置。

视频：奖金计算

2. 业务提成

业务提成是销售人员根据销售业绩计算的额外奖励，其他部门人员没有此项。本例中的业务提成数据要从"销售业绩分析"工作簿"提成计算"工作表中获取。公式设置为"=IFERROR(VLOOKUP(C3,'[2-3 销售数据分析.xlsx]提成计算'!\$L\$5:\$O\$14,4,0),0)"。

公式中，如果职工所处的部门是"销售部"，则 VLOOKUP 函数将返回查询姓名所对应的提成数额。若员工非销售部成员，VLOOKUP 检索不到提成数额会返回错误。套用 IFERROR( )函数则可修正无法找到姓名的员工的提成金额为 0。

前两部分完成之后的"工资结算单"，如图 3-47 所示。

视频：业务提成

（三）应发合计及五险一金项目填充

"应发合计"是工资条中必备的项目，用来反映用人单位应该支付给职工个人的工资、补贴、奖金等项目的合计。本例中"应发合计"为表单中基本工资、岗位工资、工龄工资、住房补贴、伙食补贴、交通补贴、医疗补助、奖金及业务提成 9 项内容之和。

职工个人承担的社会保险和住房公积金部分，在"社保与公积金表"中已经明确，本部分只需要运用查询函数从中调用四个项目金额，并填充完成即可。方法同前，这里不再详述。"专项附加与其他"数据来自"基础数据"工作表中"本月专项附加及其他"字段内容，取法相同。

（四）计算个人所得税

个人所得税是按职工个人应税所得的一定比例计算上交国家的税金，通常由职工所在单位代扣代缴。纳税人取得的应收合计扣除掉个人负担的养老保险、医疗保险、失业保险及住房公积金等"五险一金"费用，扣除掉专项附加扣除和其他扣除项目之后的余额如果不超过 5 000 元，免征个人所得税；超过 5 000 元，则适用超额累进税率，税率为 3%～45%。

1. 计算累计应纳税所得额

根据税法规定，个人所得税采用按月预缴，年度清缴的方式。具体计算公式为

个人所得税累计应纳税所得额=累计收入 − 累计减除费用(免征额) −
累计专项扣除(五险一金) − 累计专项附加扣除 − 累计依法确定的其他扣除

个人所得税应纳税额=累计应纳税所得额×适用税率-速算扣除数-累计已预缴扣税额

月份	编号	姓名	部门	基本工资	岗位工资	工龄工资	住房补贴	伙食补贴	交通补贴	医疗补助	奖金	业务提成	应发合计
6月	HF001	刘宇	办公室	7000	2500	700	855	500	200	100	4100	0.00	15955.00
6月	HF002	周晓	人事部	6000	1500	700	855	500	200	100	2650	0.00	12505.00
6月	HF003	陈玲	销售部	4800	500	200	635	500	200	100	1000	1236.00	9171.00
6月	HF004	李红兵	电商部	5200	500	350	743	500	200	100	1900	0.00	9493.00
6月	HF005	张伟	销售部	4800	500	750	434	500	200	100	970	3288.60	11542.60
6月	HF006	李华	销售部	4800	500	750	545	500	200	100	1000	3288.00	11683.00
6月	HF007	杨婧	销售部	4800	500	1000	455	500	200	100	1000	2150.50	10705.50
6月	HF008	谢娟	人事部	6200	750	1000	864	500	200	100	1980	0.00	11594.00
6月	HF009	李晓峰	办公室	6000	1500	700	855	500	200	100	2600	0.00	12455.00
6月	HF010	董飞	人事部	6000	680	1000	845	500	200	100	2000	0.00	11325.00
6月	HF011	文强	人事部	6000	750	1000	945	500	200	100	1980	0.00	11475.00
6月	HF012	王莉莉	人事部	6000	750	1000	765	500	200	100	2000	0.00	11315.00
6月	HF013	魏军	电商部	6000	750	1000	777	500	200	100	1960	0.00	11287.00
6月	HF014	黄宏飞	电商部	6000	2000	600	855	500	200	100	2600	0.00	12855.00
6月	HF015	曹燕	电商部	6200	750	600	843	500	200	100	2100	0.00	11293.00
6月	HF016	朱喜	电商部	6000	750	100	635	500	200	100	2000	0.00	10285.00
6月	HF017	陈东	市场部	6000	750	1000	743	500	200	100	2000	0.00	11293.00
6月	HF018	钟冶明	销售部	6000	1000	1000	855	500	200	100	1000	3655.20	14310.20
6月	HF019	路河	市场部	6000	1500	1000	855	500	200	100	2600	0.00	12755.00
6月	HF020	罗红利	后勤部	5500	600	500	455	500	200	100	2000	0.00	9855.00
6月	HF021	程小强	市场部	5500	700	950	864	500	200	100	2000	0.00	10814.00
6月	HF022	蒋文佳	市场部	5500	800	1000	678	500	200	100	1990	0.00	10768.00
6月	HF023	曾玉	市场部	5500	750	500	845	500	200	100	2000	0.00	10395.00
6月	HF024	张玲玲	市场部	5500	650	800	945	500	200	100	2000	0.00	10695.00
6月	HF025	张娴	市场部	4800	600	900	765	500	200	100	1500	0.00	9365.00
6月	HF026	周小波	后勤部	4800	600	1000	777	500	200	100	1500	0.00	9477.00
6月	HF027	江涛	后勤部	6000	1500	1000	855	500	200	100	2600	0.00	12755.00
6月	HF028	王明明	财务部	5200	500	850	855	500	200	100	2000	0.00	10205.00
6月	IIF029	陈芳	财务部	6000	750	1000	635	500	200	100	2040	0.00	11225.00
6月	HF030	郝赫	财务部	6000	2000	1000	855	500	200	100	2490	0.00	13145.00
6月	HF031	王丹	财务部	6000	750	700	434	500	200	100	2000	0.00	10684.00
6月	HF032	宋燕	财务部	6000	750	200	545	500	200	100	1980	0.00	10275.00
6月	HF033	李云珊	办公室	6000	750	1000	455	500	200	100	1500	0.00	11005.00
6月	HF034	李文君	市场部	6000	680	1000	864	500	200	100	1500	0.00	10844.00
6月	HF035	张君君	销售部	4800	500	1000	678	500	200	100	1000	5011.20	13789.20
6月	HF036	朱冼	销售部	4800	500	1000	845	500	200	100	1000	4697.40	13642.40
6月	HF037	赵子荣	销售部	4800	500	800	945	500	200	100	1000	1004.00	9849.00
6月	HF038	高键	办公室	4500	600	150	765	500	200	100	1530	0.00	8345.00
6月	HF039	高志敏	销售部	4500	500	250	777	500	200	100	500	610.00	7937.00
6月	HF040	宋华	销售部	4500	500	300	777	500	200	100	500	1506.50	8883.50

图 3-47 职工工资结算单应发合计

为了便于公式书写,工资结算单中增加个人所得税的辅助计算字段"累计应纳税所得额",其算法为(本月初累计收入+本月应发合计)-5 000×6-(本月初累计专项扣除+本月专项附加及其他)，如图 3-48 所示。

```
=VLOOKUP(B3,基础数据!$A$4:$E$43,3,0)+工资结算单!N3-(VLOOKUP(B3,基础数据!$A$4:$E$43,4,0)+SUM(工资结算单!O3:R3))
-(VLOOKUP(B3,基础数据!$A$4:$E$43,5,0)+工资结算单!S3)-5000*6
```

	L	M	N	O	P	Q	R	S	T	U	V	X
	奖金	业务提成	应发合计	医疗保险	养老保险	失业保险	住房公积金	专项附加及其他	本月预缴个人所得税	应扣合计	实发合计	累计应纳税所得额
	4100	0.00	15955.00	324.10	1152.24	72.02	1728.36	1500				38320.29

图 3-48　累计应纳税所得额计算

公式中三个 VLOOKUP( )函数用来根据工资结算单中的员工编号匹配基础数据中对应的"本月初累计收入""本月初累计专项扣除"和"本月初累计专项附加及其他"项目金额。

2. 计算本月预缴个税

由于采用超额累进税率计税，个人所得税的计算公式如果采用 IF( ) 函数多层嵌套较为麻烦。因此，可以使用 VLOOKUP( )函数模糊匹配来完成相应操作。

首先，根据个税税率表制作表格区域，如图 3-49 所示。选择各级次区间下限作为 VLOOKUP 查询值的检索区间起始列，可以保证模糊匹配时自动返回正确的适用税率和适用速算扣除数，效率很高。具体公式设置为 "=IFERROR(X3*VLOOKUP(X3,$AC$5:$AE$11,2)-VLOOKUP (X3,$AC$5:$AE$11,3)-基础数据!F3,0)"。公式中，"X3"是"本月累计应纳税所得额"，公式 "VLOOKUP(X3,$AC$5:$AE$11,2)" 不指定VLOOKUP 的第四个参数，默认为模糊匹配，用来寻找 X3 适用的税率；同理，公式 "VLOOKUP (X3,$AC$5:$AE$11,3)" 则匹配 X3 适用的速扣数。IFERROR 函数保证当累计应纳税所得额为负数，即不需要缴纳个税时，系统不返回错误值 " #N/A"，而是显示为 0。

计算个税也可以通过 MAX 函数数组来计算，过程更为便捷。以编号 HF001 的职工为例，其本月应预缴个人所得税计算公式为 "=MAX(X3*AC5:AC11-AD5:AD11)-基础数据!F4"，按 Ctrl+Shift+Enter 组合键结束，感兴趣的读者可以自行学习尝试。

	AA	AB	AC	AD	AE
2	个人所得税税率				
3	免征额	5000			
4	级数	全月应纳税所得额	下限	税率	速扣数
5	1	不超过36000元的部分	0	3%	0
6	2	超过36000元~144000元的部分	36000	10%	2520
7	3	超过144000元~300000元的部分	144000	20%	16920
8	4	超过300000元~420000元的部分	300000	25%	31920
9	5	超过420000元~660000元的部分	420000	30%	52920
10	6	超过660000元~960000元的部分	660000	35%	85920
11	7	超过960000元的部分	960000	45%	181920

图 3-49　VLOOKUP 查询区域设置

视频：个税计算

应扣合计为各项扣款的合计，主要包括五险一金及个人所得税项目；实发合计为应发合计与应扣合计的差。两项公式极为简单，这里不详细叙述。制作完成的工资结算单，如图 3-50 所示。

月份	编号	姓名	部门	应发合计	医疗保险	养老保险	失业保险	住房公积金	专项附加及其他	本月预缴个人所得税	应扣合计	实发合计	累计应纳税所得额
6月	HF001	刘宇	办公室	15955.00	324.10	1152.24	72.02	1728.36	1500	250.58	5027.30	10927.70	38320.29
6月	HF002	周晓	人事部	12505.00	256.10	1024.40	64.03	1536.60	2800	94.13	5775.26	6729.74	12443.88
6月	HF003	陈玲	销售部	9171.00	172.00	688.00	43.00	1032.00	2600	28.01	4563.01	4607.99	1566.00
6月	HF004	李红兵	电商部	9493.00	201.86	807.44	50.47	1211.16	1200	77.02	3547.95	5945.05	9133.08
6月	HF005	张伟	销售部	11542.60	240.20	960.80	60.05	1441.20	1900	98.78	4701.03	6841.57	12142.35
6月	HF006	李华	销售部	11683.00	226.00	904.00	56.50	1356.00	800	21.99	3364.49	8318.51	18543.50
6月	HF007	杨婧	销售部	10705.50	209.00	836.00	52.25	1254.00	1900	95.77	4347.02	6358.48	7475.75
6月	HF008	谢娟	人事部	11594.00	231.88	927.52	57.97	1391.28	1600	107.36	4316.01	7277.99	14312.35
6月	HF009	李晓峰	办公室	12455.00	254.10	1016.40	63.53	1524.60	500	12.65	3371.28	9083.72	25828.38
6月	HF010	董飞	人事部	11325.00	226.50	906.00	56.63	1359.00	1600	103.99	4252.11	7072.89	13061.88
6月	HF011	文强	人事部	11475.00	229.50	918.00	57.38	1377.00	1700	104.25	4386.13	7088.87	13159.13
6月	HF012	王莉莉	人事部	11315.00	222.30	889.20	55.58	1333.80	2900	86.35	5487.23	5827.77	4485.13
6月	HF013	魏军	电商部	11287.00	222.74	890.96	55.69	1336.44	800	48.42	3354.24	7932.76	17137.18
6月	HF014	黄宏飞	电商部	12855.00	265.10	1060.40	66.28	1590.60	1800	37.16	4819.54	8035.46	20436.63
6月	HF015	曹燕	电商部	11293.00	218.86	875.44	54.72	1313.16	1200	116.17	3778.34	7514.66	14035.83
6月	HF016	朱喜	电商部	10285.00	215.70	862.80	53.93	1294.20	1200	88.69	3715.32	6569.68	12450.38
6月	HF017	陈东	市场部	11293.00	225.86	903.44	56.47	1355.16	2700	85.81	5326.74	5966.26	6313.08
6月	HF018	钟冶明	销售部	14310.20	286.01	1144.04	71.50	1716.06	3300	49.62	6567.23	7742.97	16755.59
6月	HF019	路河	市场部	12755.00	253.10	1012.40	63.28	1518.60	900	87.92	3835.29	8919.71	23546.63
6月	HF020	罗红利	后勤部	9855.00	191.10	764.40	47.78	1146.60	1800	87.59	4037.47	5817.53	3931.13
6月	HF021	程小强	市场部	10814.00	210.28	841.12	52.57	1261.68	2500	88.29	4953.94	5860.06	4190.35
6月	HF022	蒋文佳	市场部	10768.00	211.36	845.44	52.84	1268.16	600	85.51	3063.31	7704.69	15741.20
6月	HF023	曾玉	市场部	10395.00	202.90	811.60	50.73	1217.40	2800	18.73	5101.36	5293.64	624.38
6月	HF024	张玲玲	市场部	10695.00	209.90	839.60	52.48	1259.40	1300	104.44	3765.82	6929.18	11202.63
6月	HF025	张娴	市场部	9365.00	182.30	729.20	45.58	1093.80	3400	0.00	5450.88	3914.13	(7764.88)
6月	HF026	周小波	后勤部	9477.00	188.54	754.16	47.14	1131.24	1500	83.34	3704.41	5772.59	4885.93
6月	HF027	江涛	后勤部	12755.00	252.10	1008.40	63.03	1512.60	1500	73.76	4409.88	8345.12	19763.88
6月	HF028	王明明	财务部	10205.00	199.10	796.40	49.78	1194.60	1000	104.03	3343.90	6861.10	10541.13
6月	HF029	陈芳	财务部	11225.00	224.50	898.00	56.13	1347.00	2300	91.43	4917.05	6307.95	8396.38
6月	HF030	郝林	财务部	13145.00	263.10	1052.40	65.78	1578.60	1200	71.72	4231.59	8913.41	23961.13
6月	HF031	王丹	财务部	10684.00	209.68	838.72	52.42	1258.08	1200	105.92	3664.82	7019.18	11751.10
6月	HF032	宋燕	财务部	10275.00	221.50	886.00	55.38	1329.00	3500	0.00	5991.88	4283.13	(300.88)
6月	HF033	李云珊	办公室	11005.00	213.10	852.40	53.28	1278.60	1400	109.33	3906.70	7098.30	11496.63
6月	HF034	李文君	市场部	10844.00	212.88	851.52	53.22	1277.28	2000	95.00	4489.90	6354.10	7695.10
6月	HF035	张君君	销售部	13789.20	270.72	1082.90	67.68	1624.34	700	24.08	3769.72	10019.48	30011.56
6月	HF036	朱冼	销售部	13642.40	242.31	969.23	60.58	1453.85	2800	474.73	6000.70	7641.70	15824.44
6月	HF037	赵子荣	销售部	9849.00	198.00	792.00	49.50	1188.00	1600	83.93	3911.43	5937.57	6629.50
6月	HF038	高键	办公室	8345.00	173.90	695.60	43.48	1043.40	2200	0.00	4156.38	4188.63	(3117.38)
6月	HF039	高志敏	销售部	7937.00	164.00	656.00	41.00	984.00	1000	16.56	2861.56	5075.44	552.00
6月	HF040	宋华	销售部	8883.50	180.00	720.00	45.00	1080.00	3300	0.00	5325.00	3558.50	(7399.00)

图 3-50　职工工资结算单(实发合计)

钩元提要

熟练掌握数据引用和 IF( ) 函数嵌套的使用方法。理解个人工资条的构成项目,并与企业人工费用范围相区分。

1+X证书相关试题

打开"X 证题训练-项目 3"工作簿,完成其中的"3-3-2 工资结算单"。具体要求如下。

1. 结算单中的"姓名""部门"来源于"职工基本信息表";"基本工资""岗位工资""工龄工资"来源于"工资调整表";"住房补贴""伙食补贴""交通补贴""医疗补助"来源于"福利表";"奖金"来源于"出勤与奖金表";计算"应发合计"。

2. "住房公积金"按照应发合计的一定比例计算,具体比例见"有关计算比率表";"养老保险""医疗保险""失业保险"来源于"社会保险表"；个人所得税应根据个税计算规则，设计 VLOOKUP( )或 IF( )函数嵌套来完成。

3. 计算"应扣合计"和"实发合计"。

豁目开襟

工资表自查技巧

1. 工资个税计算是否正确

重点检查工资表中代扣的个税金额是否依法按照税法规定计算，是否存在人为计算错误、故意少交个税的情况。

2. 人员是否真实

重点检查工资表上的员工是否属于公司真实的人员，是否存在虚列名册、假发工资现象。

3. 工资是否合理

"合理工资薪金"，是指企业按照股东大会、董事会、薪酬委员会或相关管理机构制定的工资薪金制度规定实际发放给员工的工资薪金。税务机关在对工资薪金进行合理性确认时，可按以下原则掌握：

(1) 企业制定了较为规范的员工工资薪金制度；

(2) 企业所制定的工资薪金制度符合行业及地区水平；

(3) 企业在一定时期所发放的工资薪金是相对固定的，工资薪金的调整是有序进行的；

(4) 企业对实际发放的工资薪金，已依法履行了代扣代缴个人所得税义务；

(5) 有关工资薪金的安排，不以减少或逃避税款为目的。

4. 是否申报了个税

重点检查企业工资表上的人员是否均在金税三期个税申报系统中依法申报了"工资薪金"项目。

5. 是否存在两处以上所得

根据《个人所得税自行纳税申报办法》的规定，从中国境内两处或者两处以上取得工资、薪金所得的，选择并固定向其中一处单位所在地主管税务机关申报。

个人取得两处及以上工资、薪金所得，应固定一处单位，携带个人身份证及复印件、发放工资、薪金的合同及发放证明，于每月 15 日前，自行向固定好的单位所在地税务机关合并申报个人所得税，多退少补。

6. 是否存在已经离职人员未删除信息

重点检查企业工资表中是否还存在人员已经离职甚至已经死亡等，但是仍然申报个税，未及时删除这些人员的信息的现象。

7. 适用税目是否正确

重点检查企业是否存在在计算个税的时候故意把"工资薪金"项目转换为"偶然所得""其他所得"等现象，把高税率项目转为低税率项目，从而可以少申报个税。

8. 年终奖计税方法是否正确

对于雇员当月取得的全年一次性奖金，采取除以 12 个月，按其商数确定适用税率和速算扣除数的计税办法。注意，在一个纳税年度内，对每一个纳税人，该计税办法只允许采用一次。

9. 免税所得是否合法

重点检查工资表中的免征个税的所得项目是否符合税法规定，如免征个税的健康商业保险

是否符合条件、通信补贴免征个税是否符合标准等。

提示： 个税的计算与缴纳是工资数据处理的重点和难点。跟踪税收政策变化，掌握最新个税计算方法，才能得到正确的结论。

任务三　企业人工费用统计

一、任务描述

按部门统计公司发生的全部人工费用，包括为职工支付的工资、福利费、工会经费、职工教育经费，以及养老保险、医疗保险、失业保险和住房公积金等，统计各部门人工费用构成，分析人工费用的合理性。

二、入职知识准备

企业除了按照规定下发工资外，还要为职工承担一部分的社会保险费、住房公积金，要为职工支付一定的货币及非货币性福利费用，支付工会经费、职工教育等一系列附加费用，以及为职工提供带薪休假、利润分享计划、离职后福利、辞退福利等薪资政策，这些都属于职工薪资的范畴，构成企业的人工费用。

三、任务内容

(1) 根据工资结算单，采用数据透视表功能完成"工资总额汇总表"，统计各部门的"应发合计"总额。要求各部门的排序为办公室、财务部、后勤部、人事部、市场部、销售部、电商部。

(2) 完成"工资费用分配表"，其中，工资总额等于工资结算单中应发合计，是企业支付给工人的费用；工资费用分配为根据工资总额计提的福利费、工会经费和职工教育经费(计提比例见"3-3 职工薪资管理"工作簿"相关比率"表)；"养老保险""医疗保险""失业保险"和"住房公积金"是企业为职工负担部分"三险一金"的金额，需要按部门汇总计算。

四、任务执行

(一) 工资总额汇总表

以"工资结算单"的数据区域为源数据区域，选择"月份"为筛选字段，"部门"为行字段，"应发合计"为值字段，构建数据透视表，如图 3-51 所示。

在行字段区域选择需要移动的部门名称，右击"上移""下移""移至开头""移至末尾"等操作，保证部门排序为办公室、财务部、后勤部、人事部、市场部、销售部、电商部。此时的数据透视表反映了各部门的工资总额，这是宏发公司为职工负担的工资费用。

月份	6月
求和项:应发合计	
部门	汇总
办公室	47560
财务部	55384
电商部	55013
后勤部	32037
人事部	58114
市场部	86729
销售部	111213.4
总计	446050.4

图 3-51　各部门工资总额统计

(二) 工资费用分配表

1. 构建表格

工资费用分配表的主要功能是统计企业为职工支付的各项费用,包括工资总额(应发合计),以工资总额为基数计提的各项福利费、工会经费、职工教育经费,以及企业为职工缴纳的五险一金费用等。工资费用分配表格式,如图3-52所示。

部门	工资总额	工资费用分配							人工费用合计
		职工福利费	工会经费	教育经费	医疗保险	养老保险	失业保险	住房公积金	
办公室									
财务部									
后勤部									
人事部									
市场部									
销售部									
电商部									
合计									

图3-52　工资费用分配表格式

2. 填充数据

在工资费用分配表中,工资总额项目按"工资总额汇总表"检索填列,公式设置为"=VLOOKUP(A4,工资总额汇总表!\$A\$7:\$B\$13,2)",计算并填充工资总额,如图3-53所示。

B4	∨ : × ✓ fx	=VLOOKUP(A4,工资总额汇总表!\$A\$7:\$B\$13,2)					
	A	B	C	D	E	F	G	H
2	部门	工资总额	工资费用分配					
3			职工福利费	工会经费	教育经费	医疗保险	养老保险	失业保险
4	办公室	47760						

图3-53　工资费用分配表编制(工资总额)

职工福利费、工会经费和教育经费三项,按照公司规定,要以工资总额为基数,分别按14%、2%、1.5%的比例来计提,如图3-54所示。具体的计提比例见"3-3 职工薪资管理"工作簿中的"相关比率"工作表。

C4	∨ : × ✓ fx	=\$B4*相关比率!\$C\$44				
	A	B	C	D	E	F	G
2	部门	工资总额	工资费用分配				
3			职工福利费	工会经费	教育经费	医疗保险	养老保险
4	办公室	47760	6686.40	955.20	573.12		

图3-54　工资费用分配表编制(费用计提)

养老保险、医疗保险、失业保险及住房公积金以部门为单位,从"社保与公积金表"中汇总计算,此时需要用到单一条件求和函数SUMIF或多条件求和函数SUMIFS。使用SUMIFS函数编制的公式为"=SUMIFS(社保与公积金表!\$J\$3:\$J\$42,社保与公积金表!\$C\$3:\$C\$42,工资费用分配表!\$A4)"。其中,SUMIFS( )函数用来按照指定部门(单元格A4)统计"社保与公积金表"中"工资合计"(单元格J3所在列)的总额。

人工费用合计即是将前述工资总额和工资费用分配包含的 7 项内容求和计算而来,它反映了公司当月发生的全部人工费用,为财务上核算工资费用做好基本统计。

制作完成的工资费用分配表,如图 3-55 所示。

视频:工资费用分配

工资费用分配表

部门	工资总额	工资费用分配							人工费用合计
		职工福利费	工会经费	教育经费	医疗保险	养老保险	失业保险	住房公积金	
办公室	47760	6686.40	955.20	573.12	4150.36	7433.28	232.29	5574.96	73365.61
财务部	55534	7774.76	1110.68	666.41	4806.88	8943.04	279.47	6707.28	85822.52
后勤部	32087	4492.18	641.74	385.04	2716.48	5053.92	157.94	3790.44	49324.74
人事部	58214	8149.96	1164.28	698.57	5015.00	9330.24	291.57	6997.68	89861.30
市场部	86929	12170.06	1738.58	1043.15	7346.89	13668.64	427.15	10251.48	133574.95
销售部	111513.4	15611.88	2230.27	1338.16	9409.44	17505.94	547.06	13129.45	171285.59
电商部	55213	7729.82	1104.26	662.56	4834.32	8994.08	281.07	6745.56	85564.66
合计	55213	7729.82	1104.26	662.56	38279.38	70929.14	2216.54	53196.85	688799.37

图 3-55 制作完成的工资费用分配表

(三) 人工费用部门分析

从"工资费用分配表"中可清晰地看到各部门发生的各项人工费用的明细数据。按照全面成本管理的思想,企业应对各部门发生的成本费用深入分析,进而最大限度地发现问题,降低支出。如图 3-56 所示,建立数据透视表,计算各部门人工费用占公司全部人工费用比重。从中可见,宏发公司销售部和市场部的人工费占全部人工费的比重最大,二者约占 44.26%,对比两部门人数所占比重 45%("人才构成分析"任务中有计算),表明宏发公司的工资制度还是比较科学合理的。

部门 ▼	数据	
	人工费用	比重/%
办公室	73365.61	10.65%
财务部	85822.52	12.46%
电商部	85564.66	12.42%
后勤部	49324.74	7.16%
人事部	89861.30	13.05%
市场部	133574.95	19.39%
销售部	171285.59	24.87%
总计	688799.37	100.00%

图 3-56 各部门人工费用构成

钩元提要

进一步掌握数据透视表的应用、引用查询函数的应用,以及 SUMIF( )函数的应用条件和应用方法,能熟练利用这些函数和方法快速进行数据处理。

1+X证书相关试题

打开"X 证题训练-项目 3"工作簿,完成其中的"3-3-3 工资总额汇总表"和"3-3-3 工资费用分配表"。具体要求如下。

1. 根据"3-3-2 工资结算单",利用数据透视表生成各部门的应发工资合计。

2. 统计各部门的人工费用,按各部门的人工费用的指定比率计提福利费和职工教育经费。

3. 根据"工资调整表"中的工资合计来计算企业应负担的各项保险金(养老保险、医疗保险、失业保险)。

4. 按照工资总额的一定比率计算企业负担的住房公积金,计算比率见"有关计算比率表"。

企业费用管控的特点

1. 费用管控信息化趋势

目前对财务信息的管控已是全面信息化的趋势：财务软件—ERP—综合体—财务中心，费用管控只是其中之一的体现。取得财务基础信息的效率、真实、准确将对决策产生极大的影响。这就对财务人员提出了新要求，格局宽、视野宽，格局大，在整体上对财务分析有所侧重。

2. 不同企业的管控模式

不同的企业都有其发展的特殊性，每个企业不同的发展阶段，包括震荡期(初创期)、规划期、发展期，以及后期(多元集团或精细)对财务信息的关注点不同，而不同的主业对财务信息的关注点也不同，财务从业者必须在不同阶段采取不同的分析策略。

3. 财务分析特点

财务分析的特征具有滞后性和不准确性(专业水平有关)，其主要分析的是过去或未来的趋势，非规模以上或特定行业企业难以取得较好的效果，甚至浪费人财物资源。国家也充分认识到现有的经营实体财务管控的落后性，并且全国小型微利、个体企业占比很大，如果能够有专业的人员进行布局，加上专业的财务分析，对绝大多数企业都是极其有利的。

4. 对费用管控的财务分析

(1) 方法：同期、不同期对比分析、因素分析，或者参数分析(参照基准，像定额一样)，还有环比分析、挣值分析、分项目分析，以及涉及成本方面的本量利分析等。

(2) 管控途径：财务信息化+各项费用统一名目+关注关键项目+事前预测+事中分析+事后总结(体现到专项经济会议)。

总结一下，费用分析容易，管控最难，其重要性仅次于成本，在费用管控上，主观因素太多，企业实际情况也不同。

提示：费用是企业支出的主要项目之一，费用分析的目的就是弄清费用的多寡、去向及比重，从而加强管控。

项目四 调查问卷分析

🔍 能力目标

(1) 能根据《问卷编码规则》为调查员、问卷、问题及答案正确编码；能有效理解问卷，构建、审核、存储、保护问卷数据库信息。

(2) 熟练运用 FREQUENCY( )等函数进行样本数据分析，熟练运用可视化工具绘制精美、直观的统计图形。

(3) 能加载宏扩展 Excel 的数据分析功能，会使用数据分析中 16 种数据分析工具进行描述统计、推断统计、均值分析、方差分析，并得出准确的结论。

🔍 知识目标

(1) 了解数据编码的范围、意义，以及无效问卷的特征、处理方法，理解并掌握调查员、问卷、问题及答案编码的方法。

(2) 熟悉 Excel 单元格设置、数据输入、审核、美化，以及数据保护的一般过程和方法，掌握常用函数的使用方法，理解多种描述统计指标的含义与算法，掌握概率、置信度的含义、关系及区间估计的方法。

(3) 理解检验假设的原理及 3 种检验(Z 检验、T 检验、F 检验)的应用条件，掌握单双侧检验中显著水平、原假设、备择假设的确定规则，掌握检验统计量、检验概率值与临界值的计算方法，理解并掌握检验结论的判定方法。

🔍 素质目标

(1) 勤于思考，融会贯通，通过前面学习的量变积累实现质变飞跃，会举一反三，用已有知识解决新问题和更为复杂的问题。

(2) 实事求是，绝不为了分析结论的圆满而弄虚作假，随意修改数据。

(3) 学会团队合作，在集体工作中能够有效地与他人沟通、协商，发挥团队优势。

项目框架

建立问卷数据库

- 问卷的回收与初审
  - 问卷回收
  - 问卷初审
  - 实践应用
- 问卷编码
  - 编码意义、设计、方式
  - 实践应用
    - 人员编码
    - 问卷编码
    - 答案编码
- 问卷数据录入及二审
  - 记录单
  - 问卷二审处理
- 编码替换与数据安全
  - 编码替换
  - 数据保护
  - 实践应用

调查问卷分析

消费态度分析

- 手机消费观念分析
  - 平均指标
    - AVERAGE系列
    - TRIMMEAN
    - 众数与中位数
  - 方差和标准差
  - 峰度和偏度
  - 实践应用
  - 统计函数——态度分析
  - 描述统计——态度分析
- 手机消费偏好分析
  - 参数评估
    - 总体平均数估计
    - 总体成数估计
    - 合理价格区间估计
    - 支持率估计
  - 实践应用

消费行为分析

- 手机消费行为的均分析
  - 假设检验概述
    - 统计假设
    - 显著水平
    - 拒绝域或接受域
    - 临界值与P值
    - 单尾检验与双尾检验
  - 单一总体均值检验
    - 大样本Z检验
    - 小样本T检验
  - 双样本假设检验
    - 双样本平均差检验——大
    - 双样本方差检验——大
    - 双样本等方差假设检验——小
    - 双样本异方差假设检验——小
    - 成对样本均值检验
  - 单一总体
  - 双大样本
  - 双小样本
  - 实践应用
- 手机消费行为的方差分析
  - 多选分析方法
  - 实践应用
- 手机消费行为的独立性检验
  - 独立性检验理论
  - 实践应用
- 对消费者的企业印象的分析
  - 对消费者的企业印象的分析

消费者构成分析

- 消费者性别与学历构成分析
  - 分析工具总结
  - 可视化工具总结
  - 实践应用
    - 性别构成
    - 学历构成
- 消费者年龄构成分析
  - 数组
  - FREQUENCY
  - 实践应用——三法年龄分析

项目导入

习近平总书记指出："调查研究是谋事之基、成事之道，没有调查，就没有发言权，更没有决策权。调查研究是做好工作的基本功。"在这一思想指导下，宏发公司为了解消费者对手机的消费偏好和消费习惯，掌握消费者对宏发公司的整体认知，以制定有针对性的市场策略，于 2023 年 6 月面向沈阳及周边地区的消费者进行了一次抽样调查。调查累计下发问卷 600 份，回收问卷 518 份。市场部组织专门的项目组，深入调查收集数据，并对调查结果进行细致分析。

关键词： 问卷回收　问卷编码　问卷审核　描述统计　均值分析　方差分析

课程启思： 经世济民　学以致用　团结协作　强技报国

学习情境一　建立问卷数据库

问卷数据的处理工作都是通过系统完成的，在纸质问卷回收以后，除了做好记录、审核工作以外，还要对问卷问题及答案进行编码，并建立问卷信息数据库，将审核合格的问卷数据以编码的形式录入数据库，为后面的数据分析做好准备。

任务一　问卷的回收与初审

一、任务描述

调查小组及时回收下发的调查问卷并做好问卷的初审工作。

二、入职知识准备

(一) 问卷的回收登记

调查数据的整理与分析首先是从调查问卷的回收和登记开始的，伴随着实地调查的展开，应及时进行问卷的回收与登记工作。在回收过程中，应加强责任制，保证问卷的完整和安全。从不同的地区、不同调查员交回的问卷，都应该立即登记和编号，尤其对于大规模的调查，更应做好登记和编号工作。

回收的问卷应分别按照调查人员和不同地区(或单位)放置，醒目标明编号或注明调查人员和地区、单位，以方便整理和查找。如果发现没有满足抽样设计中对子样本的配额规定，应及时在正式的整理工作开始之前对不足份额做补充访问。

(二) 问卷初审

1. 问卷审核的内容

为了保证调查数据的准确、及时、完整、清晰，获取的调查问卷要进行严格的审核。问卷审核是资料整理工作的基础，主要包括以下几方面内容。

(1) 完整性审核。完整性审核主要看应调查的单位是否都已调查，问卷或调查表内的各项目是否都填写齐全。如果发现没有答案的问题，可能是被调查者不能回答或不愿回答，也可能是调查人员的疏忽所致，应立即询问，填补空白问题。如果问卷中出现"不知道"的答案所占比重过大，就会影响调查资料的完整性，应采取适当措施处理并加以说明。

(2) 准确性审核。主要看调查资料的口径、计算方法、计量单位等是否符合要求。剔除不可靠的资料，使资料更加准确。调查资料还要清楚易懂，即如果所记录的回答字迹模糊，或者除调查员以外谁都不明白，则应退回问卷，让调查员校正或写清楚。

(3) 一致性审核。检查被调查者的回答是否前后不一致，有无逻辑错误。例如，某位被调查者在前面说她在前一天晚上看见某电视广告，后面又说自己前一天晚上没看电视。当调查人员在审核调查问卷时，发现某一位被调查者的回答前后不一致，或者一个资料来源的数字与后来从其他资料来源收集的数字不一致，就需要调查人员深入调查，探询原因，剔除或调整资料，使之真实、准确。

(4) 及时性审核。审查各被调查单位是否都按规定日期填写和送出、填写的资料是否为最新资料。现代市场活动节奏越来越快，只有代表市场活动最新状态的市场信息才是使用价值最高的信息，切勿将失效、过时的信息引入决策中。此外，要剔除不必要的资料，把重要的资料筛选出来。

2. 问卷审核的步骤

问卷审核大致可分为初审(接收核查问卷)、二审(问卷编辑检查)，以及采取相应处理措施三步骤。

问卷初审一般指接收核查问卷，又称问卷一审。首先，调查员完成访问后，先要当场自己审阅整份问卷，检查有无字迹不清晰，问题漏问、漏答等情况，必要时应及时补问。回去后要细审、整理问卷，在填写清楚、完整、无问题后方可交给公司。其次，调查员上交问卷时，督导员应当场审核问卷。审核内容主要是问卷是否及时，是否填写完整及题目间的逻辑关系和地址的使用情况等。问卷初审必须抓住完整、准确、一致、及时4个方面进行，主要考查完整性和及时性。

问卷后续审核及处理一般是针对初审合格的问卷信息，运用 Excel 软件进行处理的。这些内容将在问卷审核部分详细说明。

⊕ 扩展阅读

网络调研避免偏听偏信

袁隆平说，想要种出水稻就要到田里去，书本是种不出水稻的。导演说，想要演好一个盲人，就要把眼睛蒙上生活一段日子，身临其境地感受黑暗里的世界。

调研最忌讳"懒"。凡事都靠感觉，凭借很老套的经验行事，这是非常危险的。

网络是一个过载的信息收集器，相比线下调研而言更加真假难辨，在调研思路上和方法上也有着很多不同之处。

在网上搜集资料的时候一定要注意内容的真实性，是不是胡编滥造的，是不是业余人士说的，数据或事件是否有科学根据，信息是否过时了。网络信息和线下调研一样，最怕把一言堂当成了定论，所以要多听听多数人的意见、想法和反馈，才能获取最真实的调研结果。

三、任务内容

本次手机消费者市场调查的时间为2024年5月—2024年6月，调查期限为1个月，要求问卷必须在2024年7月底前收回，问卷具体内容见"4.调查数据分析"工作簿中"手机调查问卷"工作表。市场部蒋文佳(编号为01)为调查组组长，带领曾玉、张玲玲、张娴、周小波4名市场部成员(编号分别为02~05)，展开了调查工作。调查共下发问卷600份，7月底前累计收回518份。

四、任务执行

(一) 问卷登记

对收回的518份问卷进行登记，填写问卷回收登记表。负责接收问卷的工作人员(督导员)事先设计好登记表格，如实反映问卷的回收状况。表格中应包括如下内容：

第一，调查地区及编号，调查员姓名及编号；

第二，调查实施的时间，问卷交付的日期；

第三，问卷编号；

第四，实发问卷数、上交问卷数、未答或拒答问卷数、丢失问卷数、其他问卷数，以及合格问卷数等。

(二) 问卷初审及问题处理

除了调查员在调查当场要进行问卷初审外，上交问卷时督导员还要加以详细审核。审核中发现回收的518份问卷中有两份存在部分问题答案模糊，无法准确判断的情形，问卷编号为537和581；有三份问卷存在通篇只选某一项固定答案的情况，编号为513、514及525；有一份问卷分别在A、B、C三个主要问题区域中存在关键问题答案的空缺，编号为518。上述6份问卷因为无法与被调查者取得直接联系而进行确认和修改，被视同无效问卷删除。经初审合格的问卷共有512份，编号为001~512。

钩元提要

了解问卷回收与初审的意义，掌握问卷审核的内容和程序，能正确发现问卷中的问题并采用适当方法解决。

1+X证书相关试题

以"X证题训练-项目4"工作簿中"4-1-1博硕文化问卷"为例，模拟完成对问卷准确性、及时性的初审。

豁目开襟

中国古代的调查方法

中国古代的调查活动主要由官方组织开展，大多采用全面调查的方法，通过政府派官员调查和被调查者报告的方式进行，有时也采用重点调查、典型调查、统计估算等方法。

全面调查方法运用于政府主持的人口、土地、赋税、仓储等多项调查活动中，通过基层填报、逐级上报、逐级审核、逐级汇总的方式收集统计资料。例如，中国古代历史最悠久的上计制度，就是以全面调查为基础而进行的。全面调查的具体方式，有政府派员实地调查和被调查者报告两种。

实地调查法，即由政府主管部门制定调查制度方法，按照由下至上的程序，通过基层官员组织填报，形成各类户籍、土地、税赋等的簿册，然后层层上报、审核、汇总，最终形成全国总簿册。唐代的计簿、宋代的丁产簿、明代的黄册和鱼鳞图册、清代的赋役全书等，均是通过这种方式编制而成的。

报告法，即由被调查者自行申报或填报的一种统计调查方法。这种方法始创于秦朝，在人口、土地等统计调查活动中使用。东晋时期，报告法有所创新。句容县令刘超在进行户籍调查时，将调查内容以信件方式发至各村，由百姓自报家产数目，填好后报送县府。百姓大多据实填报，税收收入反而超过往年。这种类似当今邮寄调查表的方法，不仅实施效果较好，而且在统计调查史上具有创造性。

中国古代的统计活动还经常运用重点调查、典型调查等方法。在矿冶、仓储和其他与国计民生密切相关的活动上用重点调查较多；典型调查一般用来进行社会经济问题的分析研究，如司马迁通过对资金周转和盈利的调查，得出当时社会的合理利润为年利润20%；林则徐通过调查一个烟民吸食鸦片一年的耗费，推断全国白银流失严重等。

提示：调查研究是古往今来人们认识世界、改造世界的基本方法，是中国共产党创造新时代中国特色社会主义伟大成就的重要法宝。我们要通过不断学习、改进、创新、应用，让调查研究发挥更大的价值。

任务二　问卷编码

一、任务描述

对本次消费者调查问卷的问题及答案进行编码设计，制作问卷编码手册。

二、入职知识准备

(一) 问卷编码的意义

问卷编码是指将各种类别的调查信息资料用代码来表示的过程。代码是用来代表事物的记号，它可以用数字、字母或特殊的符号，或者它们之间的组合来表示。编码与分类紧密相关，是一项重要的工作，特别是在运用计算机管理的情况下，由于计算机是通过代码来识别事物的，编码是必不可少的环节。

编码具有重要的功能：一是为各项信息资料提供一个概要而清楚的认定，便于储存和检索；二是可以显示信息资料单元的重要意义，并能协助资料的检索和操作；三是有利于信息资料处理的效率和精度，节省处理费用。

(二) 问卷编码设计

在市场调查中，一般需要进行编码设计的事项主要有调查员、调查区域、调查问卷、问卷中的问题及答案。涉及多个调查员和调查地区，要分别对这些人和地区进行编号，如用阿拉伯数字 1~9 分别代表 9 个调查员，用 01~10 分别代表 10 个调查区域等，可根据调查需要自行设计。

调查问卷的编码主要包括地区代码、街道代码、居委会代码、调查员代码，以及问卷代码等项目。例如，某问卷的代码为 1041508，第一位数字 1 表示北京市，后面两位数字 04 表示调查员代号，再后面两位数字 15 为居委会代号，最后两位数代码 08 表示该调查员在这个居委会成功调查的第 8 份问卷。实务中也可根据需要简化问卷编码的项目内容，如直接用阿拉伯数字按照问卷的份数来分别定义问卷的代码。问卷编码非常必要，便于记录、查找和核对分析，是数据分析前的主要准备工作之一。在进行市场调查工作之前，可为调查员、调查地区及调查问卷做好编码工作。

问卷问题和答案的编码设计是编码工作的重中之重，较为复杂。一份市场调查问卷通常包含若干问题。为了统计处理方便，在数据输入计算机之前，必须先给每一个问题(变量)起一个变量名称。变量名称一般是用英文字母或数字的组合，可以用 B(background)代表"背景"部分，而 B1 代表背景部分的第一个问题，以此类推；可以用 Q(question)代表"主体问题"，而 Q1 代表第一个主体问题，以此类推；可以用 S(select)代表问卷的"筛选问题"，而 S1 代表第一个筛选问题，以此类推。

(三) 编码设计的方式

编码设计的时间与方法不同，可分为前设计编码和后设计编码两种。

1. 前设计编码

所谓前设计编码，是指在设计问卷时就对答案进行编码，主要适用于封闭式问题。这种编码设计简单易行，但有可能由于问卷选项的设计缺少某个重要选项，或设置多余选项，而影响数据质量。

2. 后设计编码

所谓后设计编码，是指在回收问卷后，通过逐一浏览问卷，对答案进行编码。这种编码方式主要适用那些答案类别事先无法确定的问题。例如，封闭式问答题的"其他"项和开放式问答题，要在数据收集完成后，根据被调查者的回答设计编码表。这种编码表的分类可能相对更准确、有效，但比较复杂，而且费时、费力。

三、任务内容

宏发公司在进行调查之前已经对 5 名调查员和下发的 600 份问卷进行了编码，由于只存在部分需要用数字回答的开放式问题，因此对问卷问题及答案的编码采用前设计编码形式。打开"4.调查数据分析"工作簿，参照"手机调查问卷"工作表，完成"编码手册"的制作。

四、任务执行

(一) 人员编码

对参与调查工作的人员进行编码，除了对蒋文佳、曾玉、张玲玲、张娴、周小波 5 名访问员编码外，还需要对数据录入人员、数据审核人员等进行编码，承担多项工作的人员不用重复编码，编码为 01~10。

(二) 问卷编码

调查中宏发公司共下发 600 份问卷，每份问卷拥有一个独一无二的编码，编码范围为001~600。问卷下发和回收时按编码进行登记记录。

(三) 问卷问题及答案编码

问卷分为 A、B、C、D 4 个部分，共有 30 个问题。通常情况下，一个问题对应一个变量，但如果问题允许选择多个答案，那么需要按照限选的答案数目来定义变量。例如，对于没有手机的被调查者，问卷设置了一道多项选择题："您未购买手机的原因"，限选三项。针对这一问题，就应设置三个变量与之对应。

问卷中绝大多数问题为封闭式问题，即问题列有事先设计好的备选答案，受访者对问题的回答被限制在备选答案中，他们需要从备选答案中挑选自己认可的答案。封闭式问题答案的编码通常按照备选答案的顺序用数字代替。量表式问题答案的编码要注意方向的一致性，尤其针对同一事项设置的多个量表式问题。问卷中为了了解消费者对宏发公司的印象，设置了 5 个褒贬不统一的量表式问题。例如，"C3-1 宏发公司声誉卓著"和"C3-3 宏发公司的产品不时尚"两个问题表述的方向相反，因此其备选答案的编码也应该是相反的，如果 C3-1 的答案编码数值越大代表赞同度越高，那么 C3-3 答案的编码必须是编码数值越大代表的赞同度越低，这样根据消费者 5 个选项计算出来的编码之和才能代表消费者对宏发公司综合印象的好坏，实现量表式问题的最大价值。

问卷中也可以设计开放式问题，即所提的问题后面并不列出可能的答案供受访者选用，而是让受访者自由作答。这类问题因为编码较为烦琐，实践中采用较少。对于开放式问题的编码，如果回答为文字，则需要全盘考查被调查者的回答，并进行整理分类，通常要花费大量的人力和时间。开放式问题一般需要后编码，如果问卷中设置了一些需要用数值来回答的开放式问题，可以直接分析数值，不需要特别编码。

根据问卷制作的编码表(可参考教学案例资源包中"4.调查数据分析"工作簿)，如图 4-1 所示。

◣ 钩元提要

编码是现代问卷调查活动的必备环节，直接影响数据分析工作的准确性和高效性。通过本任务的学习，掌握编码规则，能正确为调查相关工作人员、问卷及问卷问题和答案编码，并正确编制编码手册。

◣ 1+X证书相关试题

根据"X 证题训练-项目 4"工作簿中的"4-1-1 博硕文化问卷"工作表，进行问卷问题及答案编码，设计"4-1-2 博硕文化编码手册"。

编码表

变量编号	变量名称及说明	变量位数	编码说明
1	问卷编号	3	001-600
2	访问员编号	2	01-50
3	QA1 是否有手机	1	0.空白 1.有 2.没有
4	QA1-11 未买原因	1	0.空白 1.价格太高 2.想保留自我空间 3.不喜欢追随流行 4.没有需要 5.电磁波有害身体 6.避免被骚扰 7.其他
5	QA1-12 未买原因	1	0.空白 1.价格太高 2.想保留自我空间 3.不喜欢追随流行 4.没有需要 5.电磁波有害身体 6.避免被骚扰 8.其他
6	QA1-13 未买原因	1	0.空白 1.价格太高 2.想保留自我空间 3.不喜欢追随流行 4.没有需要 5.电磁波有害身体 6.避免被骚扰 9.其他
7	QA2 手机品牌	1	0.空白 1.苹果 2.三星 3.华为 4.小米 5.OPPO 6. vivo 7. 荣耀 8.金立 9.魅族 10.其他
8	QA3 用机时间	1	0.空白 1.未满 6 个月；2.6 个月至 1 年；3.1 年至 1 年半；4.1 年半至 2 年；5.2 年以上
9	QA4 月话费	3	具体数值
10	QA5 满意度	1	0.空白 1. 非常不满意 2.不满意 3.普通 4.满意 5.非常满意
11	QA6 购机地点	1	0.空白 1. 手机专柜 2.购物商场 3.移动、联通等公司 4.超市 5.网上 6.其他
12	QA7 购机价格	4	具体数值
13	QB1-1 功能先进	1	
14	QB1-2 外观时尚	1	
15	QB1-3 价格合理	1	0.空白 1.非常不重要 2.不重要 3.普通；4.重要 5.非常重要
16	QB1-4 质量过硬	1	
17	QB1-5 品牌高端	1	
18	QB2 合理价格	1	1. 2 000 元以下 2.2 000~3 000 元 3.3 000~4 000 元 4.4 000~5 000 元 5.5 000~6 000 6.6 000 以上
19	QB3 最喜欢品牌	1	0.空白 1.苹果 2.三星 3.华为 4.小米 5.OPPO 6. vivo 7.荣耀 8.金立 9.魅族 10.其他
20	QB4 最喜欢地点	1	0.空白 1.手机专柜 2.综合商场 3.移动、联通等公司 4.超市 5.网上 6.其他
21	QB5 最喜欢颜色	1	0.空白 1.白色 2.黑色 3.彩色 4.灰色 5.其他
22	QC1 宏发购物与否	1	0.空白 1.是 2.否
23	QC2-1 信息来源	1	
24	QC2-2 信息来源	1	0.空白 1.电视 2.报纸 3.杂志 4.广播 5.网络 6.亲朋好友 7.店头广告 8.户外的大型展板、广告 9.通信厂商 10.其他
25	QC2-3 信息来源	1	
26	QC3-1 声誉卓著	1	
27	QC3-2 产品可信	1	0.空白 1.非常不赞同 2.不赞同 3.一般 4.赞同 5.非常赞同
28	QC3-3 产品不时尚	1	0.空白 1.非常赞同 2.赞同 3.一般 4.不赞同 5.非常不赞同
29	QC3-4 社会形象好	1	
30	QC3-5 优先选择	1	0.空白 1.非常不赞同 2.不赞同 3.一般 4.赞同 5.非常赞同
31	QC4 是否推荐	1	0.空白 1.一定不推荐 2.很可能不推荐 3.一般 4.很可能推荐 5.一定推荐
32	QD1 性别	1	0.空白 1.男 2.女
33	QD2 年龄	2	具体数值
34	QD3 职业	1	0.空白 1.学生 2.各组织负责人 3.专业技术人员 4.商业、服务业人员 5.工人 6.其他
35	QD4 学历	1	0.空白 1.硕士及以上 2.本科 3.大专 4.大专以下
36	QD5 家庭月收入	5	具体数值

图 4-1 编码手册

题目开襟

大数据时代市场调查怎么做

1. 既要"天文望远镜"，也要"显微镜"

大数据类似于"天文望远镜"，研究人员可以通过基于互联网和移动互联获取的"大样本"来看得更全、更远，捕捉关联性并发现一些趋势；而通过传统调查方式获得更为精细的"小数据"就好比使用"显微镜"，那样可以帮助市场研究人员通过类似于实验的方法来验证一些判断，并进行一些深入的分析。大小数据在未来的市场调查中应该还是各有分工，并有效互补的。

在数据采集方面，科技在发展，行业在进步，企业对一手市场样本数据的数量和质量的需求都在扩容。通过传统的电话访谈、接头拦截等市场调查方式已经没法完全满足企业对数据的需求。大数据在这个方面跟传统的调查在数据收集方面可以配合。一些跟消费者行为属性相关的数据，譬如消费者喜欢看什么节目、买什么产品，越来越多地可以通过大数据的手段从互联网、移动端来获取。但一些关于消费者态度和感受的精细数据，在很多情况下还是需要通过传统的调查方式来获得。

在数据分析方面，优秀的市场研究和分析不仅要"知其然"，更要"知其所以然"，数据背后的分析、逻辑、算法其实比数据本身更为重要。

2. 既要"互联网+"，也要"+互联网"

互联网和传统行业往往并没有本质的冲突，也不存在谁颠覆谁，或者哪一方主导另一方。在市场调查行业，一些注重大数据的新兴科技企业，更多讲究的是数据采集的效率和以更加经济化的手段和方式来获取数据，并以此为传统的市场调查行业带来创新的补充和增值的服务。

提示：大到治国理政、经济发展，小到柴米油盐、家庭琐事，都离不开观察和思考、调查与分析。大数据时代要将先进信息技术、工具与传统调查方式和调查经验结合起来，提高调查效率和质量。

任务三　问卷数据录入及二审

一、任务描述

将初审合格的问卷信息录入 Excel 系统，并再次审核，保证数据的准确、及时、完整，为数据分析做好准备。

二、入职知识准备

(一) 记录单

初审合格的问卷要按照编码规则录入 Excel 系统，形成可以直接运用 Excel 进行处理和分析的问卷信息数据库。这是利用 Excel 进行数据分析的前提。数据录入的方法技巧及数据库美化的方法见项目一，除此之外，对于大型数据库，采用记录单进行数据录入、修改、查询会大大提高工作效率。

记录单是将一条记录分别存储在同一行的几个单元格中，在同一列中分别存储所有记录的相似信息段。使用记录单功能可以轻松地对工作表中的数据进行查看、查找、新建、删除等操作。

(1) 预览、核对数据。选中数据表任意区域，打开菜单选择"数据"–"记录单"选项，可选择"上一条""下一条"预览核对。

(2) 追加记录。单击"新建"按钮，在数据字段名后的空白文本框内填入新记录。在输入时，按 Tab 键后移或直接移动鼠标，按 Enter 键保存新记录或单击"关闭"按钮保存新记录并退出。

(3) 删除记录。可选择"上一条""下一条"，找到记录后，单击"删除"按钮。

(4) 修改记录。可选择"上一条""下一条"，找到记录后，直接修改即可。

(5) 查询记录。单击"条件"按钮，在相应的字段名中输入查询条件，然后，单击"下一条"或"上一条"查询。可以进行单条件或多条件查询，上面的预览、修改、删除记录都可结合查询记录进行。

另外，还有"还原"按钮，用于追加、修改记录时，放弃本条操作。

(二) 问卷二次审核及处理措施

初审合格的问卷还要进行"二次审核",再次确定哪些问卷是合格的,可以接受;哪些问卷存在问题需要进行后续处理;哪些问卷是不合格的,必须作废。问卷二审又称编辑检查,是对问卷进行进一步的更为准确和精细的检查,是把每个调查员的问卷集中起来进行全面细审,详细审核问卷中每道题的回答情况及问题之间的逻辑关系,保证问卷信息的准确性和一致性。所谓准确性,是指数据计算准确无误;所谓一致性,是指问卷各个项目答案之间逻辑清晰,不存在矛盾。

实务中通常在全部初审合格的问卷录入系统的过程中和过程后,分别采用事前检查和事后验证两种形式进行二次审核。事前检查主要运用数据有效性功能,设置单元格的数据输入有效条件,给出提示或警示,保证数据录入源头的准确。数据事后验证是针对已经录入完毕的信息数据库,采用列表、筛选等功能将不符合规定的数据查找出来。问卷的二次审核主要集中在问卷信息准确性和一致性两个方面。

1. 不合格问卷的形成

通过对问卷的详细审核可将全部存在问题的问卷筛查出来,并予以剔除。不合格问卷具体包括以下几种情形。

第一,缺损的问卷;第二,回答不完全的问卷;第三,被调查者没有理解问卷的内容而错答问题,或没有按照指导语的要求回答问题的问卷;第四,答案没有什么变化的问卷;第五,在截止日期之后回收的问卷;第六,由不属于调查对象的人填写的问卷;第七,前后矛盾或有明显错误的问卷;第八,字迹潦草不清,无法辨别的问卷。

2. 不合格问卷的处理

对于这些存在问题的不合格问卷,实务中通常有三种处理方法:放弃不用、视为缺失数据和退回重新调查。

(1) 放弃不用。当不合格问卷满足以下情况之一时,该问卷作废不用:第一,样本量很大,存在问题的问卷占问卷总数的 10% 以下;第二,问卷中不满意答案占问卷全部题目的 10% 以上,或者问卷答案缺失 10% 以上,且无法补充;第三,不合格问卷中关键问题(变量)答案缺失;第四,不合格问卷在人口特征、关键变量分析上与满意问卷无明显差异(不合格问卷作废不会影响人口特征、关键变量的分析结论)。

(2) 视为缺失数据。如果不满意的问卷数量较少,而且这些问卷中令人不满意的答案的比例较小,涉及的变量也不是关键变量,可以视同缺失数据处理:第一,找一个中间值代替,如该变量的平均值或量表的中间值;第二,用一个逻辑答案代替;第三,空缺。如果不满意答案不是关键变量,可以考虑不参加统计处理。

(3) 退回重新调查。退回重新调查也称二次调查,这种方法是让调查员将不满意的问卷退回给原来的被调查者,使其修改答案或重新作答以获得满意的结果。此种方法适用于规模较小、被调查者容易找到的情形,如商业或工业市场调查。但是由于调查时间、地点及调查方式等的变化,很可能影响二次调查的数据结论。

经过审核处理之后获得的有效问卷仍不能满足抽样设计中对子样本的配额规定,应及时在调查时限内补充调查。

在市场调查过程中,数据的审核通常是根据数据筛选功能实现的。

三、任务内容

打开"4.调查数据分析"工作簿,参照"手机调查问卷"和"编码手册"工作表完成如下工作。

(1) 建立问卷数据库：确定问卷信息数据库的字段名称与留位；确定各字段数据范围，设定数据有效性和出错提示，进行问卷数据录入。

(2) 对问卷数据库记录进行二次审核，运用自动筛选功能，检测每个字段的 512 条调查记录是否在规定的数据范围内。对于不在指定范围的记录以黄色高亮显示；运用自动筛选功能检测两关联列位间不符合逻辑性的记录；运用高级筛选设置条件筛选多关联列位间相互矛盾的记录。

四、任务执行

(一) 数据录入

1. 字段设置

问卷信息数据库是汇总问卷信息的载体，根据编码表中变量的名称和数量来设置字段，本问卷共有 34 个变量，加上序号、调查员编号、问卷编号 3 个字段，问卷信息数据库共设置 37 个字段(可参考 "4.调查数据分析" 工作簿中 "手机调查问卷" 及 "编码手册" 工作表)。

2. 数据验证设置

在开始输入数据前，可根据问卷编码对每一个变量的取值范围进行有效性设置，以控制所录入数据的正确性。举例说明如下。

问卷问题为

> A1 您是否有手机？
> 1. 有□   2. 没有

由于答案只有 0(未作答)、1(有手机)和 2(无手机)三种可能，所以可利用数据有效性控制录入数据答案为 0 至 2 之间的整数。其处理步骤如下。

(1) 单击 "是否有手机" 变量标题，选取要输入答案的整个列位(也可选择 n 个单元格，n 大于等于问卷回收总份数)。

(2) 选择 "数据"－"数据工具"－"数据验证" 选项，打开 "数据验证" 对话框。单击 "允许(A):" 位置的下拉箭头，在所显示的下拉菜单中选取要求的数据类别，本例为 "整数"。

(3) 单击 "数据(D):" 位置的下拉箭头，在所显示的下拉菜单中选取所要的比较符号，本例选择 "介于"。

(4) 分别在 "最小值(M):" 和 "最大值(X):" 位置录入允许输入数据的最小值和最大值。本例中数据最小值为 0，最大值为 2，具体设置如图 4-2 所示。

(5) 打开 "输入信息" 选项卡，输入标题 "是否有手机" 和提示信息的文字内容 "请输入整数 1，2，或空白为 0"，如图 4-3 所示。

(6) 打开 "出错警告" 选项卡，在 "样式(Y):" 位置的下拉列表选择当输入不符合要求的数据时要执行哪种操作，本例为 "停止"，如图 4-4 所示。在右侧 "标题(T):" 中输入当用户录入数据不符合要求时系统给出提示信息的标题 "数据错误"，在 "错误信息(E):" 中填写提示信息内容："数据应为 0,1,2！"

需要说明的是，在 "样式(Y):" 位置选择 "停止" 选项，如果用户输入数据不符合要求，系统将显示错误信息，并拒绝该错误数据，直到放弃该数据或输入正确数据才可离开，如图 4-5 所示。

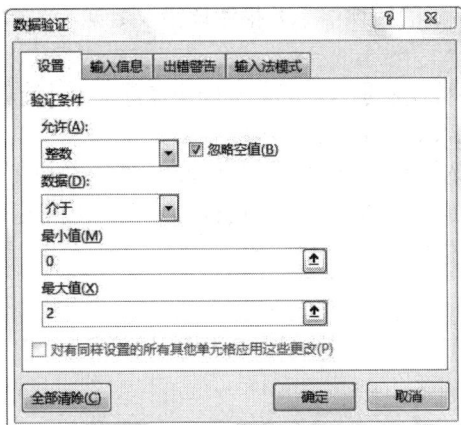

图 4-2　数据验证条件设置

图 4-3　输入信息设置

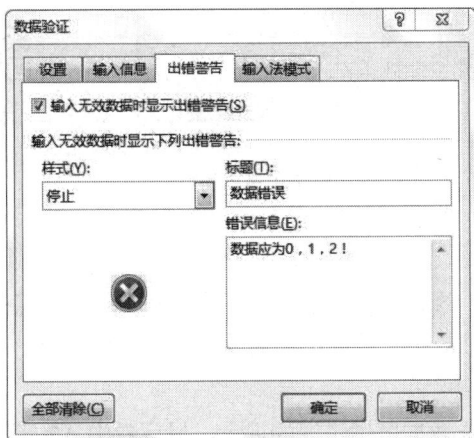

图 4-4　出错警告样式

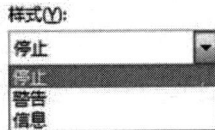

图 4-5　样式设置

如果选择"警告"选项，当输入数据不符合要求时，只显示警告信息，如图 4-6 所示。单击"是"按钮，仍允许接受该错误数据。

如果选择"信息"选项，当输入数据不符合要求，系统会给出提示，如图 4-7 所示。单击"确定"按钮，也可以接受该错误数据。

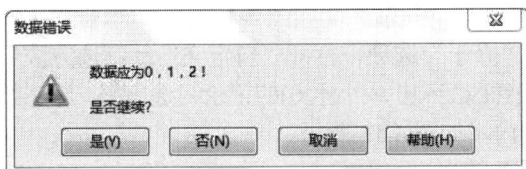

图 4-6　数据错误警告

图 4-7　数据错误提示

(7) 打开"输入法模式"选项卡，在"模式(M)"位置的下拉箭头，选择当转入此单元格进行数据输入时，应自动切换成哪种输入模式。本例中需要在输入非中文数据时，自动关闭中文输入模式，转换为英文输入模式，方便数字录入，因此选择"关闭(英文模式)"选项。

3. 输入数据

按照上述步骤设定后，当数据表移往此列单元格准备输入数据时，将会出现如图 4-8 所示的提示。如果没有输入正确数据，将显示如图 4-9 所示的错误信息并拒绝该错误数据，单击"重试"按钮，输入正确数据或放弃该数据方可离开。

对于有规律的数据，也可以采用前面介绍的各种快速录入技巧，准确快速地录入，而非必须设置数据有效性。大型数据库利用记录单功能录入效率更高。

按同样方法，也可对数据库中其他字段进行输入限制设置。在数据录入之前做好防范工作，可以有效避免输入超过范围的错误数据，防止在数据录入过程中发生的人为错误，使得录入工作更加快捷、准确。新建完成的问卷数据库见"数据库建立"工作表。

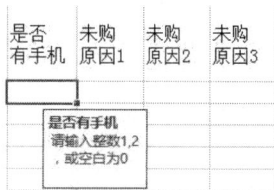

图 4-8　数据验证提示　　　　　　　图 4-9　数据错误提示

视频：数据录入

（二）问卷二次审核

数据验证功能可实现数据录入前提示，录入中控制及录入后的检查，基本上保证了"问卷数据库"数据的准确性。但是，对于逻辑性及不一致问题仍需要进一步审核筛查。

1. 筛选不合理单一列位数据

数据完成输入后，可运用筛选功能查找数据范围错误的记录。以问卷中 A2 问题为例：

A2　您目前使用的手机品牌是什么？				
1. 苹果□	2. 三星□	3. 华为□	4. 小米□	5. OPPO□
6. vivo□	7. 荣耀□	8. 金立□	9. 魅族□	10. 其他□

在问卷信息数据库中 H 列为手机品牌，选择"手机品牌"单元格，单击"数据"-"排序和筛选"-"筛选"选项，每个字段名称右下角出现下拉箭头，如图 4-10 所示。单击"手机品牌"的下拉箭头，选择其中的"数字筛选"-"介于"选项，打开"自定义自动筛选方式"对话框，进行如图 4-11 所示的设置，将不符合条件(大于 10 或小于 0)的记录筛选出来。筛选结果是编号为 111 的问卷，手机品牌不在要求范围内，如图 4-12 所示。

效仿相同方法，完成单一列位不合格数据的筛选。

2. 自动筛选不合理关联列位数据

调查问卷具有一定的逻辑关系，很多问题之间存在着联系，要保证它们之间意思的一致性。例如，如果受访者没有手机，其手机月话费就应该为零。利用自动筛选可以检验两个关联变量之间的一致性。以"是否有手机"和"月话费"两个变量为例，说明筛选步骤。

(1) 选择"是否有手机"变量名称单元格，单击"数据"-"排序和筛选"-"筛选"选项，每个变量名称单元格右下角产生筛选下拉箭头，如图 4-13(a)所示。

(2) 单击"是否有手机"下拉箭头，筛选出答案为 2(即没有手机)的全部记录，如图 4-13(b)所示。

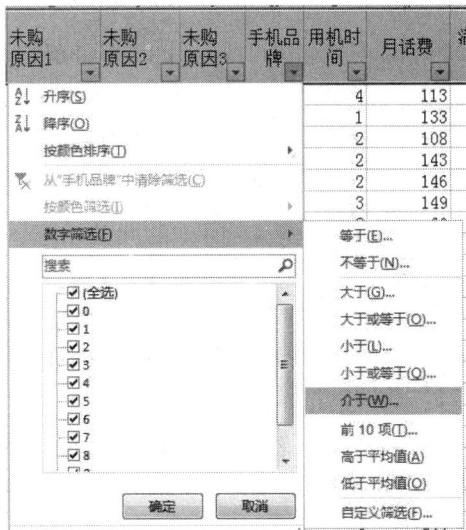

图 4-10　单一列位数据筛选条件设置

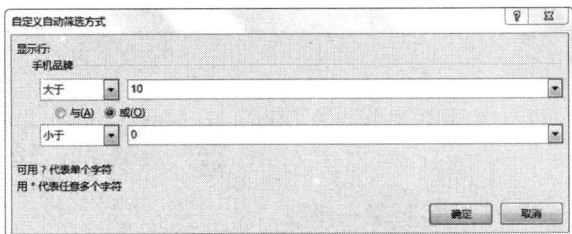

图 4-11　单一列位数据筛选方式设置

序号	调查员编号	问卷编号	是否有手机	未购原因1	未购原因2	未购原因3	手机品牌
111	01	111	2	7	5	2	11

图 4-12　单一列位筛选结果

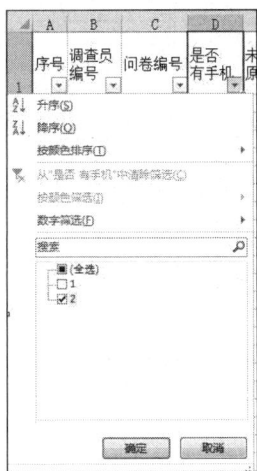

(a)

序号	调查员编号	问卷编号	是否有手机	未购原因1	未购原因2	未购原因3	手机品牌	用机时间	月话费	满意度	购机地点	购机价格
10	01	010	2	0	0	0	0	0	0	0	0	0
17	01	017	2	0	0	0	10	4	10	4	5	3000
42	03	042	2	1	3	4	0	0	0	0	0	0
64	04	064	2	4	5	0	0	0	0	0	0	0
76	04	076	2	5	6	1	0	0	0	0	0	0
88	05	088	2	3	1	4	0	0	0	0	0	0
97	05	097	2	5	2	4	0	0	0	0	0	0
100	05	100	2	5	3	6	0	0	0	0	0	0
107	01	107	2	3	4	7	8	0	0	0	4	0
111	01	111	2	7	5	2	11	0	30	0	0	0
249	02	249	2	3	4	6	0	0	0	0	0	0
279	03	279	2	6	4	1	1	0	0	0	0	0
353	04	353	2	3	6	3	0	0	5	50	0	2	0

(b)

图 4-13　关联列位筛选设置

(3) 在(2)筛选结果的基础上，单击"月话费"下拉列表，取消选中 0 复选框，筛选出不为 0 的全部记录，得到三条记录，如图 4-14 所示。

重复上述三个步骤的操作，可以完成任意两个关联列位的筛选工作。结果见"单一、关联列位审核"工作表。

3. 高级筛选不合理关联列位数据

自动筛选虽然好用，但效率低下，不能同时解决多个关联列位的审核。这时应采用高级筛选，根据需要设置筛选条件，快速完成多个关联列位不合理数据的筛选工作。进行高级筛选必须先设置条件区域，条件区域由字段名和条件式两部分构成。字段名内容必须与数据库中的字段名(变量名)完全一致。为了省去自行输入的麻烦，并保证绝对的准确性，可以先从数据库中

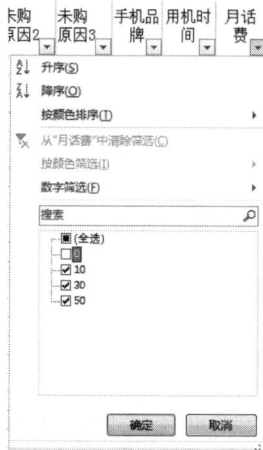

视频：单一、关联
列位审核

图 4-14　关联列位筛选结果

复制需要的字段名到条件区域，条件式在字段名下面，按行书写，其行数并无限制。任何在同一行的条件式，即如同以"与"将其连接在一起，系统将筛选出同时满足多个字段条件的记录；在不同行的条件式，如同用"或"将其连接在一起，记录的内容如果能符合其中的任意一行即可被筛选出来。如想筛选出同时满足"是否有手机"列为2，"月话费"列不等于0的记录，可设置如图4-15(a)所示的筛选条件；想筛选出"是否有手机"列为2，而"月话费"列不等于0或"是否有手机"列为2，而"手机品牌"列不等于0的记录，可设置如图4-15(b)所示的筛选条件。

是否 有手机	月话费
2	<>0

(a)

是否 有手机	月话费	手机品牌
2		
2		<>0

(b)

图 4-15　关联列位筛选条件设置

如果处理对象为字符串，条件式中允许使用*? 等通配符，进行模糊匹配筛选。

本例中问卷 A 部分的"是否有手机""未购原因 1""未购原因 2""未购原因 3""手机品牌""用机时间""月话费""满意度""购机地点"及"购机价格"等几个字段之间存在一定的联系。

如果受访者有手机(答案为1)，那么"未购原因"三项必须全部为空(答案为0，下同)，而"手机品牌"等六项均不为零；如果受访者没有手机(答案为 2)，那么"未购原因"三项至少有一项不为空(不定项选择，限选三项)，而"手机品牌"等六项均为零。根据这一关系设置筛选条件，将不合格的记录筛选出来，具体操作过程如下。

(1) 按照上述分析设置筛选条件。在受访者有手机的情况下，三项"未购原因"只要有一项不为空，就是不合理数据。同时，"手机品牌"等六项只要有一项为空就说明数据不完整，不符合完整性原则。条件设置如图4-16 所示。

是否 有手机	未购 原因1	未购 原因2	未购 原因3	手机品牌	用机 时间	月话费	满意度	购机 地点	购机价 格
1	<>0								
1		<>0							
1			<>0						
1				0					
1					0				
1						0			
1							0		
1								0	
1									0

图 4-16　筛选条件区域设置(有手机)

（2）单击"数据"-"排序和筛选"工作组中的 ▼ 高级 按钮，系统返回"高级筛选"对话框，如图 4-17 所示。选中"将筛选结果复制到其他位置"单选按钮，列表区域为全部信息数据库区域，条件区域选择筛选条件所在区域，复制到为筛选结果放置在工作表中的起始单元格。设置完成单击"确定"按钮，系统自动筛选出符合条件的记录，如图 4-18 所示。

视频：高级筛选

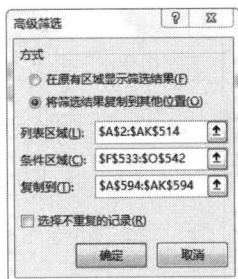

图 4-17　"高级筛选"对话框

序号	调查员编号	问卷编号	是否有手机	未购原因1	未购原因2	未购原因3	手机品牌	用机时间	月话费	满意度	购机地点	购机价格
14	01	014	1	0	0	0	8	0	40	4	2	1000
39	02	039	1	0	0	0	10	2	32	0	3	2500
49	03	049	1	0	0	0	1	4	0	2	4	4700
60	03	060	1	3	8	7	2	3	28	5	4	2500
68	04	068	1	0	3	0	8	2	149	2	4	5600
70	04	070	1	3	3	3	5	3	80	2	5	2200
75	04	075	1	0	0	0	8	3	149	1	0	5900
81	05	081	1	0	0	0	1	1	72	2	4	4200
95	05	095	1	6	1	5	10	3	41	2	1	5000

图 4-18　高级筛选结果(有手机)

（3）同理，当受访者没有手机时，筛选条件如图 4-19 所示，取得的高级筛选结果如图 4-20 所示。

是否有手机	未购原因1	未购原因2	未购原因3	手机品牌	用机时间	月话费	满意度	购机地点	购机价格
2	0	0	0						
2				<>0					
2					<>0				
2						<>0			
2							<>0		
2								<>0	
2									<>0

图 4-19　筛选条件区域设置(无手机)

序号	调查员编号	问卷编号	是否有手机	未购原因1	未购原因2	未购原因3	手机品牌	用机时间	月话费	满意度	购机地点
10	01	010	2	0	0	0	0	0	0	0	0
17	01	017	2	0	0	0	10	4	10	4	5
107	01	107	2	4	7	8	0	0	0	4	0
111	01	111	2	7	5	2	11	0	30	0	0
249	02	249	2	6	6	2	0	2	0	0	0
279	03	279	2	3	6	1	0	0	0	0	0
353	04	353	2	6	3	8	0	5	5	0	2

图 4-20　高级筛选结果(无手机)

（三）审核结果处理

对于筛选出来的不合理记录(见"高级筛选审核及处理"工作表)，首先应按照编号查找原始问卷，检查是否为录入错误。问卷上存在错误的，应告知相关的访问员，尽量找到受访者从而获取正确合理数据。如果无法获取正确的数据，应删除不用。

本例中不完整问卷 014、039、049 涉及的变量为非关键变量，因此采用中间值来代替问卷中缺失的数据，具体处理结果如图 4-21 所示。

处理完成的数据库数据即是"审核无误数据库"，见"4.调查数据分析"工作簿。它是后续数据分析的基础。

处理办法			
访问员编码	问卷编号	存在问题	处理办法
01	010	不完整（缺少未购原因）	无法补充，删除
01	014	不完整（缺少用机时间）	取均值
01	017	录入错误（是否有手机）	修改
02	039	不完整（缺少满意度）	取均值
03	049	不完整（缺少月话费）	取均值
03	060	前后不一致	无法修改，删除
04	068	前后不一致	无法修改，删除
04	070	前后不一致	无法修改，删除
04	075	不完整（缺少购机地点）	无法补充，删除
05	081	不完整（缺少手机品牌）	无法补充，删除
05	095	前后不一致	无法修改，删除
01	107	前后不一致	无法修改，删除
01	111	手机品牌不在范围内，前后不一致	无法修改，删除
02	249	前后不一致	无法修改，删除
03	279	前后不一致	无法修改，删除
04	353	前后不一致	无法修改，删除

图 4-21　审核结果处理

钩元提要

掌握数据审核的原理，能运用数据有效性进行事前审核，运用筛选功能实现数据的事后审核。

1+X证书相关试题

根据"X证题训练-项目4"工作簿中"博硕文化原始数据"工作表，运用高级筛选功能，设置筛选条件对全部记录进行审核，保证数据库的完整性、准确性和一致性，剔除重复记录，得到"4-1-3博硕文化审核数据"。

豁目开襟

大数据分析挖掘呼唤工匠精神

在实际的数据分析挖掘过程中，常常会遇到两个问题：一是发现很多有意思的现象是业务上不能解释的，它们和分析目标的关系不大，是否要更进一步地探究，还是就此放弃；二是会遇到分析瓶颈，有时候遇到一些新问题，感觉很困难，似乎没有办法用数据分析挖掘的手段解决。数据分析中很多有重大价值的规律就是这样被忽略掉的，这是大数据分析的一大遗憾。

那么导致遗憾发生的原因是什么呢？

首先，项目成员缺乏业务和技术上的敏感性。由于自身的业务知识所限或者对数据分析方法理解不够深入，导致忽略该现象或者无法找到解决问题的办法。其次，项目成员缺乏责任感。一些项目成员本身缺乏足够的责任感，明知现象很可能存在重大意义，但是由于与项目目标关系不大，业务部门也没有要求，因此有意放弃。最后，并行项目过多。一个项目团队可能同时承接着多个项目，同时面临着需要交付多个项目成果的压力，迫于工作压力及精力，无奈放弃对一些现象的探索。

解决这些问题，说到底就是要让数据分析师们永远保持着锲而不舍、精益求精的工匠精神。

第一，要深入培养分析师的业务敏感性，不断提升分析师的技术能力。加强业务培训和专门研讨，培养其深刻的洞察力，同时引导他们加强对技术、对操作的掌握及对分析，挖掘技术背后的原理并理解，理解得越深，解决问题的能力越强。

第二，要建立大数据应用项目的过程审查机制。在有了上述基础以后，要建立项目团队间交叉审查机制，对项目实施过程进行相互审查，对于一些有价值的现象予以提炼，对于有深入分析的项目予以表彰，对于大量丢弃有价值现象的项目予以惩戒。

第三，要做好需求管理工作。随着大数据理念的普及，互联网的广泛应用及业务部门面临的很多新的问题，业务条线提出的大数据应用需求日益旺盛。在这种情况下，技术或者数据条线就要做好需求管理工作。一方面，要有需求的优先级管理；另一方面，要加强需求的整合工作；再一方面，需求要与现有的人力资源相匹配。在此基础上，确保每个项目团队能够在一段时间内深入地去做好一个项目，避免项目并行带来的项目实施质量下降。

提示：数据正在改变我们的生活和工作方式。数据分析不仅需要敏锐的洞察力、精湛的分析技术，更需要高度的责任感和持之以恒的努力、追求卓越的精神，以及强大的沟通协调能力和团队合作能力。

任务四　编码替换与数据安全

一、任务描述

经过二次审核与处理的问卷信息库保证了调查信息的准确、及时、完整及一致等特点，符合数据分析的基本要求。为了清晰表达各种分析结论的意义，需对问卷信息数据库进行编码替换，还原数据的原始意义，并合理设置保护措施，保证信息数据的安全。

二、入职知识准备

(一) 编码替换

问卷编码简化了数据输入工作，提高了问卷信息数据库建立的效率。但完全以编码表示的问卷信息数据记录不能彰显数据分析的意义。因此，在数据分析过程中，除了特定数字类型的数据(如购机价格、月花费等)外，需将其他字段的编码还原为其代表的原始内容，这一过程称为编码替换。

编码替换的方法主要有以下两种。

第一，利用"开始"-"编辑"选项卡中的"替换"功能。

第二，利用 VLOOKUP( )函数。

(二) 数据保存与保护

在 Excel 中处理好的数据可以手动保存、自动保存或加密保存。通过"文件"-"另存为"选项设置文件保存位置、保存名称及保存类型。Excel 2016 文件的默认保存类型为"Excel 工作簿(*.xlsx)"，也可根据需要修改为"Excel 97-Excel 2003 工作簿.xls"或者"Excel 模板.xltx"等。

在 Excel 程序中，自带了自动保存功能，可以避免由于操作系统问题、Excel 程序出现错误、错误操作或由于停电等原因，没有及时保存而丢失数据的问题，用户可根据需要对自动保存功能进行设置。自动保存不能代替常规的保存工作。数据分析时，如果同时打开了储存于不同位置的多个 Excel 工作簿，可以采取"保存工作区"的方法，下次打开工作区文件便可同时打开上述工作簿，提高工作效率。

为防止重要数据被更改、移动或删除等，Excel 提供了保护工作表的功能。利用"保护工作表"功能设置当前工作表的操作权限和操作密码等，可有效限制其他无关人员对数据的操作处理。

三、任务内容

针对"审核无误数据库"工作表内容，完成如下操作。

(1) 建立副本，更改名称为"替换数据库"，利用替换功能对"替换数据库"工作表中除"月话费""购机价格""年龄""家庭月收入"以外各字段的编码进行文本内容替换，并保存。

(2) 设置 Excel 默认自动保存的间隔时间为 5 分钟，自动恢复文件的位置为 C:\Users\Administrator\AppData\Roaming\Microsoft\Excel\。

(3) 保护"替换数据库"工作表，允许用户选定单元格，设置单元格格式。设置工作表的打开密码为 123。

(4) 撤销对"替换数据库"工作表的保护。

四、任务执行

(一) 替换数据

1. 复制工作表并重命名

打开教学案例资源包中"4.调查数据分析"工作簿，选中"审核无误数据库"工作表标签，右击并在弹出的快捷菜单中，选择"移动或复制"命令，打开"移动或复制工作表"对话框。选择目标工作簿名称为"手机问卷.xls"，选定目标工作表的位置为"编码表"之前，选中"建立副本"复选框。单击"确定"按钮，系统复制完成"审核无误数据库 2"工作表。选中"审核无误数据库 2"工作表，按住左键拖动到"审核无误数据库"的右侧，右击并在弹出的快捷菜单中，选择"重命名"命令，修改工作表标签为"替换数据库"。操作过程如图 4-22 所示。

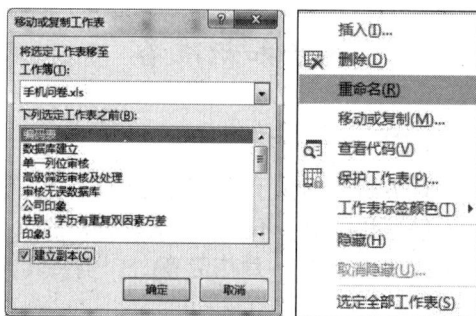

图 4-22　复制并重命名工作表

2. 问卷记录替换

(1) 运用替换功能。选择"是否有手机"字段的全部记录，单击"开始"-"编辑"-"查找和选择"选项，在下拉列表中选择"替换"选项，打开"查找和替换"对话框。在"查找内容(N):"中输入 1，在"替换为"中输入"有手机"，单击"全部替换"按钮，完成编码 1 的替换，如图 4-23 所示。同理，替换编码 2 为"没有手机"。

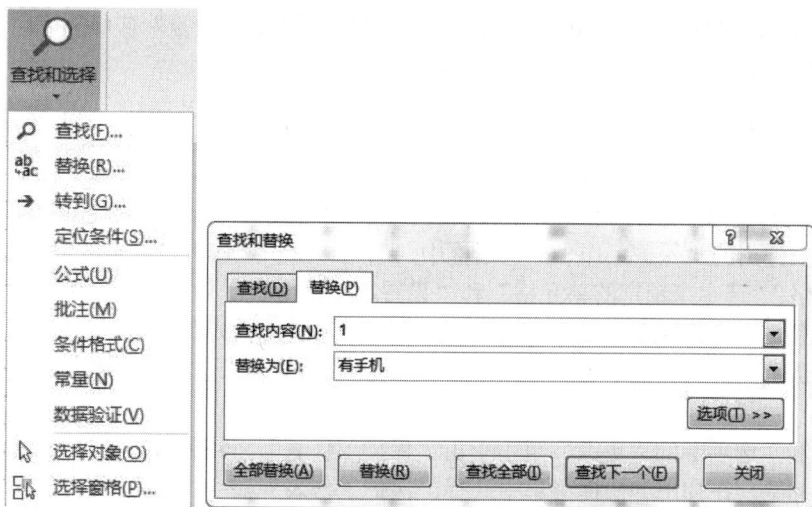

图 4-23 数据查找和替换

需要注意的是，为了防止编码替换混乱，需要逐个字段替换，保证替换的字段具有相同编码。数据库中除了"月话费""购机价格""年龄""家庭月收入"以外均可替换编码。替换之后的数据方便进行分类整理，但不便于应用很多 Excel 数据分析功能，在实务中应根据需要将两种数据库结合使用。

(2) 运用 VLOOKUP( )函数。以性别字段为例，说明如何利用 VLOOKUP( )函数进行编码替换。先根据编码表在 F2:G3 区域制作"编码库"，形式如图 4-24 所示。在 C1 单元格内新建一个"性别替换"字段，在 C2 单元格内输入公式"=VLOOKUP (B2,$F$2:$G$3,2,0)"，

1	男
2	女

图 4-24 编码库

系统自动在"编码库"区域检索编码所对应的中文含义，并返回到相应的单元格。选择 C2 单元格，双击右下角的十字光标，完成"性别替换"字段的填充。

运用 VLOOKUP( )函数替换编码的效率较高，替换之后要复制全部替换数据并执行选择性粘贴，将公式转换成数值。这样删除"性别"一列，也不会影响"性别替换"字段的记录。

(二) 数据保存

视频：数据替换

Excel 默认自动保存的间隔时间为 10 分钟，用户可根据需要进行调整。

第一，打开"Excel 选项"对话框，单击"保存"选项卡。

第二，默认选中"保存自动恢复信息时间间隔"复选框，在右侧的微调框内输入间隔时长为 5 分钟，修改自动恢复文件位置为 C:\Users\Administrator\AppData\Roaming\Microsoft\ Excel\，单击"确定"按钮，退出"Excel 选项"对话框。

自动保存的间隔时间可以设置为 1～120 分钟的整数，如果想使 Excel 运行得更快，建议在"分钟"框内输入较大的数。只有工作簿发生新的修改时，计时器才会开始计时，根据设置的间隔时长进行保存。如果自动保存后没有新的修改，则不会生成新的备份副本。

第三，设置自动保存后，Excel 会在工作簿编辑中根据自动保存的间隔时间生成备份副本，用户可以在信息界面下看到生成的副本版本信息。

如果由于意外，未保存工作簿，且启用了自动保存功能(默认开启)，则可以恢复到该工作簿编辑过程中生成的备份副本。具体操作步骤为：重新启动 Excel，可以看到"已恢复"资源，

单击"查看恢复的文件"链接，进入工作簿界面。在左侧"文档恢复"窗口的可用文件列表框中，单击要恢复的工作簿，打开该工作簿，将其重新保存即可。

(三) 数据保护与撤销

选择要保护的工作表"替换数据库"并右击，在弹出的快捷菜单中选择"保护工作表"命令，或者在"开始"选项卡"单元格"选项组中单击"格式"，在下拉菜单中选择"保护工作表"命令，在弹出的"保护工作表"对话框中，选中"保护工作表及锁定的单元格内容""选定锁定单元格""选定未锁定的单元格"和"设置单元格格式"复选框，并在"取消工作表保护时使用的密码"处填写密码 123，如图 4-25 所示。单击"确定"按钮，在弹出的"确认密码"对话框中重新输入密码，单击"确定"按钮即可完成工作表的保护，如图 4-26 所示。

在"审阅"选项卡的"更改"组中单击"保护工作表"按钮或右击要保护的工作表标签，在弹出的快捷菜单中选择"保护工作表"命令，也可以打开"保护工作表"对话框。

视频：数据保护

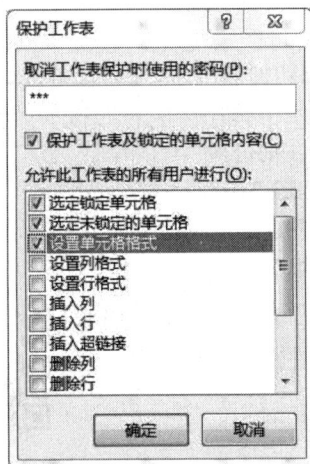

如果取消工作表保护，可在该工作表上右击，在弹出的快捷菜单中选择"撤销工作表保护"命令，在弹出的"撤销工作表保护"对话框中输入保护密码，单击"确定"按钮即可，如图 4-27 所示。

图 4-25　保护工作表密码设置

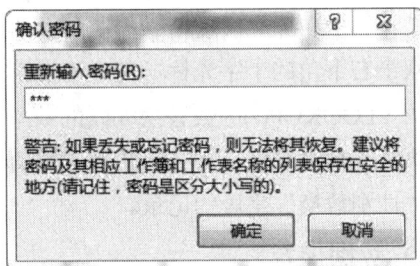

图 4-26　确认密码设置

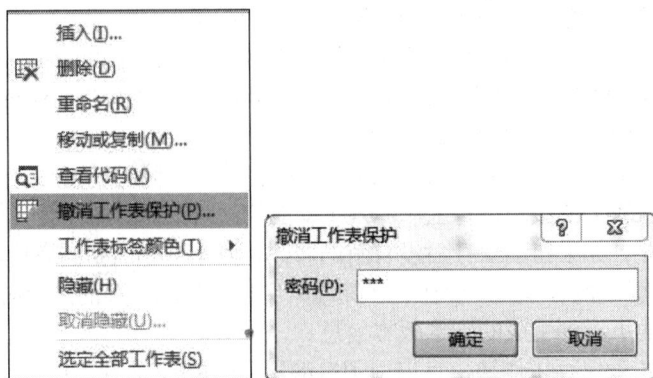

图 4-27　撤销工作表保护设置

掌握数据查找和替换功能，掌握 VLOOKUP( )函数在数据替换方面的应用方法。

1+X证书相关试题

以 "X 证题训练-项目 4" 工作簿中 "4-1-1 博硕文化问卷" 为基础，以前述完成的 "4-1-2 博硕文化编码手册" 为指导，进行问卷编码替换，完成 "4-1-4 替换数据库"。

豁目开襟

隐藏的 Excel 2016 查找替换技巧

Word 中的查找替换功能很强大，但是 Excel 也不服输，现在就一起来看看吧!

1. 按工作簿查找

在一个有许多工作表的工作簿中，当想找到一个人的学号时，如果一个一个工作表分别查找工作量就太大了。告诉你一个小方法: 选择 "开始" 选项卡-"查找和选择"-"查找" 选项; 或者按 Ctrl+F 键。

出现对话框后选择 "选项"，将范围设置为 "工作簿"，单击 "查找全部" 按钮，则可以在整个工作簿的范围内查找想要查找的内容。

2. 查找到合并单元格

Excel 中的合并单元格会妨碍我们进行很多的操作，这里用查找功能可以快速找到它们!

按快捷键 Ctrl+F，选择 "格式"，在出现的对话框中选择 "对齐" 选项卡，选中 "合并单元格" 复选框，单击 "确定" 按钮，并单击 "查找全部" 按钮，瞬间就找到那些合并的单元格了。

3. 快速统一单元格内容

很多时候，不同记录对同一字段的表示方式不同，如地域字段，有的记录写 "辽宁"，有的是 "辽宁省"，参差不齐。此时简单地在查找值中输入 "辽宁"，替换值中输入 "辽宁省"，则原来为 "辽宁省" 的会变为 "辽宁省省"。只需要在 "选项" 中选择 "单元格匹配" 复选框之后再单击 "全部替换" 按钮即可。

提示: Excel 是一座宝藏，内置的很多工具都是解决实际问题的有力武器。在实践中不断学习扩充，不断探索挖掘，才能有所精进，融会贯通，形成非凡的数据处理能力。

学习情境二　消费者构成分析

通过问卷调查可以了解企业或产品的消费者群体特征。通过消费者构成分析，掌握样本的性别构成、学历构成、年龄构成等情况，判断样本的覆盖面和代表性。当调查对象的组成与总体类似时，后续的分析结果才能较好地推论全部消费者的状况，为企业决策提供有力的数据支撑。

任务一　消费者性别与学历构成分析

一、任务描述

从性别和学历构成两个方面分析样本构成，了解被调查者性别与学历特征。

二、入职知识准备

(一) 分析工具—函数

基本数据通常是市场区隔中最重要的人口统计变量，为了了解受访者的组成，可从文本型字段(如性别、学历等)和数值型字段(如年龄、收入等)两方面加以统计分析。一般来说，Excel中的"分类汇总""数据透视表"，以及 COUNTIF( )函数、FREQUENCY( )函数均能实现两类字段的统计分析，其中数据透视表功能最为强大和便捷。对于文本型字段，如果采用FREQUENCY( )函数统计频数，则需要以未替换编码的原始数据为基础。

(二) 可视化工具

1. 标准图表与数据透视图

在 Excel 中，图表和数据透视图是两种主要的可视化工具，被广泛应用。关于两种工具的应用方法前面已经介绍，这里不再赘述。二者在操作上基本一致，但也存在一些细微差别，主要表现在以下方面。

(1) 交互。对于标准图表，需要为查看的每一个数据透视图创建一张图表，它们不交互。而对于数据透视表，只要创建单张图表就可以通过更改报表布局或显示的明细数据，以不同的方式交互查看数据。

(2) 源数据。标准图表可以直接链接到工作表单元格中。数据透视图可以基于相关联的数据透视表中的不同数据类型。

(3) 图表元素。数据透视图除了包含与标准图表相同的元素外，还包含字段和项，可以添加、旋转或删除字段和项来显示数据的不同视图。标准图表中的分类、系列和数据分别对应于数据透视图中的分类字段、系列字段和值字段。数据透视图中还可包含报表筛选，而这些字段中都包含项，这些项在标准图表中显示为图例中的分类标签或系列名称。

(4) 图表类型。标准图表的默认图表类型为簇状柱形图，它按分类比较值。数据透视图的默认图表类型为堆积柱形图，它比较各个值在整个分类总计中所占的比例。用户可以将数据透视图类型更改为柱形图、折线图、饼图、条形图、面积图和雷达图等。

(5) 格式。刷新数据透视图时，会保留大多数格式(包括元素、布局和样式)，但不保留趋势线、数据标签、误差线，以及对数据系列的其他更改。标准图表只要应用了这些格式就不会消失。

(6) 移动或调整项的大小。在数据透视图中，可为图例选择一个预设位置并且可以更改标题的字体大小，但是无法移动或重新调整绘图区、图例、图表标题或坐标轴标题的大小，而在标准图表中，可移动和重新调整这些元素的大小。

(7) 图表位置。默认情况下，标准图表是嵌入在工作表中的，而数据透视图默认情况下是创建在图表工作表上的。数据透视图创建后，还可将其重新定位到工作表上。

另外，还有迷你图、三维地图、条件格式，以及利用函数和图形的组合来直观展示数据的工具和方法。

2. 其他可视化工具

除了图表和数据透视图之外，Excel 中还可以利用函数与图形的组合，自定义单元格格式、条件格式，以及迷你图、三维地图等很多工具来生动展示数据。其中，后两者绘图更为生动、便捷。

迷你图可以在单元格中用图表的方式来呈现数据的变化情况，共有三种类型，分别是折线图、柱形图和盈亏图。其中，折线图和柱形图可以显示数据的高低变化，盈亏图只显示正负关系，不显示数据的大小变化。当数据系列较多时，用迷你图可以快速展现数据的变化趋势。

三维地图是 Excel 2016 和 Office 365 版本的功能，其他版本需要安装 Power Map 插件。它能实现数字地图，可以是立体地图或平面地图，展示为堆积柱形图、簇形柱形图、气泡图、热力地图或对区域进行可视化。三维地图的实现要求原始数据必须有位置属性，如省份、城市、地址等。

⊕ 扩展阅读

五款同行公认的好 BI

都说内行看门道，一款 BI 数据可视化工具好不好，同行心里比谁都清楚。那么，能够得到同行一致认可的 BI 数据可视化工具有哪些，各自又有怎样的优势？

Tableau，是一款普及率很高的数据可视化工具，它具有强大的数据引擎和灵活的界面，可以快速地制作交互式图表、仪表板和报表等。

Power BI 是一款由微软开发的商业智能工具，它可以连接到各种数据源，并能够生成各种交互式图表、仪表板和报表等。

QlikView 是一款强大的数据可视化工具，它具有数据集成、数据发现和数据故事讲述等功能，可以帮助用户更好地理解和利用数据。

FineBI，是一款国产的数据可视化工具，它具有快速数据可视化、数据探索和数据故事讲述等功能，可以满足各种数据可视化需求。

奥威 BI，老牌国产 BI 数据可视化工具，擅长以"BI 工具+方案"的方式，利用预设的数据分析模型和报表，构建企业级数据可视化分析平台。

资料来源：10 款数据可视化工具，同行公认的好 BI[EB/OL].（2023-08-10）. https://www.sohu.com/a/710461881_411252.

三、任务内容

以"审核无误数据库"和"替换数据库"工作表为基础，完成对消费者的基础信息的分析。

（1）运用 COUNTIF( )函数计算性别的数量构成和百分比构成，并绘制三维饼图加以说明。

（2）运用 FREQUENCY( )函数统计各学历层次的人数及百分比，并绘制三维柱形图及迷你折线图加以描述。

四、任务执行

(一) 运用 COUNTIF( )函数

1. 统计构成

打开教学案例资源包"4.调查数据分析"工作簿中的"性别学历构成"工作表，在单元格 F3 中输入公式"=COUNTIF(B2:B501,"男")"，统计性别为男的受访者的人数。同理，在 F4 中输入公式"=COUNTIF(B2:B501,"女")"，统计性别为女的受访者人数。在 G3 单元格中输入公式"=F4/SUM($F$4:$F$5)*100"，计算男生人数占总人数的比重为 53.4%。同理，计算女生人数占总人数的比重为 46.6%。分析结果如图 4-28 所示。

	A	B	C	D	E	F	G
1	序号	性别	学历				
2	1	男	本科				
3	2	男	大专以下		性别	人数/人	人数比重/%
4	3	女	大专以下		男	267	53.4
5	4	女	大专		女	233	46.6
6	5	女	本科				

图 4-28　样本性别构成分析

2. 绘制饼图

选中区域 E3:F5，单击"插入"-"图表"中的下拉箭头，选择合适的饼图样式，如二维饼图、三维饼图或圆环图，也可以单击"更多饼图"选项，打开"插入图表"对话框。在"推荐的图表"或"所有图表"选项卡中选择合适的样式，单击"确定"按钮，完成图形绘制。本例中选择"三维饼图"。操作过程和结果分别如图 4-29 和图 4-30 所示。

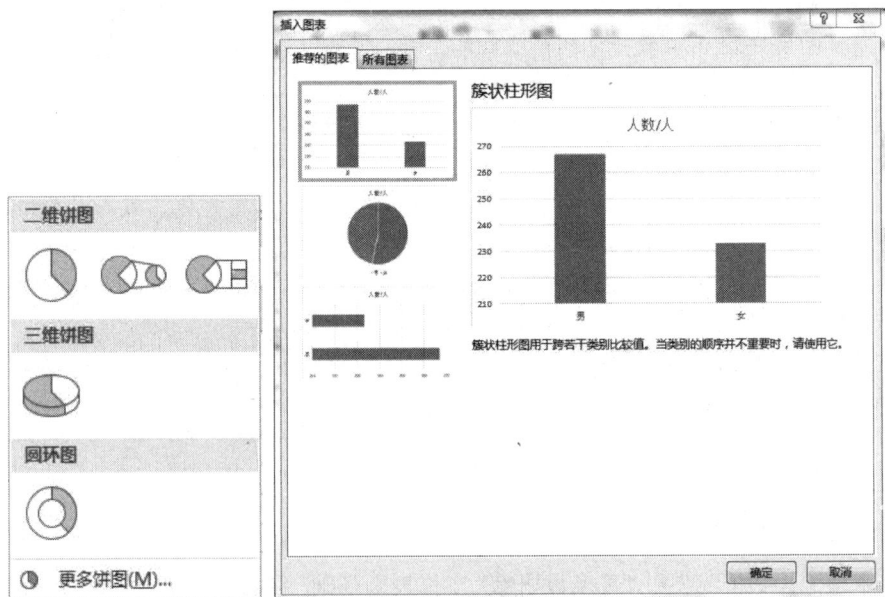

图 4-29　样本性别构成统计图的绘制

双击"人数/人"，修改题目为性别比重；单击图形右侧的 ➕，选中图表元素中的"图表标题""图例"复选框，并打开"数据标签"下拉菜单，选择"最佳位置"选项，完成设置，如图 4-31 所示。

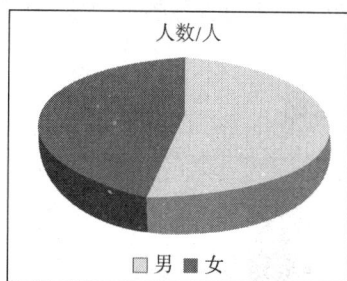

图 4-30 样本性别构成统计图

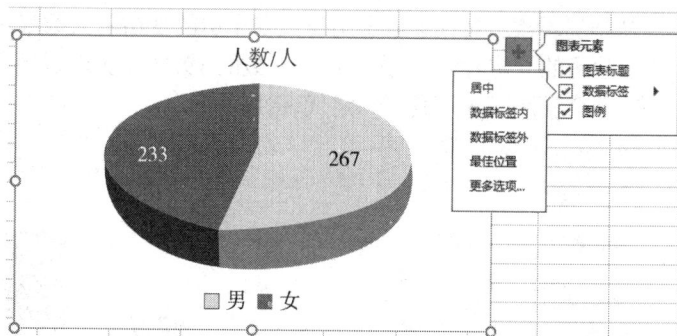

图 4-31 样本性别构成统计图数据分析

从图 4-31 的分析结果上看，审核无误的 500 份问卷中，男性受访者为 267 人，占全部人数的 53.4%；女性受访者为 233 人，占全部人数的 46.6%。男女比重基本持平，样本在性别方面的代表性较强。

(二) 运用 FREQUENCY( )函数

1. 统计构成

使用 FREQUENCY( )函数需要运用没有替换编码的学历资料进行，如图 4-32 所示。选中区域 F9:F12，在单元格 F9 中输入公式 "=FREQUENCY (C2:C501,D9:D12)"，按住 Ctrl+Shift+Enter 键，系统自动统计 4 种学历层次的人数并填充到选定区域。按前述方法设置比重计算公式，并填充，完成各学历层次人数比重的计算，结果如图 4-33 所示。

视频: 性别学历构成
分析

图 4-32 学历资料表

图 4-33 样本学历构成统计表

2. 绘制柱形图和迷你图

选中区域 E8:F12，单击 "插入" – "图表" 中的 下拉箭头，选择 "三维簇状柱形图"(三维柱形图中的第一个)，完成图形绘制。可根据需要采用前述相同的方法修改标题、增加坐标轴标题、增加数据表等，对柱形图进行完善，如图 4-34 所示。

从学历层次上看，本科学历与大专学历的受访者人数最多，分别超过总人数的三成，硕士及以上学历的受访者为 97 人，占总人数的 19.4%，大专以下学历人数占总人数的 14.2%。样本覆盖了各个学历层次，具有一定代表性。

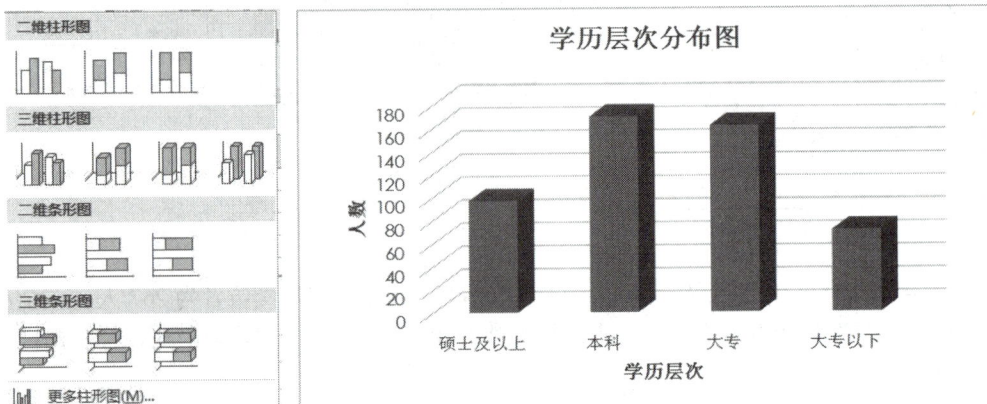

图 4-34　样本学历构成统计图

绘制迷你图，需先选定图形放置位置单元格，执行"插入"–"迷你图"选项组–"折线图"选项，在打开的"创建迷你图"对话框中输入数据范围为源数据区域，确定即可。这里不展开描述。

钩元提要

掌握人数统计和百分比计算的方法，能运用 COUNTIF( )函数与 FREQUENCY( )函数统计人数，并选择适当的图表类型绘制统计图来描述统计数据。

1+X证书相关试题

对"X 证题训练-项目 4"工作簿中 "4-1-3 博硕文化审核数据" 数据库中被调查者的性别和学历进行统计，并绘制饼图和三维簇状柱形图加以描述，完成 "4-2-1 性别学历统计"工作表。

豁目开襟

乌鸦与狼的生存合作

乌鸦是极其优秀的高空搜索者，当它在高空发现受伤或死亡的猎物时，便会充当信差，把消息传达给狼群，并带领狼群到达猎物所在地。此时，野狼强壮的爪子可以撕开猎物的躯体，为乌鸦提供充足的食物。

狼群为乌鸦扮演着剖开猎物的刺刀角色，乌鸦则为狼群扮演着传达信息的侦察兵和清理食物残渣的清洁工的角色。它们不仅共同生存在自然界里，而且合作得非常愉快。这种合作关系，让它们双方在适者生存的竞争考验中，成为千百年来持续领先其他动物的最优秀群体之一。

精诚合作的团队精神是一项事业、一个组织、一个项目成功的保证。现代公司的竞争就是团队间的竞争，就是团队协作能力的竞争。在专业分工越来越细、市场竞争越来越激烈的前提下，单打独斗的时代已经过去，协同作战变得越来越重要。微软前中国研发中心总经理张湘辉博士说："就招聘员工而言，我们有一套很严格的标准，最重要的是团队精神。微软开发

Windows XP 时有 500 名工程师奋斗了两年，工程师们编写了 5 000 万行代码。软件开发需要协调不同类型、不同性格的人员共同奋斗，缺乏领军型的人才、缺乏合作精神都是难以成功的。"

提示： 了解消费者需求，把握市场变化规律，是市场调查研究的主要目的之一。调查分析工作常常规模较大、强度较高，且需要持续动态开展，必须充分发挥团队协作精神，群策群力，取长补短。

任务二　消费者年龄构成分析

一、任务描述

从年龄字段入手，分析不同年龄段手机消费者的构成情况，掌握本次调查对各年龄层次消费者的覆盖面。

二、入职知识准备

年龄是数值型的，对于数值型字段，其处理方法与文本型字段有一定的差异。除了通用的"数据透视表"功能可对各种类型字段进行汇总分析和交叉分析外，FREQUENCY( )函数对数值型字段的分组统计十分简易且高效。此外，利用 IF( )函数与 COUNTIF( )和 VLOOKUP( )函数等的组合，也可以轻松实现频数统计。

(一) 数组公式

数组是按一行一列或多行多列排列的一组数据元素的集合，数据元素可以是数值、文本、日期、逻辑值或错误值。

数组公式与普通公式不同，在对公式进行编辑工作时，需要按 Ctrl+Shift+Enter 组合键。作为标识，Excel 会自动在编辑栏中给数组公式的首尾加上大括号{}。数组公式的实质是单元格公式的一种书写形式，用来通知 Excel 计算引擎对其执行多项计算。

多项计算是对公式中有对应关系的数组元素同步执行相关计算，或在工作表的相应单元格区域中同时返回常量数组、区域数组、内存数组或命名数组的多个元素。由于数组的构成元素包含多种类型，数组继承着各类数据的运算特性，即数值型和逻辑型数组可以进行加法和乘法等常规算数运算，文本型数组可进行连接符运算。

对多单元格数组公式有以下限制：第一，不能单独改变公式区域某一部分单元格的内容；第二，不能单独移动公式区域的某一部分单元格；第三，不能单独删除公式区域的某一部分单元格；第四，不能在公式区域插入新的单元格。

(二) FREQUENCY( )函数

FREQUENCY(data_array, bins_array)用来计算数值在某个区域内的出现频率，然后返回一个垂直数组。例如，使用函数 FREQUENCY( )可以在分数区域内计算测验分数的个数。由于 FREQUENCY( )返回一个数组，所以它必须以数组公式的形式输入。

参数 data_array 表示要对其频率进行计数的一组数值或对这组数值的引用，如果 data_array 中不包含任何数值，则 FREQUENCY( )返回一个零数组；参数 bins_array 表示要将 data_array 中的值插入的间隔数组或对间隔的引用；如果 bins_array 中不包含任何数值，则 FREQUENCY( )返回 data_array 中的元素个数。

⊕ 扩展阅读

中国消费市场多元化、结构化新格局

2025 年中国消费市场呈现出多元化、结构优化和创新驱动的新格局，主要体现在以下几个方面。

1. 消费增长与市场潜力

2025 年，中国社会消费品零售总额预计增长约 5%，显示出消费市场的稳步复苏和潜力释放。尽管 2024 年消费增速有所放缓，但政策支持和居民收入增长为消费回暖提供了基础。此外，随着中高收入家庭数量的增加，消费市场将进一步扩大。

2. 消费结构升级与细分市场崛起

消费结构正在从传统必需品向品质化、个性化和体验式消费转变。例如，健康、安全、情绪和绿色消费成为新的增长点；悦己经济、银发经济、健康经济等垂直细分市场快速崛起；同时，下沉市场和县域市场的崛起也为消费市场注入了新活力。

3. 技术驱动与数字化转型

数字化和人工智能技术深度融入消费场景，推动了线上线下融合和全渠道消费模式的发展。例如，即时零售、社交电商和兴趣电商成为主流，消费者对便捷性和个性化服务的需求显著提升。

4. 政策支持与促消费措施

政府通过实施积极的财政政策、发放消费券和扩大"两新"政策覆盖范围等措施，大力提振消费。此外，以旧换新政策的延续和扩围进一步刺激了家电、电子产品等领域的需求。

5. 服务消费与新兴消费模式

服务消费成为推动消费转型的重要引擎，预计到 2030 年将占居民消费支出的 52%。同时，情绪消费(如解压玩具、虚拟商品)和平替消费(高性价比替代品)逐渐成为核心增长极。此外，体育、传统文化 IP、电子电器及消费升级等领域蕴藏着巨大的增长潜力。

6. 消费群体与代际更替

"Z 世代"消费者逐渐成为市场主力，他们更注重情绪价值和文化认同，推动了国潮、二次元等文化消费的兴起。同时，中老年家庭的消费需求也在不断增长，成为不可忽视的细分市场。

7. 国际环境与市场竞争

在国际贸易环境复杂多变的背景下，中国消费市场展现出较强的韧性和活力。国际品牌在中国市场的表现分化明显，部分品牌选择加强本地化布局以适应市场需求。

2025 年中国消费市场在政策支持、技术驱动和消费升级的共同作用下，展现出强劲的增长动力和广阔的发展空间。然而，面对国际局势的不确定性及消费者行为的变化，企业和政府需持续优化策略，以应对挑战并抓住新的增长机遇。

三、任务内容

以"审核无误数据库"和"替换数据库"工作表为基础，完成对消费者的基础信息的分析。

(1) 利用 FREQUENCY( )函数以 10 为组距，按照上限不在内的统计原则，统计各年龄层次的人数及百分比，绘制直方图。

(2) 利用 IF( )函数与 COUNTIF( )函数实现对年龄的分组统计。

(3) 利用 VLOOKUP( )函数实现对年龄的分组统计。

四、任务执行

从"审核无误数据库"工作表中选取"序号"和"年龄"两列数据作为分析基础，构建工作表"年龄分析(1)"，再复制两份该工作表并分别修改名称为"年龄分析(2)""年龄分析(3)"。

(一) 利用 FREQUENCY( )函数分组统计

1. 确定组限

打开教学案例资源包"4.调查数据分析"工作簿中"年龄分析(1)"工作表，选中年龄字段的任意单元格，单击"数据"-"排序和筛选"下的 $\frac{A}{Z}\downarrow$ 按钮对年龄进行排序。确定年龄的最大值为 70，最小值为 12，全距为=70-12=58；根据统计分组的原理，确定各组的范围分别为 20 以下、20~30、30~40、40~50、50~60、60~70、70 以上，满足"上限不在内"原则，即每组的上限不包含在这一组内，如 30 为"20~30"一组的上限，因此其不包含在这组，而是包含在"30~40"一组。对于 FREQUENCY( )函数来说，其无法辨识统计上的"上限不在内"原则，而是将上限包含在内，因此为了保证分析结论与统计上一致，每组上限应定为 19、29、39、49、59、69、79。构建"统计区域"，如图 4-35 所示。

组限	人数	人数比重%
19		
29		
39		
49		
59		
69		
79		
合计		

图 4-35　统计区域建立

2. 设计公式

在单元格 D3:D9 中按照从小到大的顺序依次输入确定好的组限 19、29、39、49、59、69、79，选定与组限对应的待统计人数的数据区域 E3:E9，在公式编辑栏内书写公式"=FREQUENCY(B2:B501,D3:D9)"，按 Ctrl+Shift+Enter 组合键，系统将全部 E3:E9 区域的数据都填充完毕。此时，编辑栏的公式被自动加上了大括号，操作过程如图 4-36 和图 4-37 所示。

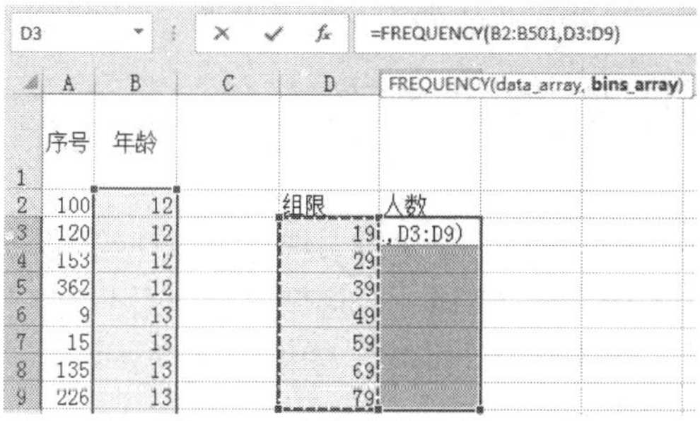

图 4-36　人数统计公式设计

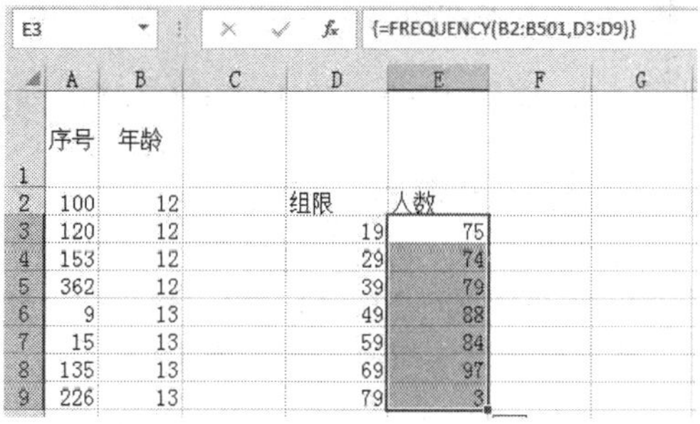

图 4-37　人数统计结果

3. 计算人数比例

在 E10 单元格中执行求和操作，计算单元格 D3:D9 的和。在 F3 单元格设计公式"=E3/$E$10*100"，双击右侧十字光标，计算出各组人数的比重。结果如图 4-38 所示。

4. 绘制直方图

单击"数据"-"分析"-"数据分析"

组限	人数	人数比重%
19	75	15
29	74	14.8
39	79	15.8
49	88	17.6
59	84	16.8
69	97	19.4
79	3	0.6
合计	500	100

图 4-38　人数比例统计结果

视频：年龄构成——FREQUENCY

选项，在"数据分析"对话框中，选择"直方图"，单击"确定"按钮，打开"直方图"对话框。以年龄数据所在区域为输入区域，以设置好的组限所在区域为接收区域，设定输出区域起始单元格，选中"柏拉图""累积百分率""图表输出"复选框，如图 4-39 所示。单击"确定"按钮，系统按接收区域统计各组人数，并计算累积百分率，绘制直方图。结果如图 4-40 和图 4-41 所示。

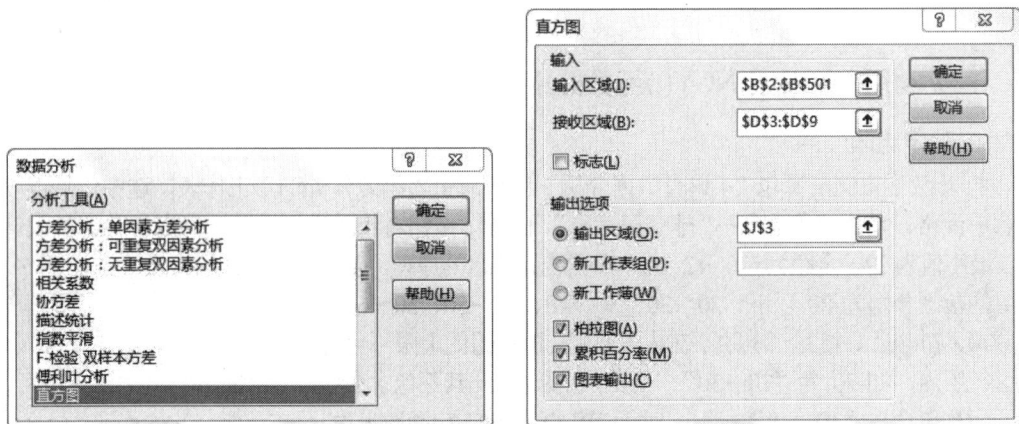

图 4-39　直方图的绘制方法

接收	频率	累积 %	接收	频率	累积 %
19	75	15.00%	69	97	19.40%
29	74	29.80%	49	88	37.00%
39	79	45.60%	59	84	53.80%
49	88	63.20%	39	79	69.60%
59	84	80.00%	19	75	84.60%
69	97	99.40%	29	74	99.40%
79	3	100.00%	79	3	100.00%
其他	0	100.00%	其他	0	100.00%

图 4-40　统计结果

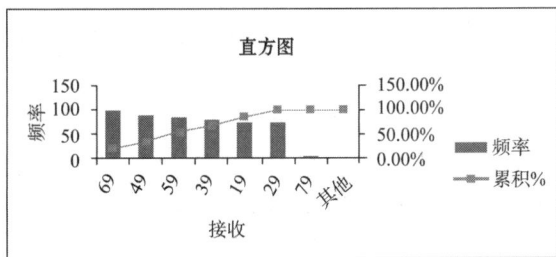

图 4-41　直方图效果

(二) 利用 IF( )函数与 COUNTIF( )函数实现对年龄的分组统计

1. 确定各组组限

打开"年龄分析(2)"工作表，按照(一)中确定组限的方法，确定符合统计学原理的分组形式：20 以下、20～30、30～40、40～50、50～60、60～70、70 以上，遵循"上限不在内"原则，从小到大，每组序号分别用 1，2，…，7 表示。构建"统计区域"，如图 4-42 所示。

视频：年龄构成
分析——IF 组合

图 4-42　样本年龄构成统计(IF)

2. 构建组别列

利用 IF( )函数构建测试列，检测年龄数值，返回对应组的序号。在单元格 C1 中录入汉字"组别"，在 C2 单元格输入公式"=IF(B2<20,1,IF(B2<30,2,IF(B2<40,3,IF(B2<50,4,IF(B2<60,5,IF(B2<70,6,7))))))"，判断年龄所处的组的序号。双击单元格下方十字光标，完成测试列的填充。

3. 统计各组人数

利用 COUNTIF( )函数在右侧人数统计区域单元格 G3 内设置公式"=COUNTIF($C$2: $C$501, E14)"并填充，得到统计结果如图 4-43 所示。

(三) 利用 VLOOKUP( )函数实现对年龄的分组统计

1. 确定各组组限

打开"年龄分析(3)"工作表，确定各组界限，方法同前。分组形式：20 以下、20～30、30～40、40～50、50～60、60～70、70 以上，遵循"上限不在内"原则。以每组下限代表各组，构建"统计区域"，如图 4-44 所示。

视频：年龄构成分析
——VLOOKUP

2. 构建组别列

增加辅助列 C，在 C1 单元格输入"组别"字样，在 C2 单元格输入公式"=VLOOKUP (B2,$E$3:$F$10,2,TRUE)"，并填充，检测出年龄所对应的组别，便于各组人数的统计，如图 4-45 所示。

序号	组名	人数
1	20以下	75
2	20～30	74
3	30～40	79
4	40～50	88
5	50～60	84
6	60～70	97
7	70以上	3

图 4-43 样本年龄构成统计(COUNTIF)

年龄	组别	人数
0	0	
1	1	
20	2	
30	3	
40	4	
50	5	
60	6	
70	7	

图 4-44 样本年龄构成统计初始设置(VLOOKUP)

3. 统计各组人数

利用 COUNTIF( )函数在右侧人数"统计区域"单元格 G3 内设置公式"=COUNTIF ($C$2: $C$501, E14)"，并填充，得到统计结果如图 4-46 所示。

图 4-45 辅助列 C 的设置

年龄	组别	人数
0	0	0
1	1	75
20	2	74
30	3	79
40	4	88
50	5	84
60	6	97
70	7	3

图 4-46 样本年龄构成统计(VLOOKUP)

钩元提要

掌握数值型字段的人数统计和百分比计算的方法，能运用 FREQUENCY( )函数实现数组的填充；能运用 IF( )函数和 COUNTIF( )函数组合及 VLOOKUP( )函数实现数值型字段的人数统计。

1+X证书相关试题

分别采用 FREQUENCY( )函数、IF( )函数和 COUNTIF( )函数组合及 VLOOKUP( )函数，对"X 证题训练-项目 4"工作簿中的"4-1-3 博硕文化审核数据"数据库中被调查者的年龄进行统计描述，完成"4-2-2-年龄统计"工作表。

豁目开襟

释放 AI 大模型促消费潜力

2025 年的《政府工作报告》提出持续推进"人工智能+"行动，旨在抓住人工智能技术突破机遇，使我国数字技术与制造优势、市场规模优势充分结合，推动人工智能大模型广泛应用，真正赋能千行百业、走进千家万户。在构建新发展格局战略背景下，AI 大模型在激活内需市场、促进消费升级等方面充满"模"力。

随着人工智能技术飞速发展，AI 已经渗透衣食住行全场景，更个性化的新消费产品层出不穷。从智能终端到智能家居，从创意设计工具到个性化教育产品，大模型的融入为产品赋予了前所未有的"智慧内核"，推动消费从功能满足到体验升维跃迁。以智能办公产品为例，未来智能推出的 viaim 会议狗 Kit2，搭载大模型后可支持多种模式录音转写，还可一键生成摘要总结和待办事项，无须人工整理，省时省力。在创意设计领域，大模型助力的可灵 AI，只需要输入文字描述，就能生成用户想要的图片和视频，催生对相关创意产品的消费需求。

AI 大模型的运用，还创新了消费场景，让购物消费拥有了崭新体验。在物理空间，多模态感知系统能实时解析消费者行为轨迹，将商品陈列转化为动态交互界面。在数字空间，虚拟化身技术突破屏幕限制，构建出三维立体的沉浸式购物场域。快手直播间里消费者可以尝试 AI 试衣，不用买回来就能看到衣服的上身效果，帮助消费者挑选自己喜欢的颜色和款式。AI 大模型正在解构传统消费场景的时空边界，并重新构建起虚实交融的智能界面，这种空间重构使消费行为从单项选择演变为双向对话。

从产品到场景，AI 大模型给消费市场带来了新的空间。数据显示，超过70%的消费者表示愿意为沉浸式购物体验支付溢价，AR 试衣、智能导购机器人等技术的应用能拉动客单价提升15%以上。面对如此潜力，如何进一步发挥 AI 大模型对提振消费的巨大"模"力，成为题中应有之义。

企业应持续加大 AI 技术研发投入，利用 AI 大模型构建起动态消费者需求图谱，实时捕捉消费偏好的细微迁移，将消费者的模糊需求意向转化为清晰的服务方案。只有服务和产品实现千人千面个性化，消费者才更愿意买单，才能实现"推的都是想买的""买的都是想要的"。

政府需在政策、监管方面双管齐下。在政策上，出台税收优惠、项目补贴等政策，为 AI 在消费领域的应用提供良好的政策环境，降低 AI 研发与应用成本，激发企业创新活力；设立专项基金，支持企业联合高校在智能决策引擎、虚实融合交互、可信消费链等领域进行技术攻坚。监管层面，制定严格的数据安全与算法应用规则，防止数据泄露、算法歧视、大数据杀熟等，保障消费者合法权益。

提示：这是一个蕴含巨大潜力的时代，人工智能技术正悄然改变人们的价值观念和消费方式。当代大学生应关注人工智能与大模型技术的发展，提升自身的数字技能，以适应未来个性化、智能化的消费与工作环境。

学习情境三　消费态度分析

在营销研究中，态度的测量与分析十分重要。"态度"分析可以掌握消费者对某事物的了解和认知，掌握消费者的消费偏好及对未来消费行为或状态的预期与意向。

任务一　手机消费观念分析

一、任务描述

运用统计函数分析消费者手机消费观念，掌握消费者对手机功能、外观、价格、质量、品牌 5 个关键要素的重视程度。

二、入职知识准备

一个消费者对不同的消费品会表示出各种不同的态度，对同一消费品的不同牌子也会有不同的态度。消费态度与人的情感因素相联系，有一定的主观性和自发性，但它也是学习的结果。消费者通过学习，领悟到某种商品的特性，并与自己的兴趣爱好、价值观等加以比照，做出不同的反应。

有关消费者态度即消费偏好的研究是消费者调查的重要部分。调查中通常采用李克特五级或七级量表的形式对消费者的态度进行测量，采用基本的描述统计指标进行深入分析例。例如，使用平均指标来反映消费者的平均认知水平，使用标准差和方差来反映消费者认知差异，使用偏度和峰度指标来反映消费者认知的分布状态。

(一) 平均指标

平均指标反映了总体各单位标志值的一般水平，常用来表明数据组的集中趋势。根据算法不同，平均指标可以分为数值平均数和位置平均数。数值平均数按照标志值的大小计算而来，容易受到极端值的影响，而使结果出现偏差，因此实践中常常将位置平均数与算术平均数结合起来分析和参考，以得到客观准确的结论。位置平均数由众数和中位数构成，它们根据数据所处位置来确定，不受极端值的影响。

1. 均值

(1) AVERAGE( )函数和 AVERAGEA( )函数。均值是统计学中最常用到的特征值，又叫算术平均数，就是将所有的数据求和后除以数据个数得到的比值。在 Excel 中可以用函数 AVERAGE( ) 和 AVERAGEA( )来计算平均数。二者的参数构成为：AVERAGE(number1, [number2],…)和 AVERAGEA(number1,[number2],…)。

AVERAGE( )函数用来计算所有含数值数据的单元格的平均值，其参数可以是数字或者是包含数字的名称、单元格区域或单元格引用。逻辑值和直接输入到参数列表中代表数字的文本被计算在内(TRUE 为 1，FALSE 为 0)。如果区域或单元格引用参数包含文本、逻辑值或空单元格，则这些值将被忽略，但包含零值的单元格将被计算在内；如果参数为错误值或为不能转换为数字的文本，将会导致错误。

而 AVERAGEA( )函数则计算所有非空白的单元格的平均值。当参数中包含引用中的逻辑值和代表数字的文本，这些将被视为 0 参与计算；参数中的空单元格不参与计算。

(2) TRIMMEAN( )函数。为了避免均值受到极端值的影响，提出了一种去除极值后计算平均值的函数，称为内部平均值，用 TRIMMEAN(数列或区域,百分比)函数来计算。通过调节"百分比"参数，保证从最大和最小两端去除相同个数的极端值，得到较为可靠的平均数。

(3) DAVERAGE( )函数。DAVERAGE( )函数是一个用来根据条件求平均值的数据库统计函数，其语法为：DAVERAGE (数据库列表,列名或第几列,条件区域)。

其中，数据库列表为数据库表单的区域(应含字段名列)；列名或第几列表示用数值标出要处理的字段为数据库表单内的第几栏，由 1 算起，也可以是用双引号包围的字段名称；条件区域为含有字段名的列与条件式的准则区域。

2. 中位数

中位数又称中值，是将所有数据由小到大依序排列后，处于中间位置的数据。其上与其下的数字个数各占总数的 1/2。在 Excel 中用 MEDIAN( )函数来计算中位数。

MEDIAN(number1, [number2], …)函数的参数可以是数字或者包含数字的名称、数组或引用。逻辑值和直接输入到参数列表中代表数字的文本被计算在内(TRUE 为 1，FALSE 为 0)。如果数组或引用参数包含文本、逻辑值或空白单元格，则这些值将被忽略；但包含零值的单元格将计算在内。如果参数集合中包含偶数个数字，MEDIAN 将返回位于中间的两个数的平均值。如果参数为错误值或为不能转换为数字的文本，将会导致错误。

3. 众数

众数是所有数据中出现次数最多者，可用函数 MODE(number1,[number2],…)计算。MODE( )函数的参数可以是数字或者是包含数字的名称、数组或引用。如果数组或引用参数包含文本、逻辑值或空白单元格，则这些值将被忽略，但包含零值的单元格将计算在内。如果参数为错误值或为不能转换为数字的文本，将会导致错误。众数并非唯一，存在多个众数或者无法计算众数的情况。如果数据集合中不包含重复的数据点，则 MODE 返回错误值#N/A。

(二) 方差与标准差

方差与标准差均属于标志变异指标，用来反映数据之间的差异程度，表明数据组的离中趋势(分散程度)。方差与标准差越大，数据之间的差异越大，数据越分散。

1. 方差

方差就是一组数值与其算术平均数的离差的平方的算术平均数，可分为总体方差和样本方差两种情形。在 Excel 中用 VAR( )计算样本方差，用 VARP( )函数计算总体方差。两者的参数构成如下：

VAR(number1,[number2],…);

VARP(number1,[number2],…)。

2. 标准差

标准差是方差的算术平方根。标准差的实现方法可采用 STDEV( )函数和 STDEVP( )函数。前者表示样本标准差，后者计算总体标准差。参数构成及规则与方差函数相同。

(三) 峰度与偏度

1. 峰度

峰度是指次数分布曲线顶峰的尖平程度，是次数分布的又一重要特征。统计上，常以正态分布曲线为标准，来观察比较某一次数分布曲线的顶端尖锐、标准或平坦状况及程度大小。

根据变量值的集中与分散程度，峰度一般可表现为三种形态：尖锐峰、平坦峰和标准峰(正态分布)。当变量值的次数在众数周围分布比较集中，使次数分布曲线比正态分布曲线顶峰更为隆起尖峭，称为尖锐峰；当变量值的次数在众数周围分布较为分散，使次数分布曲线较正态分布曲线更为平缓，称为平坦峰。峰度具体形态如图 4-47 所示。

Excel 中用 KURT(number1, [number2], …)来计算数据序列分布的峰度系数。峰度系数为 0 表示该总体数据分布与正态分布的陡缓程度相同；峰度大于 0 表示该总体数据分布与正态分布相比较为陡峭，为尖顶峰；峰度小于 0 表示该总体数据分布与正态分布相比较为平坦，为平顶峰。峰度的绝对值数值越大表示其分布形态的陡缓程度与正态分布的差异程度越大。

2. 偏度

偏度，又称偏斜度，是用来帮助判断数据序列的分布规律的指标。在数据序列呈对称分布(正态分布)的状态下，其均值、中位数和众数重合，且在这三个数的两侧，其他所有的数据完全以对称的方式左右分布；如果数据序列的分布不对称，则均值、中位数和众数必定分处不同的位置。这时，若以均值为参照点，则要么位于均值左侧的数据较多，称之为右偏(正偏)；要么位于均值右侧的数据较多，称之为左偏(负偏)。偏度形态如图 4-48 所示。

Excel 中用 SKEW(number1, [number2], …)函数来计算一个分配的偏斜度系数 SK。偏斜度系数 SK 等于 0，表示数据列对称分布，此时众数=中位数=平均数；偏斜度系数大于 0，表示数据列正偏分布，也称右偏分布，此时众数≤中位数≤平均数；偏斜度系数小于 0，表示数据列负偏分布，也称左偏分布，此时众数≥中位数≥平均数。

Excel 经过加载宏处理后，在"数据"-"分析"-"数据分析"中设置了"描述统计"工具，可根据需要一次性计算上述统计指标，并进行区间估计(这部分内容在下节详细介绍)，十分方便快捷。

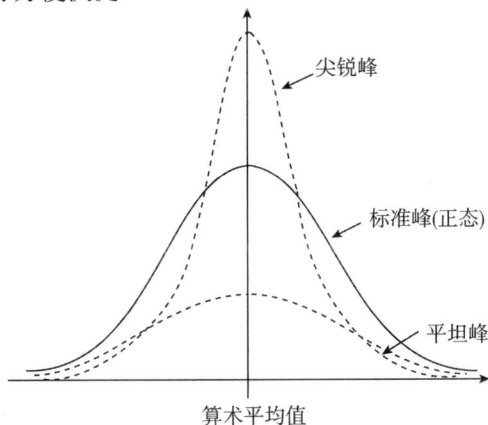

图 4-47　峰度形态

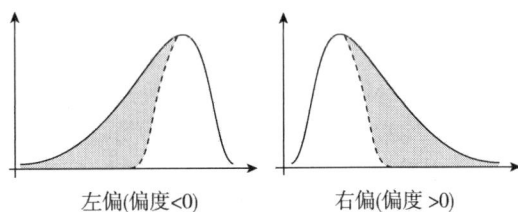

图 4-48　偏度形态

⬇ 扩展阅读

手机换新，绿色消费趋势凸显

争做碳中和践行者，绿色消费要有我。目前，消费者绿色消费意识强烈，"环境友好""绿色消费"等逐渐成为消费者日常换新机时的重要考虑因素。京东手机联合《消费日报》发布的《新时代手机消费真香定律》指出，消费者环保换新的观念凸显。根据京东手机调研结果，8%的用户认为旧电子产品处理不当会造成资源浪费，48%的用户认为旧电子产品处理不当会对环境造成巨大的危害，46%的用户认为旧电子产品部分元素或者化合物会伤及人身安全。

在绿色消费理念的驱动下，能够助力资源集中处理及循环利用的手机服务，例如 9.9 服务包、碎屏险、以旧换新等受到用户追捧。《新时代手机消费真香定律》调研结果显示，66%的用户表示会通过购买手机服务，延长和保障手机使用寿命。其中，83%的用户倾向于购买手机碎屏险，78%用户倾向于购买电池换新服务，人人争做碳中和践行者。

资料来源：京东联合消费日报发布《新时代手机消费真香定律》 买新不买旧快乐更长久[EB/OL].
(2021-10-27). https://caifuhao.eastmoney.com/news/20211027180254525919770.

三、任务内容

针对消费者态度数据完成下面的任务。

(1) 运用函数从"功能先进""外观时尚""价格合理""质量过硬""品牌高端"五个方面计算样本平均数，并加以比较。

(2) 分性别从"功能先进""外观时尚""价格合理""质量过硬""品牌高端"五个方面计算样本平均数，并加以比较。

(3) 运用描述统计分析工具，从"功能先进""外观时尚""价格合理""质量过硬""品牌高端"五个方面分析全部消费者和不同性别消费者手机消费的观念。

四、任务执行

(一) 全部样本分析

(1) 打开"4.调查数据分析"工作簿中的"消费观念分析"工作表，复制"功能先进""外观时尚""价格合理""质量过硬""品牌高端"五个字段名称，并在右侧空白区域任意单元格右击，在"选择性粘贴"对话框中选择"转置"复选框，单击"确定"按钮，如图 4-49 所示。同时，在 L2:N2 单元格内输入"全部""性别""性别"三个字段名称，其取值在相应字段名称下列 L3:N3 区域，"全部"字段的取值为空，如图 4-50 所示。

(2) 在全部样本与"功能先进"字段交叉的单元格 L4 内，计算全部受访者对手机"功能先进"这一特征重视程度的平均数，设置公式"=DAVERAGE($D$1:$I$501,$K4,L$2:L$3)"，执行条件平均数的计算，如图 4-51 所示。

选中单元格 L4 十字光标向下拖动公式填充到 L8，得到消费者对于机"外观时尚""价格合理""质量过硬"及"品牌高端"四项内容的平均得分，如图 4-52 所示。

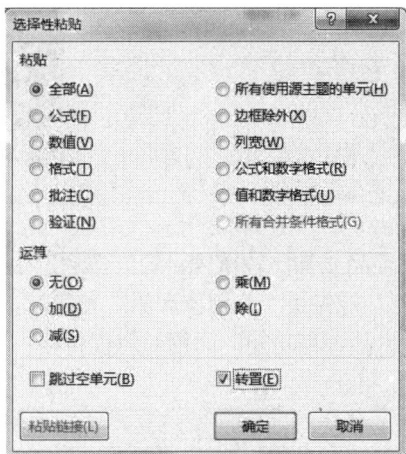

图 4-49 数据转置

图 4-50 分析字段设置

图 4-51 全部样本均值分析条件设置

从全部样本的平均水平上看，消费者对手机"功能先进""外观时尚""价格合理""质量过硬""品牌高端"五项特征的重视程度比较均衡，平均分都不同程度超过了标准平均水平 2.5 分，处于比较重视的状态。其中，"质量过硬"和"品牌高端"两项的平均值相对较高一些，平均重视程度分别为 3.094 和 3.076。

	全部
功能先进	2.978
外观时尚	2.974
价格合理	2.998
质量过硬	3.094
品牌高端	3.076

图 4-52 全部样本均值分析结果

(二) 分性别样本分析

选中 L4:L8 单元格区域，向右拖动该区域右下角的十字光标至 N 列，系统自动更新 M 列和 N 列对应单元格的公式，完成性别 1(男性)和性别 2(女性)对"功能先进"等五项内容重视程度平均水平的计算。其过程及结果如图 4-53、图 4-54 所示。

图 4-53 性别 1 样本均值计算公式

	全部	性别 1	性别 2
功能先进	2.978	3.052	2.893
外观时尚	2.974	2.974	2.974
价格合理	2.998	2.880	3.133
质量过硬	3.094	3.101	3.086
品牌高端	3.076	3.097	3.052

图 4-54 性别样本均值分析结果

视频:分性别样本分析

分性别样本分析发现,男性消费者对手机的五项品质都比较重视,均值都超过 2.5。其中,"质量过硬"的均值最高为 3.101,"品牌高端"和"功能先进"分别位居第二和第三,"价格合理"均值最低为 2.88,说明男性消费者更看重质量、品牌和功能,而相对忽视价格;女性消费者则相反,她们更喜欢"价格合理",其均值位居五项之首,为 3.133。在保证手机"质量过硬""品牌高端"的基础上,女性消费者希望"价格合理"一些,而男性消费者希望"功能先进"一些,这些都体现了男女在手机消费观念上的差异。

(三) 描述统计分析

(1) 选择"数据"-"分析"-"数据分析"-"描述统计"功能,打开"描述统计"对话框,如图 4-55 所示。在输入区域中选择全部样本数据,分组方式为"逐列",选中"标志位于第一行"复选框,选择输出区域为工作表右侧任意一个空白单元格;选中"汇总统计""平均数置信度""第K大值""第K小值"复选框。单击"确定"按钮,系统返回全样本描述统计分析结果,如图 4-56 所示。

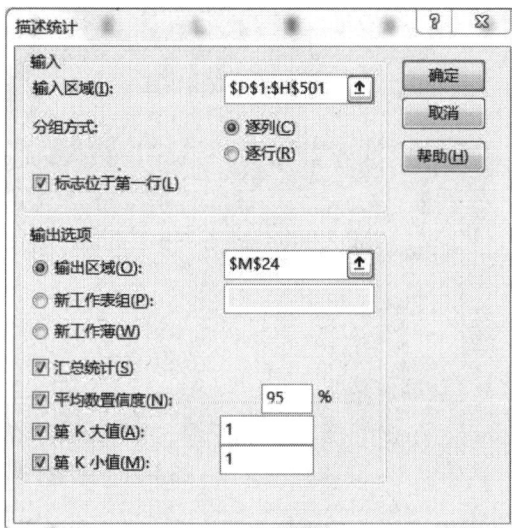

图 4-55 全样本描述统计设置

全部样本									
功能先进		外观时尚		价格合理		质量过硬		品牌高端	
平均	2.9875519	平均	2.96473	平均	2.991701	平均	3.087137	平均	3.082988
标准误差	0.0548666	标准误差	0.054885	标准误差	0.056647	标准误差	0.055196	标准误差	0.054025
中位数	3	中位数	3	中位数	3	中位数	3	中位数	3
众数	4	众数	2	众数	3	众数	4	众数	4
标准差	1.2045697	标准差	1.20498	标准差	1.243667	标准差	1.21181	标准差	1.186094
方差	1.4509882	方差	1.451976	方差	1.546709	方差	1.468483	方差	1.40682
峰度	-0.966208	峰度	-0.95375	峰度	-1.00374	峰度	-0.97264	峰度	-0.91407
偏度	-0.011867	偏度	0.053598	偏度	-0.05587	偏度	-0.04806	偏度	-0.11603
区域	4	区域	4	区域	4	区域	4	区域	4
最小值	1	最小值	1	最小值	1	最小值	1	最小值	1
最大值	5	最大值	5	最大值	5	最大值	5	最大值	5
求和	1440	求和	1429	求和	1442	求和	1488	求和	1486
观测数	482	观测数	482	观测数	482	观测数	482	观测数	482
最大(1)	5	最大(1)	5	最大(1)	5	最大(1)	5	最大(1)	5
最小(1)	1	最小(1)	1	最小(1)	1	最小(1)	1	最小(1)	1
置信度(95.0%)	0.1078079	置信度(95.0%)	0.107845	置信度(95.0%)	0.111307	置信度(95.0%)	0.108456	置信度(95.0%)	0.106154

图 4-56 全样本描述统计分析结果

(2) 选择源数据中"性别"列的任一单元格,选择"数据"-"排序和筛选"选项,单击"升序排列"按钮,使得性别为 1 的记录连在一个完整的数据区域内,再次选择"描述统计"功能,打开"描述统计"对话框,如图 4-57 所示。在输入区域中选择性别为 1 的样本数据,分组方式为"逐列",选中"标志位于第一行"复选框，选择输出区域为工作表右侧任意一个空白单元格；选中"汇总统计""平均数置信度""第 K 大值""第 K 小值"复选框。单击"确定"按钮，系统对性别为 1(男性)的样本数据进行描述分析，结果如图 4-58 所示。

同理，按性别降序排序，保证性别为 2 的区域连在一起，然后选择性别为 2 的数据区域，执行"描述统计"功能，完成性别为女性的样本资料的统计，如图 4-59 所示。

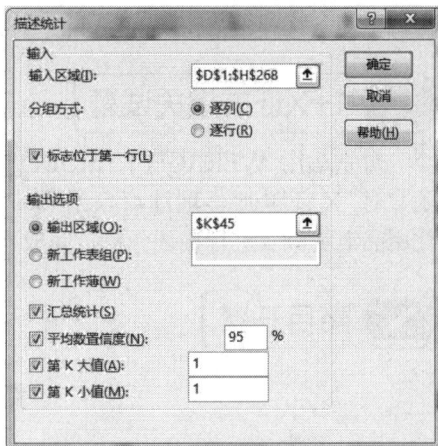

图 4-57 男性描述统计设置

功能先进		外观时尚		价格合理		质量过硬		品牌高端	
平均	3.052434457	平均	2.9737828	平均	2.88015	平均	3.101124	平均	3.097378
标准误差	0.074033237	标准误差	0.0734174	标准误差	0.078186	标准误差	0.074696	标准误差	0.071538
中位数	3	中位数	3	中位数	3	中位数	3	中位数	3
众数	4	众数	4	众数	4	众数	4	众数	4
标准差	1.209713067	标准差	1.1996498	标准差	1.277575	标准差	1.220547	标准差	1.16894
方差	1.463405705	方差	1.4391597	方差	1.632198	方差	1.489736	方差	1.366422
峰度	-1.000807766	峰度	-0.940281	峰度	-1.09361	峰度	-0.95615	峰度	-0.83477
偏度	-0.049791806	偏度	0.0507101	偏度	0.030087	偏度	-0.04477	偏度	-0.16227
区域	4	区域	4	区域	4	区域	4	区域	4
最小值	1	最小值	1	最小值	1	最小值	1	最小值	1
最大值	5	最大值	5	最大值	5	最大值	5	最大值	5
求和	815	求和	794	求和	769	求和	828	求和	827
观测数	267	观测数	267	观测数	267	观测数	267	观测数	267
最大(1)	5	最大(1)	5	最大(1)	5	最大(1)	5	最大(1)	5
最小(1)	1	最小(1)	1	最小(1)	1	最小(1)	1	最小(1)	1
置信度(95.0%)	0.145765694	置信度(95.0%)	0.1445531	置信度(95.0%)	0.153943	置信度(95.0%)	0.147071	置信度(95.0%)	0.140853

图 4-58 男性描述统计分析结果

功能先进		外观时尚		价格合理		质量过硬		品牌高端	
平均	2.892703863	平均	2.9742489	平均	3.133047	平均	3.085837	平均	3.051502
标准误差	0.078170682	标准误差	0.0797553	标准误差	0.077285	标准误差	0.079341	标准误差	0.079469
中位数	3	中位数	3	中位数	3	中位数	3	中位数	3
众数	3	众数	2	众数	3	众数	4	众数	2
标准差	1.193223677	标准差	1.2174123	标准差	1.179705	标准差	1.21109	标准差	1.213043
方差	1.423782744	方差	1.4820926	方差	1.391705	方差	1.466738	方差	1.471474
峰度	-0.907683907	峰度	-0.991764	峰度	-0.86442	峰度	-1.02067	峰度	-1.02585
偏度	0.039956073	偏度	0.0495584	偏度	-0.11763	偏度	-0.0484	偏度	-0.01164
区域	4	区域	1	区域	1	区域	1	区域	1
最小值	1	最小值	1	最小值	1	最小值	1	最小值	1
最大值	5	最大值	5	最大值	5	最大值	5	最大值	5
求和	674	求和	693	求和	730	求和	719	求和	711
观测数	233	观测数	233	观测数	233	观测数	233	观测数	233
最大(1)	5	最小(1)	5	最大(1)	5	最大(1)	5	最大(1)	5
最小(1)	1	最小(1)	1	最小(1)	1	最小(1)	1	最小(1)	1
置信度(95.0%)	0.154015156	置信度(95.0%)	0.1571373	置信度(95.0%)	0.15227	置信度(95.0%)	0.156321	置信度(95.0%)	0.156573

图 4-59 女性描述统计分析结果

描述统计可以实现"均值""众数""中位数""标准差""峰度""偏度"等多方面的数据分析与对比。

钩元提要

理解描述统计中算术平均数、众数、中位数，以及方差、标准差、峰度

视频：描述统计

与偏度的含义和函数实现方式，能运用数组函数 DAVERAGE( )分性别计算样本平均数。

⟍ **1+X证书相关试题**

分别运用 AVERAGE( )、MODE( )、MEDIAN( )、VAR( )、STDEV( )、KURT( )、SKEW( ) 函数对"X 证题训练-项目 4"工作簿中的"4-1-3 博硕文化审核数据"数据库中被调查者的"文化用品消费额"进行描述分析，完成"4-3 描述统计"工作表的前半部分。

⟍ **豁目开襟**

解析消费态度研究

俗话说态度决定一切，因此在做消费者调研的时候有必要对消费者的态度进行调查研究，因为他们的决策受态度影响。

消费态度，是消费者对某一产品或服务所持有的一种比较稳定的赞同或不赞同的内在心理状态。豪森威市场研究公司站在市场研究的角度认为，虽然态度与最终的购买行为之间并不存在完全的相关性，但在设计或调整市场营销策略时，对消费者态度倾向的预测仍被众多决策者认为是"最好的可用工具"。豪森威市场研究公司通过列举评比、等级顺序、语义差别等各种形式的量表，帮助客户将消费者无形的态度从各种角度具体化，使客户对消费者态度的形成及原因有所了解。

态度总体上由三部分组成：情感、行为、认知。消费者的态度会在某种程度上影响它的行为取向，由于态度是习惯性的倾向，具有激励的特质，因此会驱使消费者或者避免消费者的消费行为。

态度有助于消费者更加有效地适应动态的购买环境，使之不必对每一新事物或新的产品、新的营销手段都以新的方式做出解释和反应。从这个意义上，形成态度能够满足或有助于满足某些消费需要。在市场研究的过程中，对消费者态度的研究可以达到如下目的。

(1) 针对旧产品，寻找一些新的市场机会，如提高使用量的机会、增大购买量的机会。

(2) 在现有旧产品基础上做产品延伸或者开发新产品。

(3) 了解哪些产品特性会对实际的购买行为产生重大的影响。

(4) 已经开发出新产品，需要了解潜在目标用户定位、接受的价格、推广的策略等。

提示：态度决定一切，无论是学习、工作还是生活，端正态度方能有所成就。进行消费者消费态度研究正是一种积极做事态度的体现。

任务二　手机消费偏好分析

一、任务描述

分析消费者的品牌消费趋向、价格认知等内容，并运用抽样技术对全部消费者的手机消费偏好进行推断，全面掌握消费者手机消费的喜好特征。

二、入职知识准备

在社会经济生产生活中，经常需要研究某些总体的分布及其数量特征，并根据这些特征以样本数据为基础对总体的一些指标进行推断，这一过程称为统计推断。

(一) 参数估计概述

参数估计是统计推断的一个重要内容，它是概率、概率分布、抽样分布理论在抽样调查实践中的一种应用。参数估计就是根据样本统计量推断总体参数。样本统计量通常包括样本平均数、样本比率(成数)、样本标准差等；与之对应，总体参数包括总体平均数、总体比率(成数)、总体标准差等。

参数估计有两种方法，一种是点估计，即用样本统计量直接作为对应的总体指标的估计值，这种方法因为没有考虑参数估计的误差，无法判断估计的概率保证程度，因此不常使用；另一种参数估计的方法是区间估计，它是在一定的概率保证程度下，以实际样本统计量为依据，结合抽样极限误差，给出总体相应参数可能存在的区间范围。这种方法考虑了抽样误差的大小，而且与概率保证程度相联系，是一种科学的估计方法，被广泛应用。区间估计需要说明两点。

(1) 确定区间估计的概率保证程度。概率保证程度越高，估计的可靠程度越高，但精确度越低，估计的区间范围越大。

(2) 计算允许最大误差并确定估计的区间范围。区间估计必须说明在怎样的概率保证程度下总体参数在怎样的区间内波动。

(二) 总体平均数估计

最常见的参数估计是根据样本平均数来推断总体平均数。一般来说，样本容量 n 大于等于 30 的样本在统计中被称为大样本，反之叫作小样本。样本容量的大小对总体均值的估计有一定影响。

1. 大样本时总体均值估计

如果样本容量 $n \geqslant 30$，则总体平均值 μ 的点估计值为样本平均数 $\overline{X}$。

如果样本容量 $n \geqslant 30$，且总体方差 σ^2 已知，则用 $\overline{X} \pm Z_{\frac{\alpha}{2}} \dfrac{\sigma}{\sqrt{n}}$ 作为 μ 的置信区间，此时的把握程度为 $100(1-\alpha)\%$；如果此时总体方差 σ^2 未知，可用样本标准差 δ 来代替总体标准差 σ，公式形式为

$$\overline{X} \pm Z_{\frac{\alpha}{2}} \frac{\sigma}{\sqrt{n}}$$

式中，$\overline{X}$ 为样本平均数；$Z_{\frac{\alpha}{2}} \dfrac{\sigma}{\sqrt{n}}$ 为允许最大误差。

Excel 中也提供了计算允许最大误差的函数 CONFIDENCE( )，其语法为 CONFIDENCE(α, σ, n) 或 CONFIDENCE(显著水平,标准差,样本数)。其中，α 为显著水平，当显著水平为 0.05 时，此时的概率保证程度为 95%；σ 为总体标准差；n 为样本数(样本容量)。前面的函数构成适用于大样本并且总体标准差 σ 已知的情况下；后面的函数构成适用于大样本但总体标准差 σ 未知的情形。

2. 小样本时总体均值估计

如果样本容量 $n < 30$，则总体平均值 μ 的点估计值为样本平均数 $\overline{X}$。

如果样本容量 $n<30$，且总体方差 σ^2 已知，则用 $\overline{X} \pm Z_{\frac{\alpha}{2}} \dfrac{\sigma}{\sqrt{n}}$ 作为 μ 的置信区间，此时的把握程度为 $100(1-\alpha)\%$；但事实上，总体方差 σ^2 通常是未知的，当样本容量 $n<30$，样本标准差 δ 的变化会比较大，这样样本数据就不再遵循正态分布，而是 t 分布，此时用 $\overline{X} \pm t_{\frac{\alpha}{2}} \dfrac{\sigma}{\sqrt{n}}$ 表示把握程度为 $100(1-\alpha)\%$ 的总体平均数的置信区间。

(三) 总体比例(总体成数)P 的估计

在数据分析过程中常常需要估计总体比例 P，如估计总体失业率、产品不良率、品牌占有率等。总体比例，又称为总体成数，是总体中具有某种特征的单位数占全部单位数的比重。

如果样本容量 $n \geqslant 30$，则总体成数 P 的点估计值为样本成数 p。

总体成数 P 的 $100(1-\alpha)\%$ 的置信区间为

$$\overline{p} \pm Z_{\frac{\alpha}{2}} \sqrt{\frac{\overline{p(1-\overline{p})}}{n}}$$

式中，$\overline{p}$ 为总体成数，当其未知时可使用样本成数 p 来代替；$Z_{\frac{\alpha}{2}} \sqrt{\dfrac{\overline{p(1-\overline{p})}}{n}}$ 为允许最大误差，也称极限误差。

需要说明的是，Excel 中可以使用函数 NORMSINV$(1-\alpha/2)$ 来计算 $z_{\alpha/2}$，使用函数 TINV$(\alpha, n-1)$ 来计算 $t_{\alpha/2}$。关于这两个函数的使用方法在本章学习情境四的任务一中将有详细介绍。

三、任务内容

针对消费态度数据，完成如下任务。

(1) 运用函数计算合理价格的均值、众数与中位数，分析集中趋势；计算最值、标准差，分析离中趋势；计算合理价格的峰度与偏度，说明手机合理价格的分布形式。

(2) 对合理价格进行分析，以 95% 的概率保证程度估计全部消费者的手机合理价格范围。

(3) 根据调查数据，试以 95.45% 的概率保证程度估计全部消费者苹果手机支持率的区间范围。

四、任务执行

(一) 函数计算与分析

打开"消费偏好分析"工作表，以问卷数据库中手机合理价格数据为基础，设置公式计算均值、众数、中位数等指标，如图 4-60 所示。在 H2 单元格中输入公式 "=AVERAGE(D2:D501)"，在 H3 单元格中输入公式 "=MODE(D2:D501)"，在 H4 单元格中输入公式 "=MEDIAN(D2:D501)"，分别计算"合理价格"的均值、众数和中位数；在 H5、H6 单元格中分别输入公式 "=MAX(D2:D501) 和

合理价格分析	
均值	3798
众数	4000
中位数	3900
最大值	7000
最小值	1000
标准差	1312.249976
偏度	-0.21237038
峰度	-0.753193405
样本容量	500
$Z_{\alpha/2}$	1.959963985

图 4-60 描述统计指标的函数计算

=MIN(D2:D501)"，计算"合理价格"的最大值及最小值；在 H7 单元格中输入公式 "=STDEV (D2:D501)"，计算"合理价格"的标准差 δ；在 H8、H9 单元格中分别输入公式 "=SKEW(D2:D501)"

和"=KURT(D2:D501)"，计算"合理价格"的偏度和峰度；在 H10 单元格中输入公式"=COUNT (D2:D501)"，计算样本容量 n；在 H11 单元格中输入公式"=NORMSINV(1-0.05/2)"，计算 $z_{\alpha/2}$。

从分析结论上看，消费者对手机合理价格的认知存在一定差异，数据较为分散，最大值为 7 000 元，最小值为 1 000 元，数据间的差异较大，超过 1 300 元，标准差为 1 312.25。合理价格的一般水平为 3 798 元，中间水平为 3 900 元，相对较多的消费者认为手机的合理价格应为 4 000 元，说明随着生活水平的提高，消费者对手机消费的标准也有了一定程度的提高，中等以上价格标准的手机受到消费者的青睐。手机合理价格的数据分布呈现左偏斜，偏度系数为-0.21，峰度系数为-0.75，数据分布与标准正态分布相比呈平顶峰状态。

视频：合理价格分析

(二) 合理价格区间估计

因为总体标准差未知，根据区间估计的公式 $\overline{X} \pm Z_{\frac{\alpha}{2}} \dfrac{\sigma}{\sqrt{n}}$ ，在 H13 单元格中输入公式

"=H2-H11*H7/SQRT(H10)"，计算合理价格的下限为 3 682.98；同理，在 H14 单元格中输入公式"=H2+H11*H7/SQRT(H10)"，计算合理价格的上限为 3 913.02。其中，SQRT 为开方函数，说明有 95% 的把握程度保证全部消费者的手机合理价格范围为 3 682.98～3 913.02 元，如图 4-61 所示。

图 4-61　合理价格区间估计(公式)

此外，利用极限误差函数 CONFIDENCE(显著水平，样本标准差，样本数)也可以进行区间估计。在 H16 单元格中输入公式"=CONFIDENCE (0.05,H7,H10)"，计算极限误差(允许最大误差)，同时在 H17、H18 单元格中输入公式"=H2-H16 与=H2+H16"，计算估计区间的下限和上限。其结果与前面直接使用公式的计算结果一致，如图 4-62 所示。

视频：合理价格估计

图 4-62　合理价格区间估计(函数)

(三) 苹果手机支持率区间估计

1. 计算相关数据

在 L3 单元格中输入公式"=COUNTIF(E2:E501,1)"统计样本中最喜欢"苹果"品牌的消费者人数(苹果手机的编码为 1)；在 L4 单元格中输入公式"=COUNT(E2:E501)"统计样本容量 n；

在 L5 单元格中输入公式 "= L3/L4",计算样本的苹果手机支持率 p;在 L6 单元格中输入公式 "=NORMSINV(1-0.045/2)",计算当 α 为 0.045(把握程度为 0.954 5)时的 $z_{\alpha/2}$,如图 4-63 所示。

图 4-63　品牌支持率分析

视频:苹果手机支持率

2. 进行区间估计

根据总体成数的估计公式 $\bar{p} \pm Z_{\frac{\alpha}{2}} \sqrt{\dfrac{\bar{p}(1-\bar{p})}{n}}$,因总体成数

$\bar{p}$ 无历史数据,应使用样本成数 p 代替。在 L13 和 L14 单元格中分别输入公式 "=L5-L6* SQRT (L5*(1-L5)/L4)" 和 "=L5+L6*SQRT(L5*(1-L5)/L4)",来计算下限与上限,完成区间估计。估计结果如图 4-64 所示。

苹果手机支持率估计	
下限	0.07134548
上限	0.12465452

图 4-64　品牌支持率分析结果

分析结果表明,如果以 95.45% 的概率保证程度来估计,消费者对苹果手机的支持率在 7.13% 和 12.47% 之间。

钩元提要

理解参数估计的概念,理解置信区间、置信度、允许最大误差的意义,掌握点估计和区间估计的方法,能针对实际问题,对某一事项进行总体均值的区间估计和成数的区间估计。初步掌握 CONFIDENCE( )函数、NORMSINV( )函数、TINV( )函数,进行区间估计的计算。

1+X证书相关试题

以 "X 证题训练-项目 4" 工作簿中 "4-1-3 博硕文化审核数据" 为基础,分别运用函数和公式来计算 "文化用品消费额" 字段的允许最大误差,并以 95% 的概率保证程度估计全部消费者每月 "文化用品消费额" 的区间范围,完成 "4-3 描述统计" 工作表后半部分。

豁目开襟

警惕 "偏好逆转" 的陷阱

许多市场一线的营销人员都感觉到,虽然自己对市场很有经验,对市场总体发展趋势也能摸得着门道,但要说有 80% 以上的把握,却很少人敢保证。这种不确定性体现在很多方面,包括各级政府政策的不确定性、突发事故、自然灾害等不可抗力因素的影响等。还有一个你能隐隐感觉到却不太愿意承认的事实：消费行为常常与消费偏好偏离。

企业可以做很详细的市场调查，可以做很仔细的研究和分析，但市场到底是不是吻合调查研究的结果，则很难说。因为你经常会发现，被调查的消费者经常"撒谎"！他明明说他很喜欢文化，但建好博物馆后他并不来；他明明觉得种菜很有意思，要是有一块菜地，他会来种，但是等菜地开辟出来，他并不愿意来。这很正常，这种前后言行不一致是一种很常见的心理学现象——偏好逆转。

偏好逆转产生于人心理的不确定性、情绪波动及环境变更的影响，这种消费偏好逆转有时候是客观原因造成的，但主观上的逆转也时常发生——人的感性和理性、审美判断和价值判断经常变化。偏好逆转的调查陷阱，常常会引发决策失误。

提示：警惕"偏好逆转"，对消费偏好分析结论持审慎态度，决策时要充分考虑多种可能，切不可将鸡蛋全放在一个篮子里。

学习情境四　消费行为分析

消费行为分析是分析消费者在具体的手机消费活动中表现出来的行为特征。消费行为分析是公司问卷分析的主要内容之一，分别从消费性别、学历、年龄等单方面或多方面来检验自身产品对消费行为的影响，以及检验消费行为之间的相互影响，为企业制定营销决策提供依据。

任务一　手机消费行为的均值分析

一、任务描述

对手机消费行为进行假设检验，检验总体上手机消费价格与给定均价有无显著性差异；检验不同性别之间手机消费均价和月均话费有无显著性差异。

二、入职知识准备

假设检验是统计推断的另一种方式，它与区间估计的差别主要在于：区间估计使用给定的大概率推断出总体参数大范围，而假设检验是以小概率为标准，对总体的状况所做出的假设进行判断。例如，检验生产线是否正常，检验新产品是否比原来的产品质量高。

(一) 假设检验概述

1. 统计假设

假设检验中的假设包括两种：原假设和备择假设。

原假设也叫零假设，是最初提出来的希望能够成立的假设。原假设一般无据而立。在检验过程中，如果不能提供与原假设显著矛盾的信息，就得承认它的成立；其次，原假设包含相等性，原假设中必须含有等号，可以是等于、大于或等于及小于或等于。

备择假设是当原假设被否定时应选择的假设。备择假设后发制人，在检验过程中，如果原假设能够自圆其说，就应承认原假设是正确的，否则就必须承认备择假设；备择假设具有对立性，备择假设必须与原假设对立，应带有≠、<或>。在假设检验中，原假设与备择假设对立统一，二者必须同时存在，缺一不可。

2. 显著性水平

显著性水平是在进行假设检验时事先确定一个可允许的作为判断界限的小概率标准，用 α 来表示。常用的显著水平有 $\alpha=0.01$，$\alpha=0.05$，$\alpha=0.1$ 等。

事件属于接受区间，原假设成立而无显著性差异；事件属于拒绝区间，拒绝原假设而认为有显著性差异。如果样本平均数遵从了这个规律，即差异不显著，就有理由认为这个样本是来自这个总体的样本，这时就应该接受原假设。如果样本平均数打破了这个规律，即差异非常显著，就没有理由认为该样本仍来自这个总体，而应该认为它是来自另外一个总体的样本，此时就该否定原假设，接受备择假设。因此，假设检验的过程就是看抽样误差是否"显著"的过程。

3. 接受域与拒绝域

一般来说，参数与统计量之间应该是有差异的，这是正常的，也是自然的和不可避免的，这种差异称之为抽样误差。抽样误差不可避免，但是存在一定的规律，会满足一定的概率分布。换言之，这种误差在一定范围内出现的可能性很大，而在这个范围以外出现的可能性很小。这里说的一定范围就是"接受域"。一般来说，接受域是一个以样本平均数为中心的对称区间。

若该总体服从正态分布，则这个对称区间在样本平均数±σ 内出现的概率为 68.27%，在样本平均数±2σ 内出现的概率为 95.45%。拒绝域，则是指接受域之外的区域，这个区域的概率很小，多在 5%以下，因而发生在这个区域内的事件称为"小概率事件"。发生在这个区间内的事件称为"大概率事件"，因而应接受原假设。

概率论认为，"小概率事件"在一次抽样实验中几乎是不可能发生的，根据小概率原理，可以这样认为，在正常情况下，来自原总体的样本是不会落入小概率区域的，假如某一样本真的落入小概率区域内，只能认为这个样本不是来自正在研究的"原总体"。因而，应该拒绝原假设而接受备择假设。

从接受域和拒绝域的角度上讲，假设检验的过程又是一个观察样本平均数是否会落到接受域的过程。如果样本平均数落入接受域，就接受原假设；如果样本平均数落入拒绝域，就接受备择假设。

4. 临界值与 P 值

在假设检验中，接受域和拒绝域之间的数量界限称为临界值。临界值的大小直接决定着接受域或拒绝域的大小。一般来说，临界值的绝对值越大，接受域越大，拒绝域越小。在正态分布下，当 $\alpha=0.05$ 时，临界值 Z 为 1.96。

除了临界值之外，假设检验还可以利用 P 值与显著水平的比较来判断是否接受原假设。P 值是指在原假设成立的前提下，检验统计量等于这个观测值或更极端情况的概率(等价于这个样本及更加背离原假设的样本出现的概率)。显然，P 值很小，就意味着在原假设成立的前提下发生了小概率事件，因此有充足的理由否定原假设。P 值越小，拒绝原假设的理由就越充足，或者说拒绝原假设的证据就越强。

5. 单尾检验与双尾检验

从形式上说，当原假设的形式取等式形式时，如原假设为 $\mu=$某数值，其假设检验的形式为双尾检验。这时，拒绝域处于分布图的两侧，样本统计量过大就会落入右侧的拒绝域，过小时就会落入左侧的拒绝域。如果确定 $\alpha = 0.05$，则左右两侧的拒绝域各为 0.025。

当原假设的形式取不等式(小于等于或大于等于)时，其假设检验的形式为单尾检验。这时，拒绝域处于分布图的一侧，拒绝域在左侧的，称为左尾检验；拒绝域在右侧的，称为右尾检验。在右尾检验中，样本统计量过大时就会落入右侧的拒绝域；在左尾检验中，统计量过小时就会落入左侧的拒绝域。

(二) 单一总体平均值检验

1. 大样本 Z 检验

(1) 根据问题要求，提出虚拟假设(原假设 H0)和对立假设(备择假设 H1)。

双尾检验时，H0：μ=某数；H1：$\mu \neq$某数。

左尾检验时，H0：$\mu \geqslant$某数；H1：$\mu <$某数。

右尾检验时，H0：$\mu \leqslant$某数；H1：$\mu >$某数。

(2) 规定显著性水平(α)。常用的显著水平有 α=0.01，α=0.05，α=0.1，一般选择 α=0.05。

(3) 选择并计算适当的检验统计量。如果选择检验统计量观测值作为检测变量，在单一总体并且总体标准差已知的情况下，检验统计量观测值的计算公式为

$$Z = \frac{\overline{X} - \mu}{\sigma / \sqrt{n}}$$

如果此时总体标准差 σ 未知，则可使用样本标准差 δ 代替，具体表现形式为

$$Z = \frac{\overline{X} - \mu}{\sigma / \sqrt{n}}$$

如果选择 P 值检验，在 Excel 中可以采用 NORMSDIST( )函数返回标准正态分布中检验统计量观测值为 Z 的概率。

(4) 计算临界值，确定拒绝域和接受域。在 Excel 中，NORMSINV(概率值)函数可返回标准正态累积分布函数的反函数值。用此函数可以计算 Z 检验的临界值 Z 临界。对于大样本的双尾检验，临界值计算函数构成为 NORMSINV($1-\alpha/2$)；对于单尾检验，函数构成为 NORMSINV($1-\alpha$)。其中，α 为给定的显著水平。

(5) 将检验统计量的观测值(或 P 值)与临界值(或显著水平)对比做出决策。如果检验统计量的观测值 $Z > Z$ 临界或 $Z < -Z$ 临界，则说明落入拒绝域，应拒绝原假设；反之，接受原假设。或者，如果 P 值小于显著水平 α，则拒绝原假设；反之，接受原假设。上述便是大样本 Z 检验的操作步骤，在实际的数据分析中，也可以使用 ZTEST( )函数计算 P 值，再对比显著水平 α，得到检验结论。

ZTEST( )函数的语法为 ZTEST(序列,μ,σ)或者 ZTEST(array, μ,sigma 或空)，用来返回单位 Z 检验的 P 值(正态分布的单尾概率值)。其中，序列表示样本数据区域；μ 表示总体平均数；σ 表示总体标准差；sigma 表示样本标准差，也可以为空。对于单尾检验，当 $P<\alpha$ 时拒绝原假设；对于双尾检验，则当 $2P<\alpha$ 时拒绝原假设。

2. 小样本 t 检验

小样本 t 检验与大样本 Z 检验的步骤一致，只是在计算检验统计量的观测值和临界值等方面采用的公式或函数有所差异。

如果样本为抽取来自正态总体的小样本($n<30$)，且总体 μ 与 σ 均未知，其各项检验所使用

的检验统计量为

$$t = \frac{\overline{X} - \mu}{\sigma / \sqrt{n}}$$

TINV(显著水平，自由度)函数用来返回双尾检测的临界值。其中，显著水平为 α，自由度为 $n-1$。如果为单尾检验，显著水平需乘以 2，这时将返回单尾检测的临界值。

针对小样本单一总体均值检验，Excel 中还可以运用 TDIST( )函数来计算 P 值，其功能与 ZTEST( )函数相似。

TDIST(检验统计量，自由度，单双尾)函数用来返回检验统计量所对应的 P 值，当单双尾参数为 1 时，返回单尾 P 值；当单双尾参数为 2 时，返回双尾 P 值。检验统计量不可以为负数，否则返回错误。

(三) 双样本假设检验

1. 双样本平均差检验

针对两组来自正态分布总体的样本数据(或两样本均为样本容量不小于 30 的大样本)，如果两总体的方差已知，可以利用 Excel 中"Z 检验-双样本平均差检验"功能对两样本平均数差异进行检验。此时，如果两总体的方差未知，可用两个大样本的样本方差来代替。

2. 双样本方差检验

在某些统计应用的实例中，必须面临比较两个总体方差的问题。例如，比较两种不同生产过程导致的产品质量变异性、两种装配方法装配时间的变异性或者两种取暖装置其温度的变异性等。而且，在比较来自两个总体的平均数是否有差异时，也需要根据两个总体方差是否有差异来确定检验方法。

当对两正态总体的方差进行检验时，不论是否知道该总体的平均数，都可由两个总体中各自随机抽取一组样本，样本个数分别为 n_1 与 n_2，样本方差为 δ_1 与 δ_2，利用 Excel 中"F 检验-双样本方差"来判断两总体方差是否相等。两总体方差相等，又称作两总体方差齐性。

3. 双样本等方差假设和双样本异方差假设

来自两个正态总体的小样本，如果两总体方差未知，但值相等，那么可以采用"t 检验-双样本等方差假设"来检验两个小样本平均值的差异是否显著；如果此时两总体方差不相等，则需采用"F 检验-双样本方差"来检验。为了判断两总体的方差是否相等，可先采用"F 检验-双样本方差"来检验两样本总体是否方差齐性。

4. 成对样本的平均值检验

有些情况下，如想测试减肥药的减肥效果、想了解教学方法改变之后学生成绩有无显著变化，这时无法采用前述方法来检验减肥实施前后或教学方法改变前后两个总体平均值的差异。对于来自正态总体的两个成对的样本，即两组受测样本之间相互关联，Excel 中可采用"t 检验-平均值的成对二样本分析"进行成对样本总体平均数差异检验。

在 Excel 中，t 检验的功能也可以通过 TTEST( )函数来实现。

TTEST( )函数的语法为 TTEST(array1,array2,tails,type)，用米进行两组小样本数据的平均值检验或成对样本的平均差检验。除成对样本外，两组数据的样本数允许不同。tails 表示单尾或双尾，1 为单尾；2 为双尾；type 表示检测类型，1 表示成对样本，2 表示等方差双样本检验，3 表示异方差双样本检验。

⬇ 扩展阅读

城市消费者更认同本土品牌

在性价比消费驱动下，消费者对于产品品质的关注度正在提高。《2023 年中国消费者洞察报告》称，87.1%的受访者认为高品质是一个会影响其品牌忠诚度的因素。在各城市调研中，超 6 成的消费者认同本土品牌具有更高的性价比。87%的一线城市消费者与 85%的三线及其他城市的消费者对本土品牌产品的高品质更加认同；65%的新一线城市消费者认为本土品牌产品更适合本土消费者。

本土品牌的情怀连接方面，二线、三线及其他城市的消费者对于本土品牌的情怀感相对更强，Morketing 研究院 "2023 中国消费者调研" 数据显示，87%的二线城市消费者与54%的三线及其他城市消费者认为购买本土品牌会有更强的民族自豪感。

资料来源：Morketing 研究院. 2023 年中国消费者洞察报告[R/OL]. (2023-07-27). https://oss.m360.cn/pdf/6078.pdf

三、任务内容

根据消费行为数据(分别见 "单一总体" "性别对价格的影响(大)" "性别对月话费的影响(小)" 三张工作表)，完成如下任务。

(1) 2024 年上半年宏发公司销售的全部手机的均价为 3 550 元，根据 500 个样本数据，以0.05 为显著水平，检验能否接受全部消费者手机消费均价与这一数值没有差异的假设。

(2) 以全部样本数据为基础，进行大样本平均差检验，分析性别对手机消费平均价格有无显著性影响。

(3) 选取样本数据库的前 50 条记录，按性别构成两个小样本(假设总体正态)，进行小样本平均差检验，分析性别对消费者平均月话费有无显著性影响。

四、任务执行

(一) 单一总体均值分析

(1) 确定原假设和备择假设，H0：μ=3550，H1：$\mu \neq$3550。

(2) 确定显著水平，α=0.05。

(3) 计算检验统计量和临界值。符合 Z 检验标准，采用 Z 统计量。因总体标准差 σ 未知，

则使用公式 $Z = \dfrac{\overline{X} - \mu}{\sigma / \sqrt{n}}$ 来计算检验统计量。在 G5、G6、G7 单元格中分别设置公式，计算样

本容量 n、样本平均数和样本标准差 δ。具体函数用法同前，公式设置和计算结果如图 4-65所示。

在 G8 单元格中设置公式 "=(3550-G6)/(G7/SQRT(G5))" 计算检验统计量 Z，得到数值为-1.14；在 G9 单元格中设置公式 "=NORMSINV(1-G4/2)"，计算 α 为 0.05 时的 Z 检验临界值为 1.96。

经过上述计算可知，检验统计量在正负临界值之间，即-1.96<-1.14<1.96，说明检验统计量 Z 处于接受域，全部消费者手机消费均价与宏发公司 2017 年上半年手机销售均价 3 550 元没有显著性差异。

D	E	F	G	H	I
购机价格					
2400		假设:	H0:μ=3550		
1200			H1:μ≠3550		
4300		显著水平α	0.05		
6300		样本容量n	500	→	=COUNT(D2:D501)
3200		样本平均数	3635	→	=AVERAGE(D2:D501)
5200		样本标准差σ	1670.213827	→	=STDEV(D2:D501)
2100		检验统计量Z	-1.137972725	→	=(3550-G6)/(G7/SQRT(G5))
4400		临界值	1.959963985	→	=NORMSINV(1-G4/2)

图 4-65　单一总体均值分析

视频：单一总体均值分析

(二) 性别对手机价格的影响

1. 数据准备

从审核无误的样本数据中选取问卷编号、购机价格、性别三列，构成"性别对价格的影响(大)工作表(可从"4.调查数据分析"工作簿中获取)"，选中"性别"列的任意一个单元格，执行"升序排列"功能，将全部 500 条记录划分成性别为 1 的区域 C2:C268 和性别为 2 的区域 C269:C501。

在单元格 G3、G4 内分别设置公式"=VAR(C2:C268)"和"=VAR(C269:C501)"，计算性别为 1(男性)和性别为 2(女性)的方差，如图 4-66 所示。

	性别1	性别2
方差	2627633.13	2966299.76

图 4-66　两个样本的方差

视频：性别对手机的影响

2. 数据分析

设置原假设和备择假设为 H0：$\overline{\chi_1}=\overline{\chi_2}$，H1：$\overline{\chi_1} \neq \overline{\chi_2}$。

选择"数据"-"分析"-"数据分析"-"z-检验：双样本平均差检验"选项，打开"z-检验：双样本平均差检验"对话框，如图 4-67 所示。设置变量 1 的区域为男性消费者的购机价格区域，变量 2 的区域为女性消费者的购机价格区域；在变量 1 的方差中输入 2 627 633.13，在变量 2 的方差中输入 2 966 299.76；显著水平 α 为 0.05；选择输出区域为工作表右侧任一空白单元格。单击"确定"按钮，得到分析结果，如图 4-68 所示。

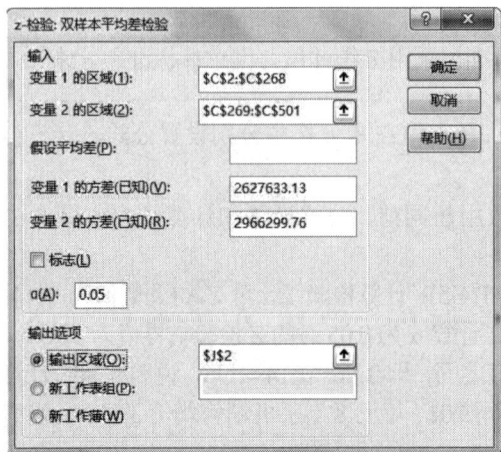

图 4-67　双样本平均差检验设置

z-检验：双样本均值分析		
	变量 1	变量 2
平均	3727.340824	3529.184549
已知协方差	2627633.13	2966299.76
观测值	267	233
假设平均差	0	
z	1.318926713	
P(Z<=z) 单尾	0.093596807	
z 单尾临界	1.644853627	
P(Z<=z) 双尾	0.187193615	
z 双尾临界	1.959963985	

图 4-68　双样本平均差检验结果

从图 4-68 的分析结果上看，双尾检验的 P 值为 0.187 2，大于显著性水平 0.05，检验量落于接受域，说明性别对购机价格没有显著性影响。

(三) 性别对月话费的影响

1. 数据准备

从审核无误的样本数据中选取问卷编号、月话费、性别三列构成"性别对月话费的影响(小)工作表(可从"4.调查数据分析"工作簿中获取)"，选中并删除工作表中后 450 条记录，使得工作表只包含 50 条记录。

选中"性别"列的任意一个单元格，执行"升序排列"功能，将全部 50 条记录划分成性别为 1 的区域 C2:C30 和性别为 2 的区域 C31:C51。

2. 数据分析

(1) 方差检验。设置原假设和备择假设为 H0：$\sigma_1^2=\sigma_2^2$，H1：$\sigma_1^2\neq\sigma_2^2$。

选择"数据"–"分析"–"数据分析"–"F 检验：双样本方差"选项，打开"F 检验：双样本方差"对话框，如图 4-69 所示。设置变量 1 的区域为男性消费者的月话费区域 C2:C30，变量 2 的区域为女性消费者的月话费区域 C31:C51；显著水平 α 为 0.05；选择输出区域为工作表右侧任一空白单元格。单击"确定"按钮，得到分析结果，如图 4-70 所示。

视频：性别对月话费影响

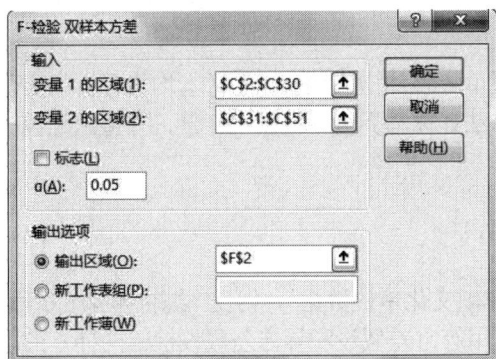

图 4-69 双样本方差检验设置

F-检验 双样本方差分析		
	变量 1	变量 2
平均	97.27586207	103.5238095
方差	2513.778325	1723.861905
观测值	29	21
df	28	20
F	1.458224883	
P(F<=f) 单尾	0.193074898	
F 单尾临界	2.051659308	

图 4-70 双样本方差检验结果

根据单尾检验 P 值为 0.193 1，可计算双尾 P 值为 0.386 2(0.193 1×2)，其远远大于显著水平 0.05，说明变量 1(性别为 1)和变量 2(性别为 2)的方差没有显著性差异，二者方差齐性。

(2) 均值检验。经过方差检测发现，按性别划分的两个小样本方差无显著性差异，因此可以执行"t-检验：双样本等方差假设"功能，检验两个小样本的均值有无显著性差异。

选择"数据"–"分析"–"数据分析"–"t-检验：双样本等方差假设"选项，打开"t 检验：双样本等方差假设"对话框，如图 4-71 所示。设置变量 1 的区域为男性消费者的月话费区域 C2:C30，变量 2 的区域为女性消费者的月话费区域 C31:C51；显著水平 α 为 0.05；选择

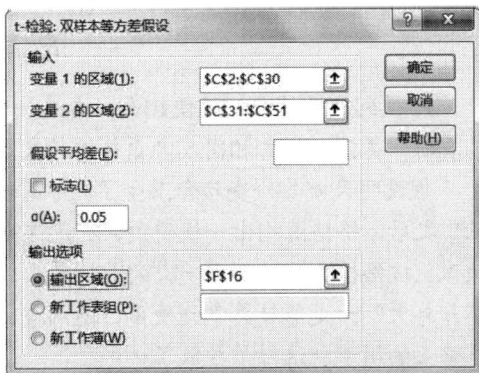

图 4-71 双样本等方差假设设置

输出区域为工作表右侧任一空白单元格。单击"确定"按钮，得到分析结果，如图 4-72 所示。

从双尾 P 值上看，两个小样本的均值没有显著性差异，说明性别对月话费没有显著性影响。

此外，在掌握了两个小样本的方差是否齐性后，也可以由函数 TTEST( )直接进行均值检验，具体公式为"=TTEST(C2:C30,C31:C51,2,2)"，可返回双尾检验 P 值 0.6 429 537。检验结果如图 4-73 所示。

t-检验: 双样本等方差假设		
	变量 1	变量 2
平均	97.27586207	103.5238095
方差	2513.778325	1723.861905
观测值	29	21
合并方差	2184.646483	
假设平均差	0	
df	48	
t Stat	-0.466520173	
P(T<=t) 单尾	0.32147685	
t 单尾临界	1.677224196	
P(T<=t) 双尾	0.6429537	
t 双尾临界	2.010634758	

图 4-72　双样本等方差假设检验结果

×	✓	f_x	=TTEST(C2:C30,C31:C51,2,2)	
C	D	E		F
146	2			
60	2			0.6429537

图 4-73　应用函数检验结果

采用 TTEST( )函数进行分析，获取的结论与前面采用数据分析宏完全一致。

钩元提要

理解假设检验的意义、概念和操作步骤，掌握单一总体均值检验、双样本均值分析的实现方法，能针对大小样本，选择正确的函数或检验方法计算临界值、检验统计量，并得出正确的检验结论。

1+X证书相关试题

根据"X 证题训练-项目 4"工作簿中"4-1-3 博硕文化审核数据"，创设"综合印象"字段，对不同性别的消费者的"综合打分"数据，分别采用等方差假设和异方差假设检验两样本的均值有无显著性差异(见"4-4-1-均值分析"工作表)。

豁目开襟

P 值到底是什么

P 值到底是什么？随便翻开一本统计学课本，会看到这样的定义："P 值是在假定原假设为真时，得到与样本相同或者更极端的结果的概率。"举例如下。

假设明天就要检查宿舍卫生了，可同住一屋的蓝精灵和格格巫都不想搞卫生，在一番"谦让"之后，格格巫掏出一枚硬币，提议这事儿交给老天爷决定：为正面时蓝精灵做，为反面时他做。被格格巫坑过不止一次的蓝精灵心想，这硬币会不会不太对劲，抛出来正反面的可能性不一样大？于是蓝精灵拿到硬币，跑到墙角自己先抛了 5 遍，结果傻眼了——5 遍都是正面！格格巫的阴谋就这样被挫败了……

这事儿跟 P 值有关系吗？有！

回到刚才你读过的定义上，咱们来细想一下，蓝精灵同学如果学过统计学的话会是怎么考虑的。

首先，本着疑罪从无的原则，善良的蓝精灵假定格格巫的硬币抛出来正面和反面的概率都是0.5，这是定义里的"原假设"。而蓝精灵的"样本"是抛5次硬币，得到了5个正面。由于只抛了5次，不可能得到比5次更多的正面了，因此在这个例子里不存在比样本"更极端的结果"。

那么，什么是"与样本相同"的结果？这取决于蓝精灵是否对这枚硬币偏向某一边有特定的假设。蓝精灵想起，格格巫提出的办法是如果反面就由他搞卫生，那就应该没有硬币偏向反面的可能性。所以他认为，要是这块硬币不均匀，就只可能偏向正面。在这种情况下，"与样本相同的结果"就只有5次正面这一种。

所以，如果硬币是均匀的，连抛5次得到都是正面的概率就是0.5的5次方，也就是0.031 25，这就是所说的P值。换句话说，这种结果得玩儿32次才会出现1次。即使不做这样的计算，蓝精灵从日常生活的经验中也能感觉到，对于一块均匀的硬币来说，得到这样的结果实在不太可能。与其相信这样的小概率事件真的发生了，更合理的解释应该是这枚硬币根本就不是均匀的。多小的P值算小？在统计学中，最常用的界线是0.05，因为这个样本对应的P值小于0.05，所以蓝精灵拒绝了原假设，也就是人们常说的"具有统计学意义上的显著性"，认为格格巫拿出了一块偏向正面的硬币。

P值的定义中蕴含了显著性检验的基本思维方法，这种思维方法几乎被运用在所有主流的统计学分析之中。准确理解它，不仅是掌握各种具体的统计学测试的基础，更影响着对统计分析结果的解读。

提示：P值是小概率的标准，在一次随机试验中小概率事件几乎是不可能发生的。假设检验告诉我们做事不能抱有侥幸心理，脚踏实地才更有可能取得成功。

任务二　手机消费行为的方差分析

一、任务描述

在实际工作中，通常关心的变量或者指标受到许多因素的影响，这就需要在各种因素的不同状态水平下进行试验，通过对试验数据进行分析确定哪些因素对变量或者指标有显著影响。方差分析就是解决此类问题的统计分析方法。手机消费行为可能受到消费者的学历层次、家庭收入、职业、性别等因素的影响。通过因素分析可以确定哪些因素的影响较为显著，为营销策略的制定提供决策依据。

二、入职知识准备

(一) 方差分析概述

方差分析也是一种假设检验，它是对全部样本观测值的变动进行分解，将某种控制因素下各组样本观测值之间可能存在的由该因素导致的系统性误差与随机误差加以比较，据以推断各组样本之间是否存在显著差异。若存在差异，则说明该因素对各总体的影响是显著的。

进行方差分析所要研究的对象称为观测变量，影响观测变量变化的客观或人为条件称为因素。这些条件通常是可控制的条件，因素的不同状态或不同取值称为水平。

(二) 方差分析的基本思想

方差分析要鉴别因素的影响是否显著，也就等价于检验该因素各水平的总体均值是否相等，其中心问题就是要判断实验数据即样本观测值的差异中有无条件误差存在。若因素的影响不显著，则组间方差与组内方差应该比较接近，二者之比值在 1 的上下波动，反之，若因素的影响是显著的，则组间方差会显著地大于组内方差，即二者之比值会明显大于 1。从概率上来看，P 检测值小于显著水平 α，说明该因素的影响显著；否则，说明该因素的影响不显著。

(三) 方差分析种类

在方差分析中，如果仅仅考虑一个因素的影响，称为单因素方差分析；若需要同时考虑多个因素的影响，称为多因素方差分析。如果同时考虑两个因素的影响，则称之为双因素方差分析。鉴于两个以上的多因素方差分析较为复杂，其处理的思想和方法与双因素方差分析类似，所以本书介绍单因素方差分析和双因素方差分析。

一般来说，在双因素方差分析中，如果不考虑两个因素间的交互作用，或者说假定无交互作用，通常只需要对两个因素的各种水平搭配进行一次独立试验。如果需要考虑两个因素间的交互作用，就必须对它们的相互搭配进行重复试验，只有这样才能判断出交互作用是否显著。从这个角度来说，双因素方差分析又可分为无重复双因素方差分析和可重复双因素方差分析两种。

三、任务内容

针对消费行为数据，结合消费者基础信息，完成如下任务。

(1) 以问卷数据库为基础，分析家庭月收入对手机消费价格是否有显著性影响。

(2) 以问卷数据库为基础，采用可重复双因素分析法分析性别、学历对手机消费价格是否有显著性影响。

(3) 以无重复双因素分析方法分析年龄和职业对手机消费价格和月话费有无显著性影响，其中年龄以 10 为步长分组，起始年龄为 10，终止年龄为 70。

四、任务执行

(一) 单因素方差分析

1. 构建数据透视表

以审核无误的数据库中"购机价格"和"家庭月收入"两列数据为源数据，选择"家庭月收入"为行字段，"购机价格"为值字段，值汇总依据为平均值，构建数据透视表(数据可从"4.调查数据分析"工作簿"单因素方差分析"工作表获取)。同时，对行字段进行分组，设置起始值为 2 000，终止值为 26 000，步长为 2 000，得到较为简单的数据透视表，如图 4-74 所示。

由于区间类型的分组无法应用"单因素方差分析"功能，因此要计算各组的组中值，重新设置分配数列，为单因素方差分析做好准备，如图 4-75 所示。

平均值项:购机价格	
家庭月收入 ▼	汇总
2000-3999	3465.714286
4000-5999	3227.5
6000-7999	3582.45614
8000-9999	3458.333333
10000-11999	3835.416667
12000-13999	3782.758621
14000-15999	3600
16000-17999	3559.090909
18000-19999	4011.111111
20000-21999	4100
22000-23999	3462.068966
24000-26000	3200
总计	3635

图 4-74　数据透视表构建与分组

家庭月收入	购机均价
3000	3465.714286
5000	3227.5
7000	3582.45614
9000	3458.333333
11000	3835.416667
13000	3782.758621
15000	3600
17000	3559.090909
19000	4011.111111
21000	4100
23000	3462.068966
25000	3200

图 4-75　重构分配数列

2. 数据分析

以图 4-77 的数据为基础，选择"数据"-"分析"-"数据分析"-"方差分析：单因素方差分析"选项，打开"方差分析：单因素方差分析"对话框，如图 4-76 所示。设置输入区域为后设置的分配数列(不包含字段名称)，分组方式选择行；显著水平 α 为 0.05；输出区域为工作表中任意空白单元格。单击"确定"按钮，返回分析结果，如图 4-77 所示。

从分析结果可见，P 检测值为 0.957 382，明显大于显著水平 0.05，说明家庭月收入对购机均价无显著影响。

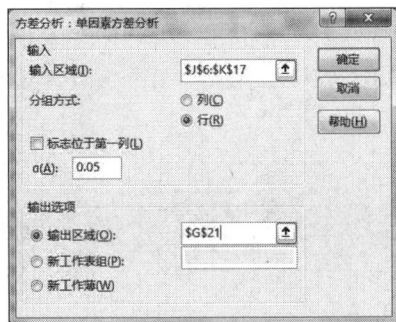

图 4-76　单因素方差分析设置

方差分析：单因素方差分析

SUMMARY

组	观测数	求和	平均	方差
行 1	2	6465.714	3232.857143	108444.898
行 2	2	8227.5	4113.75	1570878.125
行 3	2	10582.46	5291.22807	5839803.016
行 4	2	12458.33	6229.166667	15355034.72
行 5	2	14835.42	7417.708333	25665627.17
行 6	2	16782.76	8391.37931	42478769.32
行 7	2	18600	9300	64980000
行 8	2	20559.09	10279.54545	90329018.6
行 9	2	23011.11	11505.55556	112333395.1
行 10	2	25100	12550	142805000
行 11	2	26462.07	13231.03448	190865374.6
行 12	2	28200	14100	237620000

方差分析

差异源	SS	df	MS	F	P-value	F crit
组间	290995775.8	11	26454161.43	0.341361877	0.957382	2.717331
组内	929951345.5	12	77495945.46			
总计	1220947121	23				

图 4-77　单因素方差分析结果

视频：单因素方差分析

(二) 可重复双因素方差分析

1. 数据准备

以审核无误的数据库中"购机价格""性别""学历"三列数据为源数据，选择"性别"为行字段，"学历"为列字段，"购机价格"为值字段，值汇总依据为平均值，构建数据透视表(可从"4.调查数据分析"工作簿"行为—性别学历对购机价格可重复方差分析"工作表获取)，如图 4-78 所示。

平均值项:购机价格	学历				
性别	1	2	3	4	总计
1	4117.021277	3800	3661.797753	3041.37931	3727.340824
2	3748	3347.058824	3636.986301	3376.190476	3529.184549
总计	3926.804124	3618.823529	3650.617284	3239.43662	3635

图4-78　性别—购机价格统计

依次双击数据透视表中数据区域单元格，追踪数据构成明细，可分别获取性别与学历层次对应的数据，复制粘贴，得到图4-79所示的表格。

性别=1：

性别\学历	1	2	3	4
1	3400	2400	4100	2700
1	5300	6200	3800	1200
1	3100	4300	3400	1800
1	4800	1000	2100	2400
1	2500	1900	4700	3700
1	5200	3600	4500	1500
1	4200	1700	1500	5500
1	2000	5500	4400	1500
1	2500	5500	1700	6400
1	5700	1100	2700	5600
1	6800	3300	1300	1500
1	2800	3500	2200	2900
1	2400	4900	1000	6000
1	2600	3600	1600	1300
1	3400	2300	3300	1700
1	900	3000	2500	2700
1	1200	4300	6300	1400
1	5900	4800	6000	3100
1	4000	3100	3300	5700
1	5300	5700	3200	5600
1	5000	1200	2700	1900
1	3800	6200	1100	1900
1	4400	2600	4200	3000
1	2200	6500	1500	3800
1	3600	6300	4400	2100
1	4400	800	4700	4600
1	5900	4200	2500	2400
1	6300	6400	3000	2000
1	5800	3600	5600	2300
1	5300	4200	4300	
1	4900	5400	5800	
1	5400	4500	6000	
1	6100	3500	4900	
1	1600	3500	4300	
1	4100	5000	2800	
1	4100	3000	1300	
1	3700	4400	5500	
1	5000	4500	2500	
1	5600	4400	1000	
1	1900	2400	5900	
1	5800	4100	0	
1	1800	6700	3500	
1	2200	2400	4600	
1	3400	1200	6300	
1	6200	5100	4700	
1	3400	4100	3800	
1	4600	4400	4200	
1		4700	4600	
1		6100	1100	
1		1300	5900	
1		3300	6500	
1		2800	5000	
1		4300	1100	
1		3200	5900	
1		4500	3200	
1		6400	1800	
1		5800	3600	
1		3600	4200	
1		2400	1700	
1		5700	2300	
1		5100	5000	
1		2800	4900	
1		5600	4900	
1		900	4700	
1		3000	900	
1		1100	4000	
1		4200	6500	
1		6000	2900	
1		5900	5800	
1		1700	3900	
1		3200	4700	
1		3200	4900	
1		4200	1400	
1		3900	3100	
1		4400	4300	
1		1400	4500	
1		6300	5400	
1		6300	3100	
1		3900	5300	
1		5400	800	
1		5600	3600	
1		1500	2300	
1		1200	3700	
1		1400	3800	
1		2600	5500	
1		1300	4500	
1		4200	5700	
1		4900	1000	
1		3800	1200	
1		1300		
1		4800		
1		2700		
1		2800		
1		5900		
1		2300		
1		1700		
1		4300		
1		3900		
1		5400		
1		4400		
1		3100		
1		3600		

性别=2：

性别\学历	1	2	3	4
2	4100	2800	3500	3700
2	5700	4200	5300	2800
2	5700	3300	1200	4300
2	5400	4700	6300	1700
2	5300	3200	5700	2400
2	3200	2700	6100	3800
2	6300	2100	3400	4700
2	4400	4300	3200	6500
2	3400	1500	3900	4300
2	6000	3800	4100	6500
2	6200	6000	4000	4600
2	1600	2900	3000	5900
2	2900	3100	900	6400
2	4900	2900	4300	1000
2	1300	2800	6100	5000
2	1400	2400	6400	800
2	5200	2700	2800	800
2	2100	1100	1200	1500
2	6400	5400	1700	2300
2	5700	2800	3800	1900
2	4400	2900	3700	5000
2	4200	2400	4400	6400
2	3500	4900	4800	5600
2	4300	6300	800	5000
2	2700	3400	6100	3600
2	3400	1800	5800	800
2	5100	4600	6400	3700
2	2100	2800	5500	4300
2	5000	1600	6100	2100
2	2700	1500	1400	5000
2	4000	5200	3000	1700
2	4600	900	3700	5500
2	3300	3300	6000	2900
2	4000	1500	2800	6500
2	2400	2900	2500	5600
2	2600	2900	3100	1600
2	6100	1300	4000	800
2	1000	2100	4200	1200
2	5200	4700	5800	2700
2	3800	1200	2200	0
2	2400	5700	4100	900
2	2000	2700	6400	0
2	800	4500	3600	
2	1600	4400	5200	
2	4400	5100	1900	
2	3400	3600	1600	
2	3200	2300	3000	
2	2100	5100	900	
2	2500	1200	6000	
2	3400	2800	2700	
2		4800	5600	
2		5400	4400	
2		3900	4400	
2		5100	3200	
2		5000	4400	
2		1100	2200	
2		2800	2700	
2		1700	5800	
2		2300	1200	
2		1000	900	
2		3000	5900	
2		5800	0	
2		5400	4100	
2		3900	900	
2		4900	2500	
2		1000	3600	
2		6100	5100	
2		4100	2000	
2			5800	
2			2800	
2			0	
2			2800	
2			0	

图4-79　性别—学历—购机价格统计

为了满足"可重复双因素分析"的条件，以表格中行数最少的列为基准，截取数据，设置表格，为方差分析做好准备。新设置的表格如图 4-80 所示。

性别\学历	1	2	3	4
1	3400	2400	4100	2700
1	5300	6200	3800	1200
1	3100	4300	3400	1800
1	4800	1000	2100	2400
1	2500	1900	4700	3700
1	5200	3600	4500	1500
1	4200	1700	1500	5550
1	2000	5500	4400	1500
1	2500	5500	1700	6400
1	5700	1100	2700	5600
1	6800	3300	1300	1500
1	2800	3500	2200	2900
1	2400	4900	1000	6000
1	2600	3600	1600	1300
1	3400	2300	3300	1700
1	900	3000	2500	2700
1	4200	4300	6300	1400
1	5900	4800	6000	3100
1	4000	3100	3300	5700
1	5300	5700	3200	5600
1	5000	1200	2700	1900
1	3800	6200	1100	1900
1	4400	2600	4200	3000
1	2200	6500	1500	3800
1	3600	6300	4400	2100
1	4400	800	4700	4600
1	5900	4200	2500	2400
1	6300	6400	3000	2000
1	5800	3600	5600	2300
2	4100	2800	3500	3700
2	5700	4200	5300	2800
2	5700	3300	1200	4300
2	5400	4700	6300	1700
2	5300	3200	5700	2400
2	3200	2700	6100	3800
2	6300	2100	3400	4700
2	4400	4300	3200	6500
2	3400	1500	3900	4300
2	6000	3800	4100	6500
2	6200	6000	4000	4600
2	1600	2900	3000	5900
2	2900	3100	900	6400
2	4900	2900	4300	1000
2	1300	2800	6100	5000
2	1400	2400	6400	800
2	5200	2700	2800	800
2	2100	1100	1200	1500
2	6400	5400	1700	2300
2	5700	2800	3800	1900
2	4400	2900	3700	5000
2	4200	2400	4400	6400
2	3500	4900	4800	5600
2	4300	6300	800	5000
2	2700	3400	6100	3600
2	3400	1800	5800	800
2	5100	4600	6400	3700
2	2100	2800	5500	4300
2	5000	1600	6100	2100

图 4-80　性别—学历—购机价格可重复双因素分析数据基础

2. 数据分析

以图 4-80 提供的数据为基础，选择"数据"－"分析"－"数据分析"－"方差分析：可重复双因素分析"选项，打开"方差分析：可重复双因素分析"对话框，如图 4-81 所示。设置输入区域为新设置的数据表，每一样本的行数按照数据表中男性数据的行数(与女性数据行数相同)填写，本例为29；显著水平 α 为 0.05；输出区域为工作表中任意空白单元

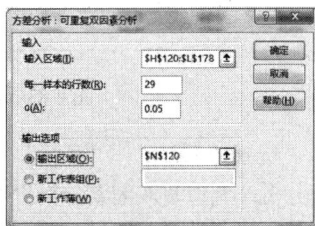

图 4-81　性别—学历—购机价格
可重复双因素分析设置

格。单击"确定"按钮，返回分析结果，如图 4-82 所示。

方差分析: 可重复双因素分析					
SUMMARY	1	2	3	4	总计
1					
观测数	29	29	29	29	116
求和	118400	109500	93300	88200	409400
平均	4082.759	3775.862	3217.241	3041.379	3529.31
方差	2220764	3221897	2202906	2695369	2694960
2					
观测数	29	29	29	29	116
求和	121900	95400	120500	107400	445200
平均	4203.448	3289.655	4155.172	3703.448	3837.931
方差	2409631	1696675	3191847	3511059	2771244
总计					
观测数	58	58	58	58	
求和	240300	204900	213800	195600	
平均	4143.103	3532.759	3686.207	3372.414	
方差	2278285	2476276	2873842	3160278	

方差分析						
差异源	SS	df	MS	F	P-value	F crit
样本	5524310	1	5524310	2.089559	0.149706	3.883308
列	19182931	3	6394310	2.418635	0.067066	2.644903
交互	17226379	3	5742126	2.171948	0.092174	2.644903
内部	5.92E+08	224	2643768			
总计	6.34E+08	231				

图 4-82　性别—学历—购机价格可重复双因素分析结果

视频: 可重复双因素
分析

根据分析结果，样本即行(性别)检验的 P 值为 0.149 706，大于显著性水平 0.05，其对购机价格没有显著性影响；列即学历检验的 P 值为 0.067 066，仍然大于显著水平 0.05，对购机价格没有显著影响；二者交互作用对购机价格也无显著性影响。

(三) 无重复双因素方差分析

1. 月话费方差分析

以审核无误数据库中"月话费""购机价格""年龄""职业"四列数据为源数据，选择"年龄"为行字段，并以 10 为起始值，以 70 为终止值，以 10 为步长进行分组；选择"职业"为列字段；"月话费"为值字段，值汇总依据为平均值，构建数据透视表(数据可从"4.调查数据分析"工作簿中"行为—职业年龄不重复方差分析"工作表获取)，如图 4-83 所示。

	I	J	K	L	M	N	O	P
1								
2	平均值项:月话费	职业						
3	年龄	1	2	3	4	5	6	总计
4	10-19	74.05357143	0	104.5	121.75	33.8	75.66666667	75.66666667
5	20-29	55.71428571	74.83333333	97.64285714	142.6666667	45.88888889	83.43478261	90.24324324
6	30-39	56.71428571	92.11111111	97.7826087	144.8947368	54.58333333	92.33333333	97.64556962
7	40-49	37.33333333	45.57142857	105.6	133.5238095	35.45454545	88.23076923	91.26136364
8	50-59	40	84.91666667	91.05882353	140.5217391	53	84.625	91.1547619
9	60-70	0	21.85714286	66.32	114.5625	34.66666667	33.85714286	53.4
10	总计	66.575	60.875	90.7961165	135.1938776	43.07692308	74.04301075	82.19

图 4-83　年龄—职业—月话费无重复双因素分析数据基础

选择"数据"-"分析"-"数据分析"-"方差分析: 无重复双因素分析"选项，打开"方差分析: 无重复双因素分析"对话框。设置输入区域为数据透视表的数据区域，本例中为 J4:O9；显著水平 α 为 0.05；输出区域为工作表中任意空白单元格。单击"确定"按钮，返回分析结果，如图 4-84 所示。

方差分析：无重复双因素分析

SUMMARY	观测数	求和	平均	方差
行 1	6	409.7702381	68.29503968	2021.970743
行 2	6	500.1808144	83.36346906	1192.471994
行 3	6	538.419409	89.73656817	1089.153008
行 4	6	445.7138861	74.28564769	1676.409862
行 5	6	494.1222293	82.35370489	1225.300632
行 6	6	271.2634524	45.2105754	1616.950127
列 1	6	263.8154762	43.96924603	639.7066952
列 2	6	319.2896825	53.21494709	1371.766216
列 3	6	562.9042894	93.81738156	209.4042718
列 4	6	797.9194522	132.9865754	151.656594
列 5	6	257.3934343	42.89890572	90.69525971
列 6	6	458.1476947	76.35794912	464.279773

方差分析

差异源	SS	df	MS	F	P-value	F crit
行	7598.775893	5	1519.755179	5.397802376	0.001681547	2.602987403
列	37072.51368	5	7414.502735	26.33451825	3.28363E-09	2.602987403
误差	7038.768154	25	281.5507262			
总计	51710.05772	35				

图 4-84　年龄—职业—月话费无重复双因素分析结果

按照分析结果，行即年龄，其 P 检测值为 0.001 681 547，小于显著水平 0.05，对月话费有显著性影响；列即职业，其 P 检测值为 3.28 363E-09，远远小于显著水平 0.05，对月话费也存在显著影响。

2. 购机价格方差分析

设置年龄、职业与购机价格的数据透视表，如图 4-85 所示。按照相同的程序执行"方差分析：无重复双因素分析"功能，返回检测结果如图 4-86 所示。

平均值项:购机价格	职业					
年龄	1	2	3	4	5	6 总计
10-19	3755.357143	0	3750	4000	3940	4000	3800
20-29	3928.571429	3950	2992.857143	3566.666667	3666.666667	3239.130435	3433.783784
30-39	3657.142857	3544.444444	3360.869565	3547.368421	4325	3744.444444	3643.037975
40-49	4066.666667	3671.428571	3825	3733.333333	3554.545455	3388.461538	3636.363636
50-59	3071.428571	4058.333333	3935.294118	3378.26087	3682.352941	3387.5	3625
60-70	0	3635.714286	3604	3518.75	4104.166667	3347.619048	3661
总计	3713.75	3768.75	3569.902913	3564.285714	3907.692308	3416.129032	3635

图 4-85　年龄—职业—购机价格无重复双因素分析数据基础

方差分析：无重复双因素分析

SUMMARY	观测数	求和	平均	方差
行 1	6	19445.35714	3240.892857	2533697.64
行 2	6	21343.89234	3557.31539	144786.4351
行 3	6	22179.26973	3696.544955	111373.7602
行 4	6	22239.43556	3706.572594	53990.18519
行 5	6	21513.16983	3585.528306	140345.8528
行 6	6	18210.25	3035.041667	2274141.147
列 1	6	18479.16667	3079.861111	2393851.816
列 2	6	18859.92063	3143.320106	2410138.852
列 3	6	21468.02083	3578.003471	121693.1751
列 4	6	21744.37929	3624.063215	46790.90931
列 5	6	23272.73173	3878.788622	88472.60439
列 6	6	21107.15547	3517.859244	84841.86678

方差分析

差异源	SS	df	MS	F	P-value	F crit
行	2219629.269	5	443925.8537	0.472074387	0.793434154	2.602987403
列	2782358.251	5	556471.6503	0.591756508	0.706320509	2.602987403
误差	23509316.85	25	940372.6741			
总计	28511304.37	35				

图 4-86　年龄—职业—购机价格无重复双因素分析结果

根据结果，年龄与职业的 P 检测值均远远大于显著水平 0.05，说明二者对购机价格均无显著性影响。

视频：无重复双因素分析

钩元提要

理解方差分析的意义、概念和操作步骤，掌握单因素方差分析、双因素方差分析的方法，能针对实际数据，构建变量进行单因素和双因素(可重复、不可重复)方差分析，并得出正确的检验结论。

1+X证书相关试题

根据"X证题训练-项目4"工作簿中"4-1-3 博硕文化审核数据"，对不同学历的消费者的"综合打分"数据，分别采用描述统计宏和单因素方差分析方法进行分析，检验学历对综合打分有无显著性影响(见"4-4-2 方差分析"工作表)。

豁目开襟

影响消费者决策的因素

1. 个人因素

个人因素主要指与个人年龄、性别、收入、职业等个人相关的稳定因素，这部分因素会极大地影响消费者的消费动机和消费分配行为，如当各方面条件相似时，男生和女生在"双十一"购物节中消费分配上就有很大的差别，男生侧重电子产品的消费，女生则侧重美妆类产品。

2. 消费情景因素

消费情景因素包含消费者购物时的全流程体验，如购物中的服务、购物的周边环境等，商家根据消费者在不同场合下的购物行为，设置不同的情景策略。

3. 时间因素

消费者在购物时，每个人的心理预期时间各不相同，有的人希望花时间货比三家，有的则认为没必要浪费太多时间纠结。商家会利用人们对时间的重视，迫使消费者在短时间做出消费决策。例如，京东"限时秒杀"中的倒计时设计，在消费者犹豫不决时，给消费者带来时间压力。

4. 群体因素

群体因素中意见领袖(KOL)对消费决策影响较大，这些在社群中有影响力的意见领袖或许是某个领域的专家，或许是代理消费者。近几年小红书种草笔记、淘宝直播带货就是典型的意见领袖的体现，主播为消费者过滤产品信息、推荐优选产品，消费者基于主播对品类和性价比的把握下单购买产品。

我们每天都在消费中做决策，消费决策与每个人息息相关。对于消费者来说，需要针对不同的消费采取不同的消费决策，理性地对消费行为进行评估，避免冲动消费；对商家来说则需要了解不同消费群体的需求，洞察消费者的消费行为，善于利用消费者购买决策的影响因素，提升消费者在购物中的全流程体验。

提示：影响消费者决策的客观和主观因素很多，研究时应因地、因时、因事、因条件制宜，建立科学的分析体系，深入探索消费规律。同时，在生活中也应树立正确的消费观，养成理性消费习惯。

任务三　手机消费行为的独立性检验

一、任务描述

检验方法判断分类变量之间的独立性特征，如性别与使用的手机品牌之间是否独立；学历层次与购机地点之间是否互无关联，掌握消费者的手机消费行为与其自身素质特征存在怎样的关联状态。

二、入职知识准备

分析消费行为的影响因素时，如果两个变量是非数值型数据，那么分析二者之间的关系是否独立，需要采用独立性检验，也称卡方检验。卡方检验是一种用途很广的计数资料的假设检验方法，它属于非参数检验的范畴，主要是比较两个及两个以上样本率(构成比)及两个分类变量的关联性分析。卡方检验遵循的流程与其他检验相似。

(一) 假设的提出

根据问题要求，设定原假设为H0：两个分类变量 A 和 B 没有关系(相互独立)；备择假设H1：两个分类变量 A 和 B 有关系(不独立)。

(二) 计算检验统计量和临界值，做出判断

卡方统计量的计算前提是设置2×2列联表，2×2列联表是待检验的两分类变量交叉分布的频数表，又称交叉表。这一列表的建立可以使用数据透视表来实现。交叉表中的实际数据称为观察值，每个观察值与其所在行的行数据的总比重的乘积得到期望值，进而可以计算卡方统计量，其公式为

$$\chi^2 = \sum \frac{(A-E)^2}{E}$$

式中，A 为观察值；E 为期望值。

Excel 中提供了计算卡方检验临界值的函数：CHIINV(累计概率,自由度)。其中，累计概率等于显著性水平 α，自由度为观察值区域(列数-1)与(行数-1)的乘积。例如，观察值区域有4列5行，则自由度为12(3×4)。CHIINV( )函数可返回指定显著性水平和自由度的右尾卡方检验的临界值。如果检验统计量 χ^2 大于临界值，则说明落入拒绝域，应拒绝原假设；反之，应接受原假设。

此外，Excel 中也可以利用函数 CHITEST(观察值区域，期望值区域)直接获得 P 检验值。利用 P 检验值与显著水平的对比，判断两个分类变量是否独立。当 P 值小于显著水平 α，应拒绝原假设。

需要说明的是：独立性检验是为了判断两分类变量之间是否有关系(即两者是不是毫无关联的事件)；而相关关系分析是说明两数值型变量成什么样的关系，无论是否有关系都可以表示出回归方程，但如果相关系数过小(绝对值小于 0.05)，就说明两者的关系不大，是独立的。

三、任务内容

针对整个消费者调查数据，完成如下独立性检验任务。

(1) 判断性别与手机品牌之间是否独立。

(2) 判断购机地点与学历层次之间是否独立。

四、任务执行

(一) 判断性别与手机品牌之间是否独立

1. 设置观察值区域

以替换数据库中“手机品牌”“购机地点”“性别”“学历”四列数据为源数据，选择“性别”为行字段，选择“手机品牌”为列字段，“性别”为值字段，值汇总依据为计数，构建数据透视表(数据见“4.调查数据分析”工作簿中“性别与品牌独立性检验”工作表)，隐藏手机品牌为空白的数据，显示如图 4-87 所示。

计数项:性别	手机品牌										
性别	苹果	三星	华为	小米	OPPO	vivo	荣耀	金立	魅族	其他	总计
男	32	34	25	29	30	23	20	31	18	24	266
女	25	20	24	18	19	21	23	25	21	32	228
总计	57	54	49	47	49	44	43	56	39	56	494

图 4-87　性别—品牌—购机数量统计

复制数据透视表中的数据，构建观察值区域，如图 4-88 所示。

观察值区域											
	苹果	三星	华为	小米	OPPO	vivo	荣耀	金立	魅族	其他	总计
男	32	34	25	29	30	23	20	31	18	24	266
女	25	20	24	18	19	21	23	25	21	32	228
总计	57	54	49	47	49	44	43	56	39	56	494

图 4-88　性别—品牌—购机数量观察区域

2. 设置期望值区域

按照观察值区域格式，设置期望值区域。在单元格 H19 中根据期望值计算方法设置公式“=H$15*$R13/$R$15”，并向右向下拖动十字光标，完成整个期望值区域的填充，如图 4-89 所示。

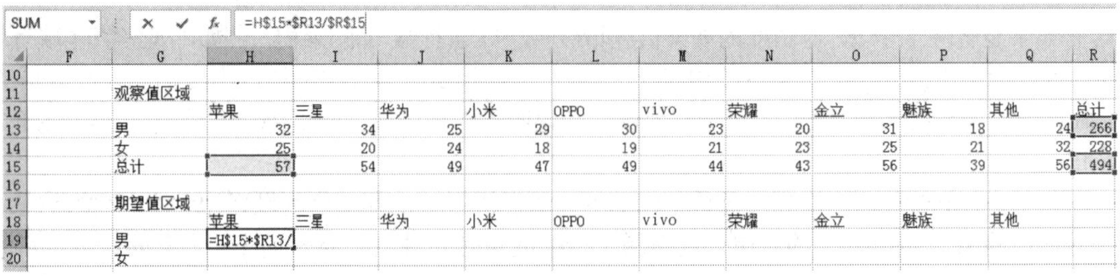

SUM　=H$15*$R13/$R$15

	F	G	H	I	J	K	L	M	N	O	P	Q	R
10													
11		观察值区域											
12			苹果	三星	华为	小米	OPPO	vivo	荣耀	金立	魅族	其他	总计
13		男	32	34	25	29	30	23	20	31	18	24	266
14		女	25	20	24	18	19	21	23	25	21	32	228
15		总计	57	54	49	47	49	44	43	56	39	56	494
16													
17		期望值区域											
18			苹果	三星	华为	小米	OPPO	vivo	荣耀	金立	魅族	其他	
19		男	=H$15*$R13/										
20		女											

期望值区域										
	苹果	三星	华为	小米	OPPO	vivo	荣耀	金立	魅族	其他
男	30.6923077	29.0769231	26.3846154	25.3076923	26.3846154	23.6923077	23.1538462	30.1538462	21	30.1538462
女	26.3076923	24.9230769	22.6153846	21.6923077	22.6153846	20.3076923	19.8461538	25.8461538	18	25.8461538

图 4-89　性别—品牌—购机数量期望值区域

3. 卡方计算

设置卡方计算表，格式与期望值区域一致。在 H24 单元格中输入卡方计算公式 "=(H13-H19)^2/H19"，并向右向下拖动十字光标填充，完成全部卡方计算表，如图 4-90 所示。

图 4-90 性别—品牌—购机数量卡方计算

4. 假设检验

建立假设为：H0，性别与品牌无关；H1，性别与品牌有关。

显著水平为 0.05，自由度为(列数-1)×(行数-1)，本例计算结果为 9，卡方值检验量为卡方计算表中全部数据之和，设置函数计算临界值及 P 值，进行检验。过程如图 4-91 所示。

假设	H0：性别与品牌无关		
	H1：性别与品牌有关		
卡方值检验量	9.00041768	→	=SUM(H24:Q25)
显著水平	0.05		
自由度	9	→	=(10-1)*(2-1)
临界值	16.9189776	→	=CHIINV(H30,H31)
P值	0.43723563	→	=CHIDIST(H29,H31)

图 4-91 性别—品牌—购机数量卡方检验过程及结果

从检验量与临界值的比较上看，因 9.000 41 768<16.9 189 776，检验量处于接受域，说明性别与手机品牌无关；从 P 值与显著水平的比较上看，因 0.43 723 563>0.05，也可以得到相同的结论。

利用函数 CHITEST(观察值区域,期望值区域) 可以直接返回 P 检验值。本例中设置函数 CHITEST(H13:Q14,H19:Q20)，得到 P 值为 0.437 2，与前面计算结果相同，检验结论也一致。

(二) 判断购机地点与学历层次之间是否独立

(1) 打开"购机地点与学历独立性检验"工作表，遵照性别与手机品牌的检验方法，设置购机地点与学历层次之间的观察值区域、期望值区域，如图 4-92 和图 4-93 所示。

观察值区域					
购机地点	硕士及以上	本科	大专	大专以下	总计
手机专柜	9	19	11	10	49
购物商场	14	35	28	15	92
通讯公司	15	28	25	16	84
超市	25	27	44	8	104
网上	20	42	38	14	114
其他	14	19	12	6	51
总计	97	170	158	69	494

图 4-92 购机地点—学历—购机数量卡方检验数据基础

期望值区域				
购机地点	硕士及以上	本科	大专	大专以下
手机专柜	9.62145749	16.86234818	15.67206478	6.844129555
购物商场	18.06477733	31.65991903	29.42510121	12.85020243
通讯公司	16.49392713	28.90688259	26.86639676	11.73279352
超市	20.42105263	35.78947368	33.26315789	14.52631579
网上	22.38461538	39.23076923	36.46153846	15.92307692
其他	10.01417004	17.55060729	16.31174089	7.123481781

图 4-93 购机地点—学历—购机数量卡方检验期望值区域

(2) 设置原假设和备择假设，计算得出自由度为 15，采用 CHITEST( )函数计算 P 检验值，如图 4-94 所示，并得出检验结论：购机地点与学历层次之间相互独立。

假设	H0：学历与购机地点无关			
	H1：学历与购机地点有关			
显著水平	0.05			
自由度	15	→	=(6-1)*(4-1)	
P值	0.169906933	→	=CHITEST(J16:M21,J27:M32)	

图4-94　购机地点—学历—购机数量卡方检验结果

视频：独立性检验

钩元提要

理解卡方检验的意义、原理、条件和操作步骤，掌握卡方检验统计量和临界值的计算方法，能够针对实际问题选择非数值型数据进行卡方分析，并得出正确的检验结论。

1+X证书相关试题

根据"X证题训练-项目4"工作簿中"4-1-3 博硕文化审核数据"，分析不同学历的消费者与购买博硕产品的原因两个非数值字段之间的独立性，同时得出正确结论(见"4-4-3 独立性检验"工作表)。

豁目开襟

几种滥用卡方检验的现象

卡方检验是医学科研中最常用的统计学方法之一，主要用于对分类资料进行比较分析。然而，在国内很多医学期刊上刊登的论文中，滥用卡方检验的情况十分普遍。常见的滥用卡方检验的情况主要有4个方面。

1. 处理四格表数据时不考虑样本量和最小理论频数而直接采用卡方检验

处理四格表数据是卡方检验最为常见的用途之一，其目的在于分析"构成比"或者"率"上的差异是否具有统计学意义。对于四格表数据，使用卡方检验的条件为样本量大于40，且最小理论频数应大于5。对于某些小样本的或者指标阳性率较低的研究，总样本量可能小于40，最小理论频数也可能小于5，此时应该采用 Fisher 确切概率法进行分析，而不是卡方检验。

2. 不考虑分析目的、设计类型而盲目套用卡方检验

有的四格表资料本身是配对的，且研究的目的主要是回答"一致性"或者"不一致性"的问题，此时就不应该用卡方检验对数据进行分析。例如，某研究者发明了一种新的 HIV 检测法，并且用该法和免疫印迹法(检测 HIV 感染的"金标准")同时检测了 100 份血清，旨在检验"新方法和金标准之间的一致性"问题。若采用卡方检验进行分析，得出的结论是"免疫印迹法检测结果的频数分布在新方法阳性组和阴性组中是不同的"，这一结论显然并没有多大专业价值。

对于此类研究，可以采用两种方法进行统计，一是采用 Mcnemar χ^2 检验公式计算两种方法不一致的部分是否具有统计学意义；二是采用 Kappa 检验分析两种结果之间的一致性。

3. 误用卡方检验处理等级资料

等级资料的表示方法与分类资料相似，因此受"定式思维"的影响，部分同行"习惯性"

地采用卡方检验对等级资料进行处理。卡方检验回答的问题仅仅是"构成比"或者"率"上的差异是否具有统计学意义，而不能回答效应指标的强度高低问题。例如，某研究比较了两类人群胰腺癌分期的分布状况。此类数据的一个显著特点是胰腺癌的分期(Ⅰ、Ⅱ、Ⅲ、Ⅳ期)是一个等级资料，研究者的研究目的是分析甲乙两群人胰腺癌的分期是否有差别，是一个强度"分期早晚"的问题，而不是"构成比"的差异。若用卡方检验处理此类数据，得出的结论就是"甲乙两类人群胰腺癌分期构成比上的差异是否具有统计学意义"，而无法明确"孰高孰低"的问题。

4. 对于多组资料反复使用卡方检验进行比较

有时研究者面对的数据可能有多行或者多列(R&C资料)，研究者需要逐一比较各组数据的差异是否有统计学意义。这是一个率的比较问题，处理此类数据，一般是直接采用卡方检验从整体上分析各组人群率(构成比)上的差异是否具有统计学意义；若具有统计学意义，则根据研究目的进一步决定是否进行组间的比较。

需要说明的是，在整体比较之后是否需要进行两两比较，如何进行两两比较在很大程度上取决于专业需要，或者说研究目的，特别是分组因素的"属性"是否相同，而不能一概采用卡方检验反复比较。

提示：想做好数据分析工作，必须加深对业务和分析方法的理解，精益求精，孜孜以求，避免方法滥用造成的不良后果。

任务四　对消费者的企业印象的分析

一、任务描述

分析消费者获取企业及产品信息的渠道，分析消费者对公司综合印象的影响因素并进行预测。

二、入职知识准备

市场调查问卷中有多种类型的问题，如单选题、多选题、量表题、排序题，以及填充类开放式问题等。在进行数据分析时，不同类型的问题有不同的分析方法。

多选题虽然可以多选几个答案，但分析时存在很多限制。多选题一般只能进行频率分布与交叉分析，并且无法进行卡方检验。而且，Excel是无法直接处理多选题的，需要加上一些额外的步骤。

比较样本均值间的差异是否具有统计学意义的常用方法，有均值比较和方差分析。均值比较仅用于单因素两水平设计和单组设计中均值的检验，而方差分析可用于单因素多水平设计和多因素设计中均值的检验。简单来说，均值比较仅适用于两个样本均值的比较，而方差分析适用三个及以上样本均值的比较。

三、任务内容

针对消费者对宏发公司的印象数据，完成如下任务。

(1) 对消费者获取宏发公司的信息渠道进行分析。

(2) 对消费者对宏发公司综合印象的分析，具体包括：①计算消费者对宏发公司的综合印象的总分，分析综合印象的集中趋势和离中趋势；②运用均值分析检验性别对宏发公司综合印象有无显著性影响，运用方差分析检验学历对宏发公司综合印象有无显著性影响；③设置数据，采用可重复双因素分析方法，检验性别与学历对宏发公司综合印象有无显著性影响；④运用无重复双因素方差分析，检验年龄与职业对宏发公司综合印象是否有显著性影响；⑤对宏发公司的综合印象与消费推荐进行预测分析。

四、任务执行

(一) 对消费者获取信息的渠道进行分析

为了解消费者获取宏发公司信息的渠道，可在问卷中设置下面几个问题。

> C2-1 您从哪里了解宏发公司的信息？(可多选，限选三项)
>
> 1. 电视□　2. 报纸□　3. 杂志□　4. 广播□　5. 网络□　6. 亲朋好友□
>
> 7. 店头广告□　8. 户外的大型展板、广告□　9. 通信厂商□　10. 其他□

对于此类多项选择题，实务中常通过计算各渠道出现的次数，了解受消费者喜欢的传播途径，为后续的广告营销提供依据。具体分析过程如下。

1. 统计各信息来源出现次数

以审核无误的数据库中"信息来源1""信息来源2""信息来源3"三列数据为基础，运用 COUNTIF( ) 函数按编码来统计编码 1 出现的次数，并向下填充，完成全部编码的统计工作及计算合计(数据见"4.调查数据分析"工作簿"信息来源分析"工作表)，如图 4-95 和图 4-96 所示。

图 4-95　信息来源统计

2. 计算各信息来源出现次数的比重

在单元格 K5 中输入公式"=J5/$J$15*100"，计算信息来源 1(电视)出现次数的比重。向下拖动十字光标，完成全部信息来源出现次数比重的计算，并统计合计，如图 4-97 所示。

编码	信息来源	出现次数/次
1	电视	84
2	报纸	165
3	杂志	176
4	广播	161
5	网络	164
6	亲朋好友	170
7	店头广告	157
8	户外的大型展板、广告	159
9	通信厂商	171
10	其他	93
	合计	1500

图 4-96　信息来源合计

编码	信息来源	出现次数/次	次数比重/%
1	电视	84	5.60
2	报纸	165	11.00
3	杂志	176	11.73
4	广播	161	10.73
5	网络	164	10.93
6	亲朋好友	170	11.33
7	店头广告	157	10.47
8	户外的大型展板、广告	159	10.60
9	通信厂商	171	11.40
10	其他	93	6.20
	合计	1500	100

图 4-97　信息来源出现次数的比重

从计算结果上看，杂志、通信厂商、亲朋好友三种信息来源出现的次数最多，分别为 176 次、171 次和 170 次，占总次数的 34.46%；报纸、网络、广播出现次数排在其次，分别为 165 次、164 次和 161 次，占总次数的 32.66%；通过电视获取宏发信息的机会最低，仅占总次数的 5.6%。

(二) 消费者对公司综合印象的分析

1. 计算消费者对宏发公司的综合印象总分

根据审核无误的数据库中消费者对宏发公司"声誉卓著""产品可信""产品不时尚""社会形象好"及"优先选择"五个方面的评分，求和计算得到消费者对宏发公司的综合印象分数(见"公司印象 描述统计"工作表)。

2. 分析综合印象的集中趋势和离中趋势

采用描述统计方法，对综合印象的均值、标准差等基本统计指标进行计算，如图 4-98 所示。判断数据分布的集中趋势和离中趋势。

经过分析可见，消费者对宏发公司综合印象数据围绕均值 15.254 展开，众数和中位数均为 15；全距为 18(25-7)，标准差为 3.409 506 338，离中趋势相对明显；从峰度和偏度上看，数据分布呈现平顶峰状态，左偏斜，但偏斜程度较低；以 95% 的概率保证程度估计全部消费者对宏发公司的综合印象应在 14.95 分和 15.55 分之间。

综合印象	
平均	15.254
标准误差	0.152477759
中位数	15
众数	15
标准差	3.409506338
方差	11.62473347
峰度	-0.316516146
偏度	-0.020984225
区域	18
最小值	7
最大值	25
求和	7627
观测数	500
最大(1)	25
最小(1)	7
置信度(95.0%)	0.299577534

图 4-98　综合印象描述分析

视频：公司印象描述统计

3. 运用均值分析检验有无显著性影响

以"综合印象"和"性别"两列数据为基础，运用 DVAR(数据库列表,列名或第几列,条件区域)函数分性别计算"综合印象"的方差(原始数据见"性别对公司印象均值分析"工作表)。在单元格 L2:M3 区域设置条件，在 L4 单元格中输入公式"=DVAR($I1:$J501,$I1,L2:L3)"，按 Enter 键并向右填充，完成计算，如图 4-99 所示。

L4		× ✓ fx	=DVAR($I1:$J501,$I1,L2:L3)	

	I	J	K	L	M
1	综合印象	性别			
2	14	1		性别	性别
3	23	1		1	2
4	12	2		11.76370702	

性别	性别
1	2
11.76370702	11.4804277

图 4-99　性别—综合印象均值分析条件设置

选择"性别"字段的任意一个单元格,单击"数据"-"排序和筛选"中的"升序排列"选项,此时数据将按照"性别"升序重新排列。选择"数据"-"分析"-"数据分析"-"z-检验:双样本均值差检验"选项,打开"z-检验:双样本平均差检验"对话框,变量1的区域输入性别为1的"综合印象"数据区域,变量2的区域输入性别为2的"综合印象"数据区域;将前面计算出的方差对应填入"变量1的方差(已知)"和"变量2的方差(已知)"后的空白框内;显著水平 α 设为0.05;输出区域为工作表中任意空白单元格,单击"确定"按钮,得到双样本均值分析结果,如图4-100所示。

结果列表中双尾 P 值0.677 306 024远超显著水平0.05,说明男性样本与女性样本在对宏发公司"综合印象"的均值上并没有显著性差异。

视频:性别与学历对综合印象可重复双因素分析

4. 检验学历对公司印象有无显著性影响

以审核无误数据库中"声誉卓著""产品可信""产品不时尚""社会形象好""优先选择"和由它们计算出来的"综合印象"字段,以及"替换数据库"中的"学历"字段七列数据为源数据(见"学历—综合印象方差分析"工作表),选择"学历"为行字段;"综合印象"为值字段,值汇总依据为求和,构建数据透视表,如图4-101所示。

双击各学历层次对应的汇总数据单元格,系统将打开该数据的构成明细表。复制每个学历层次下"综合印象"的具体分数,完成"学历—综合印象"列表,形式如图4-102所示。其中,研究生及以上学历有97条记录,本科学历有170条记录,大专层次有162条记录,大专以下层次有71条记录。

z-检验: 双样本均值分析		
	变量 1	变量 2
平均	15. 19475655	15. 32188841
已知协方差	11. 7637	11. 4804
观测值	267	233
假设平均差	0	
z	-0. 4161421	
P(Z<=z) 单尾	0. 338653012	
z 单尾临界	1. 644853627	
P(Z<=z) 双尾	0. 677306024	
z 双尾临界	1. 959963985	

图4-100 性别—综合印象均值分析结果

求和项:综合印象	
学历 ▼	汇总
硕士及以上	1169
本科	2524
大专	2613
大专以下	1321
总计	7627

图4-101 学历—综合印象分析数据基础

以"学历—综合印象"列表为基础,选择"数据"-"分析"-"数据分析"-"方差分析:单因素方差分析"选项,输入区域选择"学历—综合印象"列表所在单元格区域;分组方式选择列;选择"标志位于第一行"复选框;显著水平为0.05,如图4-103所示。

研究生及以上	本科	大专	大专以下
15	14	20	17
10	9	14	23
15	21	15	19
11	15	19	17
15	15	19	19
9	16	17	17
12	18	18	18
12	13	14	15
15	9	17	22
17	14	18	20
12	15	19	19
12	16	14	19
12	13	13	19

图4-102 学历—综合印象列表(部分)

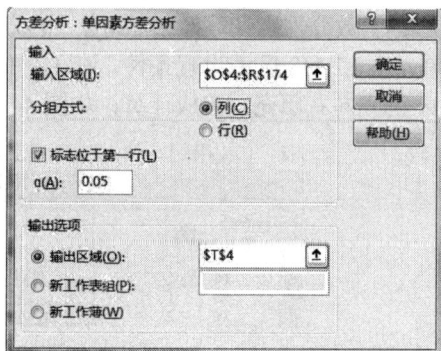

图4-103 学历—综合印象单因素方差分析条件设置

从图 4-104 所示的分析结果中可见，由于 P 检验值为 1.08E-43，远远小于显著水平 0.05，说明消费者的学历层次对综合印象分数有显著性影响。

方差分析：单因素方差分析						
SUMMARY						
组	观测数	求和	平均	方差		
研究生及以上	97	1169	12.05155	7.466065292		
本科	170	2524	14.84706	8.295997215		
大专	162	2613	16.12963	7.194271912		
大专以下	71	1321	18.60563	8.27082495		
方差分析						
差异源	SS	df	MS	F	P-value	F crit
组间	1944.741	3	648.2469	83.3844265	1.08E-43	2.622879
组内	3856.001	496	7.774196			
总计	5800.742	499				

视频：学历对综合印象单因素方程分析

图 4-104　学历—综合印象单因素方差分析结果

5. 检验性别与学历对公司综合印象有无显著性影响

以审核无误的数据库中"声誉卓著""产品可信""产品不时尚""社会形象好""优先选择"和由它们计算出来的"综合印象"字段，以及"替换数据库"中的"性别""学历"字段八列数据为基础(见"性别、学历对综合印象可重复双因素方差"工作表)，按照本项目"学习情境四"-"任务二"-"任务执行"-"(二)可重复双因素方差分析"的操作方法，构建并分性别截取相同数量的记录，形成"性别—学历—综合印象"列表，如图 4-105 所示。针对表格，选择"数据分析"-"方差分析：可重复双因素分析"选项(方法同前)，取得分析结果，如图 4-106 所示。

Excel 数据分析从样本(行)、列、行列交互作用三个方面进行检验，根据返回的 P 值可知：样本(即行，性别)对综合印象无显著影响；列(即学历)对综合印象存在显著影响；二者的交互作用对综合影响不存在显著影响。

6. 检验年龄与职业对企业综合印象是否有显著性影响

重复本项目"学习情境四"-"任务二"-"任务执行"-"(三)无重复双因素方差分析"的操作方法和步骤，创建以年龄为行字段(年龄以 10 为步长分组)，以职业为列字段，以综合印象为值字段且值汇总方式为平均值的数据透视表(见"年龄—职业—综合印象无重复"工作表)，如图 4-107 所示。选择"数据分析"-"方差分析：不重复双因素分析"选项，获得分析数据，如图 4-108 所示。

分析结果表明，年龄与职业对综合印象均没有显著影响。

7. 宏发公司综合印象与消费推荐预测分析

(1) 相关分析。消费者对宏发公司综合印象的好坏，一定程度上会影响他们是否会向亲友推荐。一般来说，"综合印象"分数越高，"消费推荐"的数值越大，向外推荐的可能性越大。"综合印象"与"消费推荐"之间存在着正向的相关关系，运用相关分析可以确定二者之间相关的密切程度，具体过程如下。

性别/学历	硕士及以上	本科	大专	大专以下
男	15	14	14	17
男	12	9	17	23
男	17	15	17	17
男	7	16	18	19
男	12	13	19	19
男	9	14	14	22
男	9	15	13	18
男	8	13	14	22
男	14	9	18	17
男	11	16	18	19
男	12	15	16	18
男	7	16	16	18
男	13	14	13	21
男	15	17	18	20
男	13	18	14	13
男	13	11	17	21
男	10	23	14	17
男	15	19	19	17
男	12	16	19	15
男	9	12	18	15
男	10	17	18	20
男	8	15	16	20
男	12	18	15	23
男	16	19	13	23
男	12	12	20	20
男	10	15	14	15
男	13	11	13	16
男	18	18	11	17
男	15	10	11	16
女	10	21	20	19
女	15	13	15	17
女	11	18	17	19
女	15	14	19	18
女	12	15	18	15
女	15	13	12	22
女	12	18	16	20
女	12	10	21	19
女	10	20	15	24
女	10	17	18	25
女	10	15	12	18
女	12	14	20	17
女	12	16	11	14
女	13	20	16	17
女	8	14	18	16
女	11	15	19	13
女	15	16	14	18
女	10	12	17	22
女	9	15	20	19
女	13	12	16	20
女	12	18	16	21
女	15	16	19	20
女	15	17	15	18
女	16	17	15	14
女	10	14	14	21
女	16	11	18	23
女	10	16	16	13
女	10	18	20	18
女	16	15	20	17

图 4-105　性别—学历—综合印象列表

方差分析：可重复双因素分析					
SUMMARY	硕士及以上	本科	大专	大专以下	总计
男					
观测数	29	29	29	29	116
求和	347	430	457	538	1772
平均	11.96552	14.82759	15.75862	18.55172	15.27586
方差	8.67734	10.4335	6.403941	7.184729	13.54063
女					
观测数	29	29	29	29	116
求和	355	450	487	537	1829
平均	12.24138	15.51724	16.7931	18.51724	15.76724
方差	5.761084	7.187192	7.169951	9.544335	12.54535
总计					
观测数	58	58	58	58	
求和	702	880	944	1075	
平均	12.10345	15.17241	16.27586	18.53448	
方差	7.111918	8.77677	6.940109	8.218088	

方差分析					
差异源	SS	df	MS	F	P-value	F crit
样本	14.00431	1	14.00431	1.796516	0.181492	6.749372
列	1244.22	3	414.7399	53.20413	5.28E-26	3.870217
交互	9.530172	3	3.176724	0.40752	0.747744	3.870217
内部	1746.138	224	7.795259			
总计	3013.892	231				

视频：性别与学历对综合印象可重复双因素分析

图 4-106　性别—学历—综合印象数据分析结果

平均值项:综合印象	职业						
年龄	1	2	3	4	5	6	总计
10-19	14.80357143	0	16.5	19.5	12.4	17.16666667	15.17333333
20-29	17.42857143	14.33333333	14.71428571	15.6	14.55555556	15.30434783	15.28378378
30-39	18	15.22222222	16.13043478	15.05263158	15.58333333	14.77777778	15.69620253
40-49	13	14.71428571	15.35	14.85714286	15	16.26923077	15.32954545
50-59	13.71428571	14.91666667	14.52941176	14.95652174	15.58823529	15.875	14.97619048
60-70	0	15	14.28	15.3125	17.20833333	13.61904762	15.11
总计	15.15	14.89583333	15.08737864	15.29591837	15.67948718	15.31182796	15.254

图 4-107　年龄—职业—综合印象数据分析基础

方差分析：无重复双因素分析				
SUMMARY	观测数	求和	平均	方差
行 1	6	80.3702381	13.39503968	48.70752858
行 2	6	91.93609306	15.32268231	1.289890301
行 3	6	94.76639969	15.79439995	1.386653683
行 4	6	89.19065934	14.86510989	1.145263102
行 5	6	89.58012118	14.9300202	0.593122408
行 6	6	75.41988095	12.56998016	39.39396865
列 1	6	76.94642857	12.82440476	43.43806335
列 2	6	74.18650794	12.36441799	36.78092981
列 3	6	91.50413226	15.25068871	0.818959952
列 4	6	95.27879618	15.87979936	3.217688669
列 5	6	90.33545752	15.05590959	2.500362045
列 6	6	93.01207066	15.50201178	1.521592208

方差分析					
差异源	SS	df	MS	F	P-value	F crit
行	45.68341148	5	9.136682296	0.577241395	0.716910398	2.602987403
列	66.87756495	5	13.37551299	0.845044134	0.530864564	2.602987403
误差	395.7045687	25	15.82818275			
总计	508.2655451	35				

视频：年龄与职业对综合印象无重复双因素分析

图 4-108　年龄—职业—综合印象数据分析结论

打开工作表"综合印象-消费推荐相关分析",选择"数据"-"分析"-"数据分析"-"相关系数"选项,打开"相关系数"对话框,如图 4-109 所示。以"消费推荐"和"综合印象"两列数据为输入区域;分组方式选择逐列,选中"标志位于第一行"复选框;设定输出区域。单击"确定"按钮,系统返回相关系数计算结果,如图 4-110 所示。

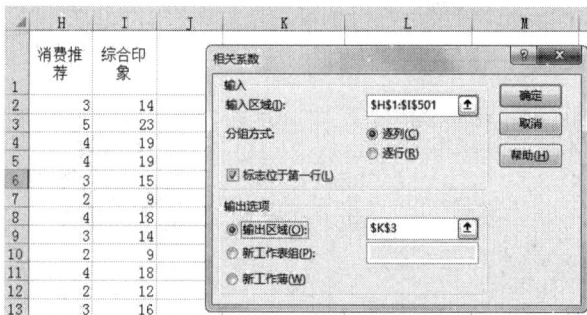

图 4-109 消费推荐—综合印象相关分析条件设置

	消费推荐	综合印象
消费推荐	1	
综合印象	0.924739565	1

图 4-110 消费推荐—综合印象相关分析结果

消费推荐与综合印象之间的相关系数为 0.924 739 565,说明二者之间相互影响、关系密切,具有高度线性正相关关系,可以通过回归分析拟合二者的一元线性回归方程并进行预测。

(2) 回归分析。假定"消费推荐"的数值越高,表示消费者向外推荐宏发公司的可能性越大。以"消费推荐"为因变量,以"综合印象"为自变量,建立两者之间近似的函数关系。

在工作表"综合印象—消费推荐相关分析"中,选择"数据"-"分析"-"数据分析"-"回归"选项,打开"回归"对话框,如图 4-111 所示。分别在数据库中选定"消费推荐"和"综合印象"列所在区域作为 Y 值(因变量)和 X 值(自变量)输入区域,选中"标志""置信度""线性拟合图"复选框。单击"确定"按钮,完成回归分析,结论如图 4-112 所示。

图 4-111 消费推荐—综合印象回归分析条件设置

```
SUMMARY OUTPUT
```

回归统计	
Multiple R	0.924739565
R Square	0.855143264
Adjusted R Squar	0.854852387
标准误差	0.28299058
观测值	500

方差分析

	df	SS	MS	F	Significance F
回归分析	1	235.4363331	235.4363	2939.87948	4.578E-211
残差	498	39.88166686	0.080084		
总计	499	275.318			

	Coefficients	标准误差	t Stat	P-value	Lower 95%	Upper 95%
Intercept	-0.015114273	0.0580737	-0.26026	0.79477063	-0.129213935	0.09898539
综合印象	0.201462847	0.003715611	54.22066	4.578E-211	0.194162642	0.20876305

图 4-112　消费推荐—综合印象回归分析结果

分析结果表明，"消费推荐"和"综合印象"之间具有线性关系，即

$$\hat{y} = -0.015 + 0.2x$$

可决系数 R^2 为 0.855 143 264，说明"综合印象" x 的变化可以解释 85.5 143 264%的因变量"消费推荐"的变差，表明回归直线与各观测值点较为接近，回归直线的拟合度较高。

回归方程的显著性 F 检验概率和回归系数 t 检验概率为 4.578E-211，远远小于显著水平 0.05，说明因变量"消费推荐"随着自变量"综合印象"的变动而变动，二者之间存在真实的线性关系，回归方程整体有效。

视频：综合印象与消费推荐预测分析

通过检测的回归方程可以用来预测。如果某一消费者对宏发公司的"综合印象"为 20 分，可计算得到"消费推荐"为 4.01 分，消费者很可能为宏发公司做宣传和将其推荐给亲朋好友。

钩元提要

加强对双样本均值分析、方差分析的应用，正确理解相关分析与回归分析，能针对实际问题检验变量之间的相关关系，并建立线性回归方程。

1+X证书相关试题

根据"X 证题训练-项目 4"工作簿中"4-1-3 博硕文化审核数据"，完成下面的任务(见"4-4-4 相关与回归分析"工作表)。

1. 分析文化用品消费额、续购买推荐、博硕印象、性别、年龄等变量之间的相关关系，同时得出正确结论。

2. 尝试建立"推荐""博硕印象"对"继续购买"的回归方程，并检验其代表性。

豁目开襟

华为执行型文化管理

资源是会枯竭的，唯有文化才会生生不息。这句话，是华为的真实写照。一个组织的精神导向，在经过血与火的磨砺，在取得伟大胜利之后，才能沉淀下来，继而形成这个组织的灵魂。

这个组织虽然可能被打得千疮百孔，但它的核心竞争力、它的文化、它的核心价值观还在。

华为企业文化是以客户为中心，以奋斗者为本，长期艰苦奋斗，持续自我批判。将核心价值观渗透到企业经营发展的全过程中；内化到员工的心灵深处；外化为员工的集体行为、习惯和性格；固化为规则、制度和机制。

在华为有两个关键词，客户和一线。一线就是销售和服务。没上过战场的人，没杀过敌人的人，没受过伤的人，没握过枪的人，都不能提拔，特别是不能提拔为中高层一把手。否则他会做复杂管理，管理时会以本部门、本体系为核心，而不会最终关注客户。

猛将必发于卒伍，宰相必起于州郡。

华为公司不以股东利益最大化为目标，也不以其利益相关者(员工、政府、供应商……)利益最大化为原则，而坚持以客户利益为核心的价值观，驱动员工努力奋斗。

实施以客户为中心的战略规划与管理体系，基于客户需求和技术领先进行差异化创新，践行和传承"以奋斗者为本""坚持自我批判"。只有坚持自我批判，才能倾听和持续超越，才能更容易尊重他人、与他人合作，实现客户、公司、团队和个人的共同发展。

提示：眼界决定境界，定位决定地位，思路决定出路。文化是一个企业的魂，大数据时代，企业必须要有大视野、大战略、大决心。同样，精神格局是一个人的魂，要在学习生活实践中不断铸魂培根，启智润心。

项目五　财务信息处理与分析

能力目标

(1) 能以资产负债表和利润表数据为基础，分析报表项目的变化及构成，从营运能力、偿债能力、获利能力、发展能力几方面分析企业的经营状况。

(2) 能针对企业实际情况运用模拟运算、NPV( )函数、IRR( )函数、PV( )函数和现值指数函数来进行筹资业务、投资业务分析，确定企业最佳资金结构，控制投资风险。

(3) 能熟练计算风险调整贴现率，并据此分析各投资方案的净现值，进而做出投资决策。

知识目标

(1) 掌握资产负债表和利润表的项目构成及其相互间的勾稽关系，了解各财务指标的意义，掌握其计算方法。

(2) 理解净现值、内含报酬率、修正内含报酬率，以及 PI 指标的意义和函数实现方法。

(3) 理解风险调整贴现率法的原理和意义，掌握其计算风险调整贴现率的程序和计算分析决策过程。

素质目标

(1) 诚实守信，遵纪守法，在数据分析过程中严格遵守《企业财务制度》和《会计准则》。

(2) 严格践行会计职业道德，不弄虚作假，不谎报，不虚增，不润饰。

(3) 在报表分析、投资筹资，以及风险分析中培养学生的"财商"。

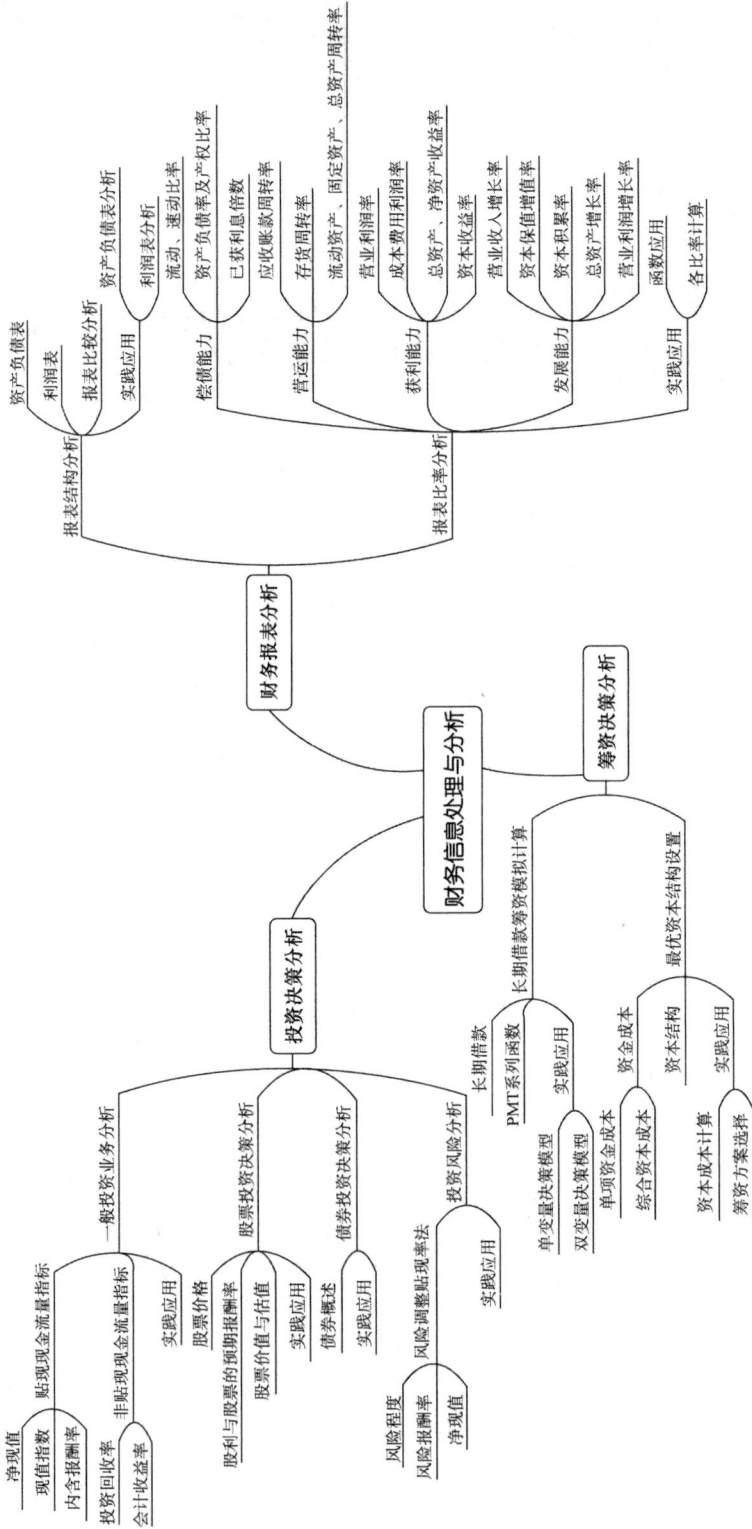

项目框架

财务信息处理与分析

财务报表分析

报表结构分析
- 资产负债表
- 利润表
- 报表比较分析
- 实践应用

报表比率分析
- 偿债能力
  - 资产负债表分析
  - 利润表分析
  - 流动、速动比率
  - 资产负债率及产权比率
  - 已获利息倍数
  - 应收账款周转率
- 营运能力
  - 存货周转率
  - 流动资产、固定资产、总资产周转率
- 获利能力
  - 营业利润率
  - 成本费用利润率
  - 总资产、净资产收益率
  - 资本收益率
- 发展能力
  - 营业收入增长率
  - 资本保值增值率
  - 资本积累率
  - 总资产增长率
  - 营业利润增长率
- 实践应用
  - 函数应用
  - 各比率计算

投资决策分析

一般投资业务分析
- 贴现现金流量指标
  - 净现值
  - 现值指数
  - 内含报酬率
  - 投资回收率
- 非贴现现金流量指标
  - 会计收益率
- 实践应用

股票投资决策分析
- 股票价格
- 股利与股票的预期报酬率
- 股票价值与估值
- 实践应用

债券投资决策分析
- 债券概述
- 实践应用

投资风险分析
- 风险程度
- 风险报酬率
- 净现值
- 风险调整贴现率法
- 实践应用

筹资决策分析

长期借款筹资模拟计算
- 长期借款
- PMT系列函数
- 实践应用

资金成本
- 单变量决策模型
- 双变量决策模型
- 单项资金成本
- 综合资金成本
- 资本结构

最优资本结构设置
- 资本成本计算
- 实践应用
- 筹资方案选择

项目导入

党的二十大报告指出要"加快构建新发展格局，着力推动高质量发展"。习近平总书记强调，"我们要坚持供给侧结构性改革这个战略方向，扭住扩大内需这个战略基点，使生产、分配、流通、消费更多依托国内市场，提升供给体系对国内需求的适配性，形成需求牵引供给、供给创造需求的更高水平动态平衡""推动更深层次改革，实行更高水平开放，为构建新发展格局提供强大动力"。财务信息是企业战略决策的重要信息源，是企业供给侧改革的抓手。通过报表分析、财务指标分析，帮助投资者和债权人等报表使用者了解企业的财务状况和经营成果的发展变化，通过财务函数和风险评估方法等为企业选择正确的筹资方案、投资方案，有效降低企业风险，调整发展方向，获取最大收益。

关键词： 资产负债表　利润表　筹资分析　投资分析　风险分析

课程启思： 诚实守信　客观公正　财商培育

学习情境一　财务报表分析

在完成会计报表的制作后，利用 Excel 强大的表格处理功能对财务报表的数据及相关会计报告进行分析和研究，能更准确全面地为报表使用者提供企业的财务经营的情况，更方便、快速地为企业的管理者提供企业财务数据的变动情况，从而便于对企业的管理做出精确的决策。

任务一　报表结构分析

一、任务描述

会计报表分析是以会计报表为依据，对企业偿债能力、营运能力或获利能力所做出的分析。会计报表分析可以有效评价企业的财务状况和经营成果，为改善经营管理提供方案和线索；可以预测企业未来的报酬和风险，为投资者债权人、经营者的决策提供科学有效的帮助；可以检查企业预算完成情况，考察经营管理人员的业绩，为完善管理和经营机制提供帮助。企业需要分析的报表主要有资产负债表和利润表。

二、入职知识准备

(一) 资产负债表

资产负债表是表示企业在一定日期(通常为各会计期末)的财务状况(即资产、负债和所有者权益的状况)的主要会计报表。

资产负债表利用会计平衡原则，将合乎会计原则的资产、负债、股东权益交易科目分为"资产"和"负债及股东权益"两大块，在经过分录、转账、分类账、试算、调整等会计程序后，以特定日期的静态企业情况为基准，浓缩成一张报表。该报表的功能除了用于企业内部除错、把握经营方向、防止弊端外，也可让所有阅读者在最短的时间内了解企业经营状况。

资产负债表根据资产、负债和所有者权益之间的勾稽关系，按照一定的分类标准和顺序，把企业一定日期的资产、负债和所有者权益各项目予以适当排列。它反映的是企业资产、负债和所有者权益各项目的总体规模和结构。

(二) 利润表

利润表可以衡量企业的经营成果，可以及时、准确地发现企业经营管理中存在的问题，可为投资者、债权人的投资与信贷决策提供正确的信息。

利润表的分析主要是对各项利润的增减变动、结构的增减变动等。

1. 利润额增减变动分析

通过对利润表的水平分析，从利润的形成角度反映利润额的变动情况，揭示企业在利润形成过程中的管理业绩及存在的问题。

2. 利润结构变动分析

利润结构变动分析，主要是在对利润表进行垂直分析的基础上，揭示各项利润及成本费用与收入的关系，以反映企业的各环节的利润构成、利润及成本费用水平。

(三) 会计报表比较分析法

利用 Excel 对会计报表的比较分析可以从两个方面进行，一是纵向比较，即以当期的资产负债表或利润表为报告期数据，选择企业另外一期为基期，比较报表项目各年的变化绝对数和相对数；二是报表结构的比较分析，即以报表中的某个总体指标作为全部，计算出各项目占总体指标的百分比，以此来比较各个项目的增减变动，判断相关财务活动的变化趋势。结构百分比的计算公式为

$$结构百分比=项目/总体指标×100\%$$

⬇ 扩展阅读

财务报表的三大逻辑切入点

从财务的角度看，盈利质量、资产质量和现金流量是系统、有效地分析财务报表的三大逻辑切入点。任何财务报表，只有在这个逻辑框架中进行分析，才不会发生重大的遗漏和偏颇。

同时，必须指出，盈利质量、资产质量和现金流量是相互关联的。盈利质量的高低受资产质量和现金流量的直接影响。如果资产质量低下，计价基础没有夯实，报告再多的利润都是毫无意义的。如果企业每年都报告利润，但经营性现金流量却入不敷出，那么，这种没有真金白银流入的利润，实质上只是一种"纸面富贵"。

这种性质的利润，要么质量低下，要么含有虚假成分。同样地，资产质量也受到现金流量的影响。根据资产的定义，不能带来现金流量的资产项目，充其量只能称为"虚拟资产"。严格来说，这样的资产项目是不应该在资产负债表上确认的。

资料来源：崔宏. 财务报表阅读与信贷分析实务[M]. 2 版. 北京：机械工业出版社，2021.

三、任务内容

(一) 资产负债表分析

根据宏发公司 2023 年 12 月资产负债表(见"5-1 报表分析"工作簿中"原始报表")，采

用纵向比较方法,比较期末各资产负债表项目的变化情况(相对数和绝对数两个方面);采用结构比较分析方法,比较资产、负债、所有者权益三个总体指标内部结构的变化情况。

(二)利润表分析

根据宏发公司 2023 年和 2024 年的利润表(见"5-1 报表分析"工作簿中"原始报表"),分析 2024 年各项目相对 2023 年的变化情况(相对数和绝对数两个方面);分析利润表中各项目占企业主营业务收入的比重的变化情况。

四、任务执行

(一)报表项目比较分析

(1) 打开教材案例资源包中"5-1报表分析"工作簿,新建"资产负债表项目比较"工作表,然后将"原始报表"工作表中宏发公司 2024 年与2023 年的资产负债表数据复制并以"粘贴连接"的形式粘贴过来,再增加字段"增减额"和"增减%",如图 5-1所示。

在货币资金项目对应的增减额单元格 D4 中录入公式"=B4-C4",在其对应的增减百分比单元格 E4 内录入公式"=D4/C4*100";选择两个单元格,拖动右下角的十字光标直至报表最后一行,完成全部新增字段的填充。其中,"#DIV/0!"表示除数为零,不可计算,应将其全部删除。最终完成结果如图 5-1 所示。

(2) 采用同样的方法在"5-1 报表分析"工作簿中建立"利润表项目比较"工作表,复制粘贴宏发公司2024 年与2023 年的利润表,增加字段"增减额"和"增减%"。选择利润表中的"营业收入"项目,执行与"货币资金"项目相同的操作,并填充公式,完成比较利润表的计算,结果如图 5-2 所示。

从资产负债表分析结果看,资产负债表各项目有增有减,总体上宏发公司流动资产和非流动资产都存在小幅度下降,致使资产总额减少 3.295

宏发公司比较性资产负债表			单位: 百万元	
报告期	2024年	2023年	增减额	增减%
流动资产				
货币资金	670.23	715.08	-44.85	-6.27
应收票据	1063.35	896.51	166.84	18.61
应收账款	1012.35	958.04	54.31	5.67
预付款项	148.63	375.61	-226.98	-60.43
应收股利	0.04	0.01	0.02	187.20
其他应收款	71.87	161.32	-89.46	-55.45
存货	878.11	851.21	26.91	3.16
流动资产合计	3844.59	3957.79	-113.21	-2.86
非流动资产				
长期应收款	68.41	74.54	-6.13	-8.23
长期股权投资	1259.78	1379.99	-120.22	-8.71
固定资产	1506.54	1597.26	-90.71	-5.68
在建工程	29.77	22.94	6.84	29.82
无形资产	67.16	73.40	-6.24	-8.50
长期待摊费用	1.24	1.14	0.10	9.11
递延所得税资产	0.00	0.00		
非流动资产合计	2932.91	3149.27	-216.36	-6.87
资产总计	6777.50	7107.06	-329.57	-4.64
负债及所有者权益				
流动负债				
短期借款	7.00	0.00	7.00	
应付票据				
应付帐款	333.08	324.64	8.45	2.60
预收款项	29.57	138.74	-109.17	-78.69
应付职工薪酬	23.19	34.01	-10.83	-31.84
应交税费	7.73	123.20	-115.47	-93.72
应付股利	72.09	50.22	21.87	43.55
其他应付款	110.70	112.64	-1.94	-1.72
一年内到期的长期负债	138.36	0.00	138.36	
流动负债合计	721.73	783.45	-61.73	-7.88
非流动负债				
长期借款	0.00	138.36	-138.36	
长期应付款	455.70	458.22	-2.52	-0.55
专项应付款	1.37	8.51	-7.15	-83.94
递延所得税负债	0.00	0.00	0.00	
非流动负债合计	457.07	605.09	-148.03	-24.46
负债合计	1178.79	1388.54	-209.75	-15.11
所有者权益				
实收资本	1196.47	1196.47	0.00	0.00
资本公积	2933.72	2933.72	0.00	0.00
盈余公积	1323.14	1197.96	125.18	10.45
其中:公益金	547.95	486.46	61.48	12.64
未分配利润	145.37	390.37	-244.99	-62.76
所有者权益合计	5598.70	5718.52	-119.82	-2.10
负债及所有者权益总计	6777.50	7107.06	-329.57	-4.64

图 5-1 宏发公司比较资产负债表

7亿元，下降4.64%；流动负债与非流动负债也集体减少，负债总额共减少2.097 5亿元，下降15.11%，下降幅度较大；盈余公积有所增加，但未分配利润大幅下降，致使所有者权益减少1.198 2亿元，下降2.10%。

宏发公司比较利润表				单位：百万元
项目	2024年	2023年	增减额	增减%
一、营业收入	16623.43	15449.48	1173.95	7.60
减：营业成本	14667.80	13407.09	1260.71	9.40
税金及附加	27.99	16.00	11.99	74.95
销售费用	915.91	828.46	87.45	10.56
管理费用	574.44	562.98	11.45	2.03
财务费用	-2.03	7.29	-9.31	-127.80
资产减值损失				
加：公允价值变动收益				
投资收益	-113.21	-121.54	8.33	-6.85
二、营业利润	326.12	506.12	-180.01	-35.57
加：营业外收入	5.76	4.33	1.43	33.11
减：营业外支出	6.11	0.65	5.46	845.51
三、利润总额	325.77	509.81	-184.03	-36.10
减：所得税费用	86.65	140.37	-53.72	-38.27
四、净利润	239.13	369.44	-130.31	-35.27
五、每股收益				

图5-2 宏发公司比较利润表

从利润表分析结果看，营业收入小幅增加，增长率为7.6%；营业成本等成本费用项目均有一定程度增长，其中"税金及附加"增长74.95%，销售费用增加10.56%，增长幅度巨大；而营业利润下降1.800 1亿元，降低35.57%。此外，营业外收入增幅小于营业外支出增幅，带来利润总额的进一步恶化，所得税费用减少缓解了部分下降压力，最终企业净利润比2023年减少1.303 1亿元，降低35.27%。

（二）报表项目构成比较分析

(1) 打开教学案例资源包"5-1报表分析"工作簿，新建"资产负债表构成比较"工作表，在工作表中将宏发公司2024年与2023年的资产负债表内容录入，并增加字段"2024年占资产比重(%)""2023年占资产比重(%)""2024年占流动(非)资产比重(%)""2023年占流动(非)资产比重(%)"四个字段，如图5-3所示。

图5-3 资产负债表构成比较设计

(2) 在货币资金项目对应的"2024年占资产比重(%)"单元格D5中录入公式"=B5/B$22*100"，并拖动至E5单元格，完成两个年份的货币资金项目比重的计算。同前述方法，选择D5与E5单元格，双击右下角十字光标，删除错误单元格内容，结束"2024年占资产比重(%)""2023

年占资产比重(%)"两个字段的填充工作。比较两列数据的增减量、增减百分比，即可看出 2024 年各项资产负债表项目所占比重较 2023 年的变化情况，方法同前面"报表项目比较分析"，这里不再赘述。

分别以流动资产合计、非流动资产合计、流动负债合计、非流动负债合计，以及所有者权益合计为分母，计算各项流动资产、非流动资产、流动负债、非流动负债所占的比重，并且复制填充。在单元格 F5 中设置公式"=B5/B\$12*100"，计算货币资金项目占全部流动资产的比重，如图 5-4 所示。在 F14 单元格中设置公式"=B14/B\$21*100"，计算长期应收款项目占全部非流动资产的比重等，如图 5-5 所示。

图 5-4　资产负债表构成比较数据填充

图 5-5　资产负债表构成比较结果

完成两个新增字段的填充后，仍可比较两列数据的增减量、增减百分比，发掘"流动资产""非流动资产""流动负债""非流动负债""所有者权益"项目内部各科目构成比重的变化情况。

钩元提要

了解资产负债表和利润表的项目构成及项目之间的关系，能够利用简单的公式对比分析报表各项目的变化情况及各项目构成比重的发展变化。

1+X证书相关试题

根据"X 证题训练-项目 5"工作簿中"5-1 总量比较分析表"和"5-2 结构比较分析表"进行如下操作。

(1) 分析资产负债表各项目期末数对比期初数的变化绝对数和相对数。

(2) 分析资产负债表各项目构成比重的增减变化。

豁目开襟

财务报表分析的匹配原则

财务报表分析的匹配原则不仅指报表数据之间要匹配,还要跳出财务报表的框架,从行业、产业链等多角度去验证财务数据的匹配情况。

1. 要与行业整体水平相匹配

一般情况下,标的公司的各项财务数据,与行业整体水平应该大致匹配,不能偏离得过于离谱,如果差距很大,则财务造假可能性大。比如,行业整体增速处于下滑通道,而标的公司收入增速却年年上涨,与行业增速背离,就可能存在财务造假。

2. 要与行业特征相匹配

每一个行业都有其固有特征,财务数据要与之相匹配。比如,明明是一家对下游相对弱势的企业,产品的竞争力不强,但却长期存在预收账款的情况,就要警惕预收账款的真实性。

3. 要与产业上下游的发展情况相匹配

行业特征及发展趋势很重要,但也不能局限于此。还要跳出行业本身,站在整个产业链的角度去验证财务数据的匹配性。比如,上游原材料波动大,下游价格稳定,但是标的公司毛利率还是纹丝不动,财务造假可能性就很大。

4. 财务报表数据之间要相互匹配

资产、负债、收入、成本、费用、现金流要相互匹配。如果不匹配就是财务异常,就要高度警惕财务造假的可能性。比如,利润都很高,但是每年现金流却很差,现金流和利润背离,小心财务造假。再如,收入增速很高,但是费用却不怎么增长,特别是运输费用等变动销售费用原地不动,收入存在虚增可能。

5. 各项财务指标之间要相互匹配

要深刻理解各项财务指标背后的经济含义,并据此判断财务指标之间是否存在背离。比如,存货周转率逐年下降,毛利率却逐年上升就是典型的财务数据异常。事实上,存货周转率、应收账款周转率、现金循环周期、主营业务收入增速、预收账款增速和毛利率等财务指标,都是体现对下游议价能力强弱的重要指标,变动方向应该大体一致,或者至少应该保持稳定。如果出现指标间的相互背离,则要高度警惕财务造假。

提示:作为财务数据分析人员,应熟知报表数据之间的勾稽关系,掌握行业特征与规律,始终保持怀疑的态度去观察财务报表数据,及时发现问题,妥善解决问题,精益求精。

任务二　报表比率分析

一、任务描述

财务分析以会计报表为基础,通过计算相关财务比率指标,及时评估企业的经营状况和发展前景,为企业管理和决策提供重要依据。

二、入职知识准备

财务报表分析中的比率分析法,是以财务报表为基础,通过各种比率指标的计算来反映企业经济活动程度的分析方法。采用这种方法,可以把某些条件下的不可比的指标变成可比较的指标,以利于分析企业的财务状况与经营成果。运用比率分析法可计算偿债能力指标、营运能力指标、获利能力指标和发展能力指标等反映企业财务状况和经营成果的指标,通常会涉及资产负债表、利润表和现金流量表。本章仅介绍源于资产负债表和利润表的比率分析。

(一)偿债能力指标

偿债能力是指企业偿还到期债务的能力,包括长期偿债能力和短期偿债能力。短期偿债能力是指企业流动资产对流动负债及时足额偿还的保证程度,是衡量企业当前财务能力,而不是流动资产变现能力的重要标志。短期偿债能力主要分析流动比率和速动比率;长期偿债能力是企业偿还长期负债的能力,主要有资产负债率、产权比率及已获利息倍数等。

1. 流动比率

流动比率是流动资产与流动负债的比率,表明企业每一元流动负债有多少流动资产作为偿还保证,反映企业可在短期内转变为现金的流动资产偿还到期流动负债的能力。其计算公式为

$$流动比率=流动资产/流动负债×100\%$$

一般情况下,流动比率越高,企业的短期偿债能力就越强,债权人的权益越有保障。国际上通常认为流动比率等于200%时较为适当,它表明企业财务状况稳定可靠,有足够的财力偿还到期债务。

从流动比率分析结果上看,企业流动比率越高,表示企业闲置资金持有过多,企业机会成本增加。另外,也可能是存货积压、应收账款增多或待处理、待摊费用增加造成的假象,需进一步对现金流量进行考查,从债权人角度来看,流动比率越高越安全。

2. 速动比率

速动比率是速动资产与流动负债的比率。速动资产是指流动资产减去变现能力较差且不稳定的存货、预付账款、一年内到期的非流动资产和其他流动资产等的余额。因此,速动比率能比流动比率更准确、可靠地评价企业资产的流动性及偿还短期负债的能力。其计算公式为

$$速动比率=速动资产/流动负债×100\%$$

一般情况下,速动比率越高,企业偿还流动负债的能力就越强。国际上通常认为速动比率等于100%较为合适。速动比率低的企业偿还能力并不一定就低,如果企业存货的流转及变现能力较高,企业的偿债能力依然很强。

3. 资产负债率

资产负债率是企业负债总额与资产总额的比率,表示资产总额中债权的比重,及企业资产对债权人权益的保障程度。其计算公式为

$$资产负债率=负债总额/资产总额×100\%$$

一般情况下,该比率越小,企业长期偿债能力越强。国际上通常认为该比率等于60%较为适当。对于债权人来说,这一指标数值越大越好,而对企业来说,资产负债率过大表明企业债务重,企业资金实力不强,过小则表明企业没有充分利用财务杠杆。

4．产权比率

产权比率是负债总额与权益总额的比率，是企业财务结构是否稳健的重要标志。它反映了企业所有者权益对债权人权益的保障程度，揭示自有资金对偿债风险的承受能力。其计算公式为

$$产权比率 = 负债总额/权益总额 \times 100\%$$

产权比率高，是高风险、高报酬的财务结构；产权比率低，是低风险、低报酬的财务结构。该项指标同时也表明债权人投入的资本受到股东权益保障的程度，或者说是企业清算时对债权人利益的保障程度。会计法中规定，企业申请破产前清算时，债权人的索偿权在股东前面。因此，当公司进行清算时，如果该比率过高，债权人的利益就会因股东提供的资本所占比重较小而缺乏保障。

5．已获利息倍数

已获利息倍数是企业一定时期息税前利润与利息支出的比率。它是企业举债经营的前提，也是衡量企业长期偿债能力的重要标志。一般已获利息倍数为 3，至少也应当大于 1。其计算公式为

$$已获利息倍数 = 息税前利润总额/利息支出$$

已获利息倍数如果过小，企业会面临亏损，企业的偿债能力也低。

（二）营运能力指标

1．应收账款周转率

应收账款周转率是企业一定时期内营业收入与平均应收账款余额的比率，它反映了企业应收账款的变现速度。其计算公式为

$$应收账款周转率 = 营业收入/平均应收账款余额 \times 100\%$$

应收账款周转率高，说明企业的收账速度快、资产流动性好、出现坏账的可能性小、企业运营管理情况好。

2．存货周转率

存货周转率是企业一定时期营业成本与平均存货余额的比率。它主要反映企业流动资产的变现能力和获利能力。其计算公式为

$$存货周转率 = 营业成本/平均存货余额 \times 100\%$$

存货周转率越高越好，说明变现速度快，资产占用低，企业采购、生产、销售各环节的状况比较好；通过此比率，可以及时发现存货管理上的问题，存货过多，容易积压，存货过少，会造成生产中断或销售中断。

3．流动资产周转率

流动资产周转率是企业一定时期营业收入与平均流动资产总额的比率，它反映了流动资产的周转情况。其计算公式为

$$流动资产周转率 = 营业收入/平均流动资产总额 \times 100\%$$

流动资产周转率越高，说明企业的流动资产利用效果越好，企业的运营能力越强。

4. 固定资产周转率

固定资产周转率是企业一定时期营业收入与平均固定资产净值的比率，反映企业固定资产的利用效率。其计算公式为

$$固定资产周转率=营业收入/平均固定资产净值×100\%$$

固定资产周转率越高，表明企业固定资产的利用越充分，结构合理，投资得当；反之，则说明固定资产使用效率低，产能有所浪费。

5. 总资产周转率

总资产周转率是企业一定时期营业收入与平均资产总额的比率，反映了企业全部资产的利用效率。其计算公式为

$$总资产周转率=营业收入/平均资产总额×100\%$$

总资产周转率越高，企业全部资产的使用效率越高；反之，说明企业经营资产的效果较差。

(三) 获利能力指标

1. 营业利润率

营业利润率是企业一定时期营业利润与营业收入的比率。其计算公式为

$$营业利润率=营业利润/营业收入×100\%$$

营业利润越高，说明企业的市场竞争力越强，其发展潜力越大，获利能力越强。

2. 成本费用利润率

成本费用利润率是企业一定时期利润总额与成本费用总额的比率。其计算公式为

$$成本费用利润率=利润总额/成本费用总额×100\%$$

成本费用利润率越高，企业为取得利润支付的成本费用越小，企业获利能力越强。

3. 总资产收益率

总资产收益率是企业一定时期内获得的净利润与平均资产总额的比率，反映了企业全部资产综合利用效果。其计算公式为

$$总资产收益率=净利润/平均资产总额×100\%$$

总资产收益率越高，说明企业资产综合利用率越好，企业经营管理水平越高，企业获利能力越强。

4. 净资产收益率

净资产收益率是企业一定时期净利润与平均净资产的比率，反映了企业自有资金收益水平。其计算公式为

$$净资产收益率=净利润/平均净资产×100\%$$

净资产收益率越高，企业自有资金的获利能力越强，企业运营管理情况越好，企业的投资人和债权人的利益越有保证。

5. 资本收益率

资本收益率是企业一定时期净利润与平均资本的比率，反映企业投资额的回报水平。其计算公式为

$$资本收益率=净利润/平均资本×100\%$$

资本收益率反映企业的投资回报，其数值越大，表示企业投资回报多，获利能力强。

(四) 发展能力指标

发展能力考核企业在生存基础上的扩大规模、壮大实力的潜在能力，主要从营业收入增长率等几个方面进行反映。

1. 营业收入增长率

营业收入是企业本年营业收入增长额与上年营业收入总额的比率，反映企业的成长状况和发展能力。其计算公式为

$$营业收入增长率=本年营业收入增长额/上年营业收入总额×100\%$$

营业收入增长率指标若大于 0，表示本年营业收入增长，企业有新发展；若小于 0，说明企业本年收入负增长，企业应查明原因，解决问题。

2. 资本保值增值率

资本保值增值率是企业年末所有者权益总额与年初所有者权益总额的比率。其计算公式为

$$资本保值增值率=年末所有者权益总额/年初所有者权益总额×100\%$$

资本保值增值率指标越高，表明企业资本增长越快，企业发展前景越好。

3. 资本积累率

资本积累率是企业本年所有者权益增长额与年初所有者权益的比率，用来反映企业本年资本积累的能力。其计算公式为

$$资本积累率=本年所有者权益增长额/年初所有者权益×100\%$$

资本积累率指标若大于 0 并且越高，说明企业的资本积累越多，抵抗风险的能力越强。

4. 总资产增长率

总资产增长率是企业本年总资产增长额与年初资产总额的比率。其计算公式为

$$总资产增长率=本年总资产增长额/年初资产总额×100\%$$

总资产增长率指标越高，企业资产经营规模扩张的速度越快，企业发展前景越广阔，后劲越足。

5. 营业利润增长率

营业利润增长率由本年营业利润增长额与上年营业利润总额相比获得。其计算公式为

$$营业利润增长率=本年营业利润增长额/上年营业利润总额×100\%$$

营业利润增长率指标越高，说明企业营业利润的增长越多，企业发展速度越快，前景越好。

三、任务内容

根据宏发公司 2024 年及 2023 年的资产负债表和利润表(见"5-1 报表分析"工作簿中的"原始报表"工作表)，计算流动比率、速动比率、资产负债率、产权比率指标，来分析企业的偿

债能力；计算应收账款周转率、存货周转率、流动资产周转率、固定资产周转率和总资产周转率指标，来分析企业的营运能力；计算营业利润率、成本费用利润率、总资产收益率、净资产收益率、资本收益率指标，来分析企业的获利能力；计算营业收入增长率、资本保值增值率、资本积累率、总资产增长率及营业利润增长率，来分析企业的发展能力。

四、任务执行

打开教材案例资源包中"5-1 报表分析"工作簿，建立"报表比率分析"工作表，设计表格从资产负债表和利润表中获取数据，计算相应的分析指标，并进行分析。

(一) 偿债能力分析

宏发公司偿债能力分析，如图 5-6 所示。

偿债能力分析	
	单位：百万元
项目	年度
	2024年
流动资产	3844.59
流动负债	721.73
流动比率(%)	532.69

偿债能力分析	
	单位：百万元
项目	年度
	2024年
流动资产	=原始报表!B12
流动负债	=原始报表!B34
流动比率(%)	=B39/B40*100

	单位：百万元
项目	年度
	2024年
速动资产	2745.94
流动负债	721.73
速动比率(%)	380.47

	单位：百万元
项目	年度
	2024年
速动资产	=原始报表!B5+原始报表!B6+
流动负债	=原始报表!B34
速动比率(%)	=B46/B47*100

	单位：百万元
项目	年度
	2024年
负债总额	1178.79
资产总额	6777.50
资产负债率(%)	17.39

	单位：百万元
项目	年度
	2024年
负债总额	=原始报表!B41
资产总额	=原始报表!B22
资产负债率(%)	=B53/B54*100

	单位：百万元
项目	年度
	2024年
负债总额	1178.79
权益总额	5598.70
产权比率(%)	21.05

	单位：百万元
项目	年度
	2024年
负债总额	=原始报表!B41
权益总额	=原始报表!B18
产权比率(%)	=B60/B61*100

视频：流动比率

图 5-6　宏发公司偿债能力分析

从短期偿债能力上看，流动比率和速动比率都远远高于国际标准，宏发公司财务状况稳定可靠，有财力偿还到期债务，但资金闲置较为严重，企业机会成本上升；从长期偿债能力上看，产权比率和资产负债率较低，说明所有者权益对负债的保障能力强，企业偿债能力强。

(二) 营运能力分析

宏发公司营运能力分析，如图 5-7 所示。从营运能力指标看，企业的收账速度较快，坏账的可能性小；存货变现速度快，资产占用低，企业采购、销售各环节的状况比较好；企业全部资产的使用效率较高；企业固定资产利用充分，结构合理，投资得当，企业整体运营管理情况好。

营运能力分析	
	单位：百万元
项目	年度
	2024年
营业收入	16623.43
期初资产总额	7107.06
期末资产总额	6777.50
平均资产总额	6942.28
总资产周转率(倍)	2.39
总资产周转天数(天)	150.34

营运能力分析	
	单位：百万元
项目	年度
	2024年
营业收入	=原始报表!F4
期初资产总额	=原始报表!C22
期末资产总额	=原始报表!B22
平均资产总额	=(B70+B71)/2
总资产周转率(倍)	=B69/B72
总资产周转天数(天)	=360/B73

	单位：百万元
项目	年度
	2024年
营业收入	16623.43
期初流动资产总额	3957.79
期末流动资产总额	3844.59
平均流动资产总额	3901.19
流动资产周转率(倍)	4.26
流动资产周转天数(天)	84.48

	单位：百万元
项目	年度
	2024年
营业收入	=原始报表!F4
期初流动资产总额	=原始报表!C12
期末流动资产总额	=原始报表!B12
平均流动资产总额	=(B80+B81)/2
流动资产周转率(倍)	=B79/B82
流动资产周转天数(天)	=360/B83

	单位：百万元
项目	年度
	2024年
营业收入	16623.43
期初应收账款	958.04
期末应收账款	1012.35
平均应收账款	985.19
应收账款周转率(次)	16.87
应收账款周转天数(天)	21.34

	单位：百万元
项目	年度
	2024年
营业收入	=原始报表!F4
期初应收账款	=原始报表!C7
期末应收账款	=原始报表!B7
平均应收账款	=(B90+B91)/2
应收账款周转率(次)	=B89/B92
应收账款周转天数(天)	=360/B93

	单位：百万元
项目	年度
	2024年
营业成本	14667.80
期初存货	851.21
期末存货	878.11
平均存货	864.66
存货周转率(次)	16.96
存货周转天数(天)	21.22

	单位：百万元
项目	年度
	2024年
营业成本	=原始报表!F5
期初存货	=原始报表!C11
期末存货	=原始报表!B11
平均存货	=(B100+B101)/2
存货周转率(次)	=B99/B102
存货周转天数(天)	=360/B103

	单位：百万元
项目	年度
	2024年
营业收入	16623.43
期初固定资产	1597.26
期末固定资产	1506.54
平均固定资产	1551.90
固定资产周转率(次)	10.71
固定资产周转天数(天)	33.61

	单位：百万元
项目	年度
	2024年
营业收入	=原始报表!F4
期初固定资产	=原始报表!C16
期末固定资产	=原始报表!B16
平均固定资产	=(B110+B111)/2
固定资产周转率(次)	=B109/B112
固定资产周转天数(天)	=360/B113

视频：总资产周转率
和周转天数

图5-7 宏发公司营运能力分析

（三）获利能力分析

宏发公司获利能力分析，如图 5-8 所示。从获利能力指标看，需要比较同行业的营业利润率来比较宏发公司的市场竞争环境、分析企业的发展潜力；企业为取得利润支付的成本费用较高，成本费用控制需进一步加强，企业资产综合运营能力较好，企业自有资金的获利能力良好，企业投资人和债权人的利益有保证，企业的投资回报良好。

获利能力分析

单位：百万元

项目	年度
	2024年
净利润	239.13
期初所有者权益	5718.52
期末所有者权益	5598.70
平均所有者权益	5658.61
净资产收益率(%)	4.23

获利能力分析

单位：百万元

项目	年度
	2024年
净利润	=原始报表!F18
期初所有者权益	=原始报表!C48
期末所有者权益	=原始报表!B48
平均所有者权益	=(B6+B7)/2
净资产收益率(%)	=B5/B8*100

单位：百万元

项目	年度
	2024年
净利润	239.13
期初资产总额	7107.06
期末资产总额	6777.50
平均资产总额	6942.28
总资产收益率(%)	3.44

单位：百万元

项目	年度
	2024年
净利润	=原始报表!F18
期初资产总额	=原始报表!C22
期末资产总额	=原始报表!B22
平均资产总额	=(B15+B16)/2
总资产收益率(%)	=B14/B17*100

单位：百万元

项目	年度
	2024年
营业利润	326.12
营业收入	16623.43
营业利润率(%)	1.96

单位：百万元

项目	年度
	2024年
营业利润	=原始报表!F13
营业收入	=原始报表!F4
营业利润率(%)	=B23/B24*100

单位：百万元

项目	年度
	2024年
利润总额	325.77
成本费用总额	16184.11
成本费用利润率(%)	2.01

单位：百万元

项目	年度
	2024年
利润总额	=原始报表!F16
成本费用总额	=SUM(原始报表!F5:F9)
成本费用利润率(%)	=B30/B31*100

图 5-8 宏发公司获利能力分析

视频：净资产收益率

（四）发展能力分析

宏发公司发展能力分析，如图 5-9 所示。从发展能力指标看，营业收入虽比上年有小幅度增长，但因为成本费用大大增加，致使营业利润下滑严重，增长率为-35.57%；所有者权利小幅减少，总资产缩减，资本保值增值率下降，企业抗风险能力不强，未来发展前景有待进一步观察。

视频：资本积累率

发展能力分析	
	单位：百万元
项目	年度
	2024年
期初所有者权益	5718.52
期末所有者权益	5598.70
所有者权益增长量	-119.82
资本积累率(%)	-2.10

发展能力分析	
	单位：百万元
项目	年度
	2024年
期初所有者权益	=原始报表!C48
期末所有者权益	=原始报表!B48
所有者权益增长量	=B122-B121
资本积累率(%)	=B123/B121*100

	单位：百万元
项目	年度
	2024年
期初所有者权益	5718.52
期末所有者权益	5598.70
资本保值增值率(%)	97.90

	单位：百万元
项目	年度
	2024年
期初所有者权益	=原始报表!C48
期末所有者权益	=原始报表!B48
资本保值增值率(%)	=B130/B129*100

	单位：百万元
项目	年度
	2024年
本年营业收入	16623.43
上年营业收入	15449.48
营业收入增长额	1173.95
营业收入增长率(%)	7.60

	单位：百万元
项目	年度
	2024年
本年营业收入	=原始报表!F4
上年营业收入	=原始报表!G4
营业收入增长额	=B136-B137
营业收入增长率(%)	=B138/B137*100

	单位：百万元
项目	年度
	2024年
本年营业利润	326.12
上年营业利润	506.12
营业利润增长额	-180.01
营业利润增长率(%)	-35.57

	单位：百万元
项目	年度
	2024年
本年营业利润	=原始报表!F13
上年营业利润	=原始报表!G13
营业利润增长额	=B144-B145
营业利润增长率(%)	=B146/B145*100

	单位：百万元
项目	年度
	2024年
期初资产总额	7107.06
期末资产总额	6777.50
总资产增长额	-329.57
总资产增长率(%)	-4.64

	单位：百万元
项目	年度
	2024年
期初资产总额	=原始报表!C22
期末资产总额	=原始报表!B22
总资产增长额	=B153-B152
总资产增长率(%)	=B154/B152*100

图 5-9　宏发公司发展能力分析

🖊 钩元提要

掌握各种财务分析指标的含义和计算方法，能够准确获取相关数据，正确计算各类指标分析企业的盈利能力、偿债能力、营运能力和发展能力。

1+X证书相关试题

根据"X证题训练-项目5"工作簿中"5-1总量比较分析表"和"5-2结构比较分析表"进行如下操作。

(1) 计算销售净利率、资产净利率及净资产收益率来分析企业获利能力。

(2) 计算流动比率、速动比率来分析企业短期偿债能力，计算资产负债率、产权比率来分析企业的长期偿债能力。

(3) 计算存货周转率、应收账款周转率、总资产周转率指标，分析企业资产管理能力。

豁目开襟

最早的数据分析方法

古人很早就在实践中总结出了很多有效的数据分析方法，如平均数分析法、对比分析法、图表分析法等。这些方法直观便捷，一直沿用到今天。

1. 平均数分析法

平均数最早出现在西周。《周易·谦》中有："君子以衰多益寡，称物平施"的记载。西周时期，冢宰(周朝官名)以30年粮食收成的平均数作为定额，规定国家支出，以执行"量入为出"的财政管理原则，这是平均数在中国财政统计上最早的应用。以后历代，平均数广泛应用于各种统计分析活动之中。

2. 对比分析法

最早的对比分析法可以追溯到战国时期韩非的参伍分析法。韩非采用这种方法，对比分析了人口变动对财货分配的影响，得出了"是以人民众而财货寡，事力劳而供养薄，故民争，虽倍赏累罚而不免于乱"的结论。

唐宋时期，对比分析法的应用比较广泛。例如，唐代李吉甫搜集整理了元和年间全国分地区的户籍、土地、赋役等数字，与天宝年间进行比较，分析并说明了元和年间赋役的繁重；宋代曾巩运用发展速度这一统计分析指标，对比了景德、皇祐、治平年间的政治经济发展程度，得出"罢减冗费"的结论。

3. 中位数分析法

此法在宋代应用较多。在财政支出上，王尧臣等人通过比较宋仁宗景祐年间国家财政收支数额，参考每年的收支情况，奏请以中位数的一年为标准，确定每年的支出。在平抑粮价上，沈括任三司使期间，为避免谷价波动，在东南地区推行"和籴"法，将中位数具体运用到购粮实践。在茶税数额上，官府明确以139万2119贯319文为定额，从宋真宗咸平元年(998年)至宋仁宗嘉祐三年(1058年)连续61年以此中位数为标准，浮动征收。

4. 图表分析法

我国现存最早的统计表为西汉司马迁创制。司马迁所著《史记》共有三代世表、十二诸侯年表、六国年表等10个表，其基本具备了构成现代统计表的各项要素，对总标题、主宾栏表目、指标名称、计量单位、排列顺序等都有明确的规定。

宋代，图表分析法有较大发展。唐仲友所著《帝王经世图谱》，列图表于前，录材料于中，加说明于后，做到了制图表、审事实、做分析的三结合。杨甲绘制的《六经图》，共309幅，有条形图、曲线图、面积图和象形图等，丰富了统计图的种类。郑樵非常强调图谱的重要性，认为图谱简明扼要，胜过书籍千章万卷，其形象具体，易于理解，能够纲举目张。

提示： 中华文化博大精深，源远流长，是中华文明的智慧结晶。中国古代数学长期居于世界领先地位，很多算法要领先欧洲一千多年。传承和弘扬，创新与转化，是新时代中华儿女的神圣使命。

学习情境二 筹资决策分析

筹资决策是指为满足企业融资的需要，对筹资的途径、筹资的数量、筹资的时间、筹资的成本、筹资风险和筹资方案进行评价和选择，从而确定一个最优资金结构的分析判断过程。筹资决策的核心，就是面对多种渠道、多种方式的筹资条件，如何选择不同的筹资方式力求筹集到最经济、资金成本最低的资金来源，实现资金来源的最佳结构，即使公司平均资金成本率达到最低限度时的资金来源结构。筹资决策是企业财务管理相对于投资决策的另一重要决策。

任务一 长期借款筹资模拟计算

一、任务描述

长期借款是企业常见的筹资形式。在进行长期借款筹资时，企业要综合分析借款金额、借款利率、借款年限，选择适合自身条件要求的长期借款项目。

二、入职知识准备

长期借款是指从银行或其他非银行金融机构借入的、期限在一年以上的各种借款。长期借款主要用于构建固定资产和满足企业营运资金的需要。企业对长期借款所支付的利息，通常在所得税前扣除。

长期借款按提供贷款的机构可以分为政策性银行借款、商业性银行贷款和其他金融机构借款；按有无抵押品担保划分，可分为抵押借款和信用借款；按其用途划分，可分为基本建设借款、更新改造借款、科研开发和新产品试制借款等。

长期借款筹资分析涉及借款金额、借款年利率、借款年限、每年还款期等因素，在 Excel 中可利用 PMT( )年金函数来计算各期还款金额。

PMT(rate,nper,pv,fv,type)函数的功能是按指定利率和借款期限计算返回每期固定的还款金额。其中，rate 表示借款利率；nper 表示借款期限。二者的计量标准必须一致，如果 rate 是年利率，那么 nper 一定以年来计量；pv 表示借款现值，即借款本金；fv 表示借款的终值，其与 pv 参数只能选择一个；type 参数表明还款金额是期末给付还是期初给付，type 为零表示还款金额为期末给付，为 1 表示期初给付。

Excel 中提供了模拟运算功能，可显示一个或多个公式中替换不同值时的结果，分为单变量模拟运算表和双变量模拟运算表。在单变量模拟运算表中，用户可对一个变量输入不同的值，从而查看它对一个或多个公式的影响，在双变量模拟运算表中，用户对两个变量输入不同的值，从而查看它对一个公式的影响。

⊕ 扩展阅读

长期借款和短期借款的区别

从还款期限看，长期借款指的是企业借入的偿还期限在 1 年以上的借款，短期借款指的是偿还期限在一年以内(含一年)的借款；从借款的使用用途看，长期借款多用于投资金额大、变现时间长的长期投资活动，比如购置固定资产、扩建厂房等。从借款利率看，长期借款的利率一般要大于短期借款的利率。本金乘以利率得到的是利息。利息实际上是银行向借款人收取的资金使用费，借款人的借款期限越长，不确定性就越大，银行收不回借款的风险就越大，于是银行就会要求更高的利率，否认就不会发放贷款。

资料来源：崔小北. 透过财报看企业：洋葱财务分析法[M]. 北京：清华大学出版社，2022.

三、任务内容

(1) 宏发公司需要筹措一笔长期借款，金额为 1 500 000 元，可选择的利率为 4%、4.5%、5%、5.5%、6%、6.5%～10% 不等，在 15 年内还清。假定宏发公司每月用来还款的金额不超过 13 000 元，公司借款的利率不得超过多少？

(2) 2024 年，宏发公司经营需要贷款 2 000 000 元，年利率范围为 5%、5.5%、6%、6.5%～11%，贷款年限可为 10 年、12 年、15 年、17 年和 20 年几种情形。假定每月用来还款的金额接近 20 000 元为佳，请问该如何决策？

四、任务执行

(一) 长期借款单变量决策模型

打开教材案例资源包中"5-2 筹资决策"工作簿，创建"长期借款单变量决策模型"工作表，在单元格中按行依次录入本金、年限、年利率、每月偿还额等文字和已知数据，如图 5-10 所示。

在 D2 单元格中录入公式"=PMT(C2/12,B2*12,A2)"，系统返回数字"¥ –11,095.32"，表明公司每个月要还款 11 095.32 元。

选中单元格区域 C2:D14，选择"数据"–"预测"–"模拟分析"–"模拟运算表"选项，打开"模拟运算表"对话框，如图 5-11 所示。在"输入引用列的单元格 (C)"处选择单元格 C2(选定区域中首个年利率)，单击"确定"按钮，系统自动按左列给定"年利率"填充右侧"每月偿还额"，结果如图 5-12 所示。

	A	B	C	D
1	本金	年限	年利率	每月偿还额
2	1500000	15	4%	
3			4.50%	
4			5%	
5			5.50%	
6			6%	
7			6.50%	
8			7%	
9			7.50%	
10			8%	
11			8.50%	
12			9%	
13			9.50%	
14			10%	

图 5-10　长期借款单变量决策模型数据录入

图 5-11 长期借款单变量决策模型条件设置

本金	年限	年利率	每月偿还额
1500000	15	4%	¥ -11,095.32
		4.50%	¥ -11,474.90
		5%	¥ -11,861.90
		5.50%	¥ -12,256.25
		6%	¥ -13,000.73
		6.50%	¥ -13,066.61
		7%	¥ -13,482.42
		7.50%	¥ -13,905.19
		8%	¥ -14,334.78
		8.50%	¥ -14,771.09
		9%	¥ -15,214.00
		9.50%	¥ -15,663.37
		10%	¥ -16,119.08

图 5-12 长期借款单变量决策模型结果

从"每月偿还额"列可见,当借款年利率高于 6%时,每月还款额会超过 13 000 元。因此,公司应选择年利率不超过 6%的长期款项。

(二) 长期借款双变量决策模型

打开教材案例资源包中"5-2 筹资决策"工作簿,创建"长期借款双变量决策模型"工作表,在单元格中录入相关数据,如图 5-13 所示。

视频:单变量决策

图 5-13 长期借款双变量决策模型数据录入

如图 5-14 所示,在单元格 C4 中录入公式"=PMT(B3/12,B2*12,B1)",系统计算出年利率为 5%,借款期限为 10 年的长期借款,每月还款额为-21 213.10 元。选中单元格区域 C4:H17,选择"数据"-"预测"-"模拟分析"-"模拟运算表"选项,打开"模拟运算表"对话框,在"输入引用行的单元格(R)"处选择单元格 B2(年限),在"输入引用列的单元格(C)"处选择单元格 B3(利率),单击"确定"按钮,系统自动按左列给定年利率和首行(选定区域的首行)给定的年限计算填充对应的每月偿还额。运算结果如图 5-15 所示。

图 5-14 长期借款双变量决策模型条件设置

¥-21,213.10	10	12	15	17	20
5%	-21213.1	-18497.8	-15815.9	-14573.1	-13199.1
5.50%	-21705.3	-19003.4	-16341.7	-15112.2	-13757.7
6%	-22204.1	-19517	-16877.1	-15662	-14328.6
6.50%	-22709.6	-20038.4	-17422.1	-16222.4	-14911.5
7%	-23221.7	-20567.6	-17976.6	-16793.2	-15506
7.50%	-23740.4	-21104.5	-18540.2	-17374.2	-16111.9
8%	-24265.5	-21649.1	-19113	-17965.1	-16728.8
8.50%	-24797.1	-22201.1	-19694.8	-18563.8	-17356.5
9%	-25335.2	-22760.6	-20285.3	-19176.1	-17994.5
9.50%	-25879.5	-23327.5	-20884.5	-19795.6	-18642.6
10%	-26430.1	-23901.6	-21492.1	-20424.2	-19300.4
10.50%	-26987	-24482.8	-22108	-21061.6	-19967.6
11%	-27550	-25071.1	-22731.9	-21707.6	-20643.8

图 5-15 长期借款双变量决策模型结果

从还款额的结果来看，当借款年利率为6.5%，借款期为12年时，每月还款额为20 038.4元，最接近公司指定数额20 000元，为最佳决策。

钩元提要

理解筹资成本的构成，掌握长期借款资金成本的计算方法，能利用Excel模拟运算计算不同条件下长期借款的资金成本。

视频：双变量决策

1+X证书相关试题

打开"X证题训练-项目5"工作簿"5-3 欣欣公司借款"工作表，完成下面的操作。

(1) 欣欣公司需要筹措一笔长期借款，金额为100万元，可选择的利率为6%、6.5%～10%不等，在10年内还清。计算各种情况下的每年要偿还的借款利息。

(2) 2024年，欣欣公司经营需要贷款50万元，年利率范围为6%、6.5%～11%，贷款年限可为10年、15年、18年、20年和25年几种情形。计算各种情况下每年要偿还的借款利息。

豁目开襟

以信取胜的商业信用融资

商业信用融资是指企业之间在买卖商品时，以商品形式提供的借贷活动，是经济活动中的一种较普遍的债权债务关系。

利用商业信用筹集资金非常方便，且筹资成本低，限制条件少。商业信用融资属于一种自然性融资，不用做非常正规的安排，也无须另外办理正式筹资手续。如果没有现金折扣，或者企业不放弃现金折扣，使用不带息应付票据和采用预收货款，则企业采用商业信用筹资没有实际成本；与其他筹资方式相比，商业信用筹资限制条件较少，选择余地较大，条件比较优越。

商业信用一般分为以下几种类型。

1. 应付账款融资

应付账款是指企业购买货物未付款而形成的对供货方的欠账，即卖方允许买方在购货后的一定时间内支付货款的一种商品交易形式。

在规范的商业信用行为中，债权人(供货商)为了控制应付账款期限和额度，往往向债务人(购货商)提出信用政策，包括信用期限及给买方的购货折扣与折扣期。

2. 商业票据融资

商业票据是指由金融公司或某些企业签发，无条件约定自己或要求他人支付一定金额可流通转让的有价证券，持有人具有一定权利的凭证，如汇票、本票、支票等。票据融资无实体财产作抵押担保品，只以发行公司的声誉、实力地位作担保；期限短，一般来说，大中型公司商业票据的发行期限为1～6个月，大型金融公司的发行期限则为1～9个月，最短的有以几天来计期的商业票据；见票即付，商业票据有明确的到期日，到期时债务人必须无条件地向债权人或持票人支付确定的金额，而不得以任何理由为借口，拒绝或延期支付；利率低，商业票据利率一般低于银行贷款利率但高于国库券利率；限制少，商业票据融资方式不像其他融资方式那样受到较多法律法规限制，而且没有最高限额，从而使公司有广泛的资金来源。

3. 预收货款融资

预收货款是指销货企业按照合同或协议约定，在交付货物之前向购货企业预先收取部分或全部货物价款的信用形式，相当于销货企业向购货企业先借一笔款项，然后再用货物抵偿。

既然是商业信用，就要求企业在运用时一定不要超出企业的债务承受能力，要言必信，行必果。否则一旦到期信用无法兑现，不仅使别人受到损失，更会损坏企业自身的信誉，严重的就变成了商业诈骗。

商业信用融资给企业提供了一个巨大的创新平台。巧妙运用商业信用融资方式，不仅能够借此筹集到一笔可观的无息资金，而且可以吸引一批长期稳定的客户，为企业扩大经营提供资金来源。

提示："诚"是企业聚心之魂，"信"是企业立足之本。诚信是我国传统的优秀商业品德。早在战国时，对商业活动就有"市贾不贰，国中无伪"的要求。对于当代企业来说，诚信就是黄金品牌，是企业在市场经济中取得成功的基石。

任务二　最优资本结构设置

一、任务描述

企业筹资时，除了要选择成本较低的筹资方式，还要注意调整筹资所占的比重，保证综合资金成本最低。综合资金成本最低的筹资组合被称为最佳资本结构，它是企业筹资活动的目标。

二、入职知识准备

(一) 资金成本概述

资金成本是企业为筹集和使用一定量的长期资金而付出的代价，资金成本包括筹资费用和使用费用。筹资费用是指因获得资金而付出的代价，主要有手续费，发行股票、债券的发行费用等。使用费用是指因使用资金而付出的代价，主要有股息、利息等。资金成本包括单项资金成本、综合资金成本、边际资金成本等。资金成本率计算公式为

$$资金成本率=资金使用费/(筹资总额-筹资费用)\times100\%$$

(二) 资金成本计算

不同的筹资方式下，资金成本的计算公式不同。

1. 单项资金成本

(1) 债务资本成本。债务资本筹集可以抵消所得税，所以资金使用成本相对较低，但风险较高。

$$银行借款成本率=借款总额\times年借款利率\times(1-所得税率)/借款总额\times(1-筹资费用率)$$
$$债券成本率=债券面值\times年利率\times(1-所得税率)/筹资总额\times(1-筹资费用率)$$

(2) 权益资本成本。权益资本成本的有关计算公式为

$$优先股成本率=优先股股利/筹资总额\times(1-筹资费用率)$$
$$普通股成本率=预期最近一年股利额/筹资总额\times(1-筹资费用率)+股利年增长率$$
$$留存收益成本率=预期最近一年股利额/筹资总额+股利年增长率$$

2. 综合资金成本

一个企业的筹资形式通常是多样的，可以是上述各种单项筹资的不同组合。综合资金成本即为计算多种筹资形式组合的综合资金成本率，用 K_W 表示。

$$综合资金成本率=\sum(单项资金成本率 \times 单项资金占全部资金的比重)$$

在 Excel 中可采用 SUMPRODUCT(array1,[array2],[array3],…)函数来计算两数组或多数组的乘积之和。

(三) 资本结构

资本结构是指企业各种资本的组成结构和比例关系，其实质是企业负债和所有者权益之间的比例关系。企业最佳的资本结构是综合资本成本最低并且企业价值最大的资本结构，这是企业筹资时追求的目标资本结构。

确定最佳资本结构的方法很多，有比较资本成本法、每股收益无差别点法、比较公司价值法等。本书仅介绍比较资本成本法。

比较资本成本法简单实用，主要是通过计算各种方案的综合资本成本并进行比较，选择综合资本成本最低的方案作为最优方案，常适用于初始筹资决策，在追加筹资时也可以使用。

三、任务内容

对宏发公司的筹资行为进行决策，完成如下任务。

(1) 宏发公司账面的长期资金共有 1 600 万元，其中 3 年期长期借款 200 万元，年利率为 12%，每年付息一次，到期一次还本，筹资费用率为 0.5%；发行 10 年期债券共 500 万元，票面利率为 12%，发行费用 5%；发行普通股 800 万元，预计第一年股利率为 14%，以后每年增长 1%，筹资费用率为 4%；此外公司保留盈余 100 万元。公司所得税税率为 25%。计算各种筹资方式的资金成本及综合成本。

(2) 宏发公司欲筹资 5 000 万元用于扩大店面，有三种筹资方案可供选择。三种方案的筹资构成和资本成本分别如图 5-16 所示。请选择最佳的筹资方案。

筹资方式	A方案		B方案		C方案	
	筹资金额	个别成本	筹资金额	个别成本	筹资金额	个别成本
长期借款	800	6%	600	6.50%	900	7.00%
长期债券	1000	8%	1500	8.00%	1500	10.00%
优先股	500	12%	500	12.00%	300	12.00%
普通股	2700	15%	2400	15.00%	2300	15.00%

图 5-16　各备选方案的构成和资本成本

四、任务执行

(一) 筹资成本计算

打开教材案例资源包中"5-2 筹资决策"工作簿，创建"资金成本与成本结构分析"工作表，在单元格中按照公司筹资的形式将筹资金额、利率、筹资费用率、股利年增长率和所得税税率等已知条件，以及待计算单项资金成本和综合资金成本输入系统，并按单项资金成本的计算方法分别在单元格 B6、B13、B20、B26 中设置公式计算相应的资金成本，采用加权平均法在单元格 B35 中计算综合资金成本。

应用公式"=SUMPRODUCT(B31:B34,C31:C34)"的单元格中，B31:B34 单元格区域为各种形式的筹资本金构成的数组；C31:C34 为各种筹资方式所对应的资金成本构成的数组；SUMPRODUCT( )函数返回两数据区域对应乘积之和，如图 5-17 所示。

	A	B	C	D	E	F	G	H
1	长期借款成本							
2	长期借款	200						
3	长期借款利率R	12%						
4	所得税率T	25%						
5	长期借款筹资费用率F	0.50%						
6	长期借款资金成本K	9.05%	→	=B3*(1-B4)/(1-B5)				
7								
8	债券成本							
9	债券	500						
10	债券利率R	12%						
11	所得税率T	25%						
12	债券筹资费用率F	5%						
13	债券资金成本K	9.47%	→	=B10*(1-B11)/(1-B12)				
14								
15	普通股成本							
16	预期年股利率D	14%						
17	普通股筹资额P	800						
18	普通股筹资费用率F	4%						
19	普通股年增长率G	1%						
20	普通股资金成本K	15.58%	→	=B16/(1-B18)+B19				
21								
22	保留盈余资金成本							
23	预期年股利率D	14%						
24	保留盈余	100						
25	普通股年增长率G	1%						
26	保留盈余资金成本K	15.00%	→	=B23*B24/B24+B25				
27								
28								
29	综合资金成本							
30	项目	金额	资金成本					
31	长期借款	200	9.05%					
32	债券	500	9.47%					
33	普通股	800	15.58%					
34	保留盈余	100	15.00%					
35	综合资金成本	12.82%	→	=SUMPRODUCT(B31:B34,C31:C34)/SUM(B31:B34)				

图 5-17　各种筹资形式的资本成本计算结果

视频：资金综合成本

(二) 筹资方案的选择

打开教材案例资源包中"5-2 筹资决策"工作簿，创建"筹资方案的选择"工作表，将图 5-16 所示的三种筹资方案相关数据录入系统。在单元格中计算 A 方案的综合资金成本，设公式为"=SUMPRODUCT (B4:B7,C4:C7)/B8"，得到 A 方案的综合资金成本为 11.86%，同理计算方案 B 与方案 C 的综合资金成本，分别为 11.58%和 11.88%。选择资金成本最低的方案 B 为最优方案，结果如图 5-18 和图 5-19 所示。

SUM		× ✓ fx	=SUMPRODUCT(B4:B7,C4:C7)/B8				
	A	B	C	D	E	F	G
1							
2		A方案		B方案		C方案	
3	筹资方式	筹资金额	个别成本	筹资金额	个别成本	筹资金额	个别成本
4	长期借款	800	6%	600	6.50%	900	7.00%
5	长期债券	1000	8%	1500	8.00%	1500	10.00%
6	优先股	500	12%	500	12.00%	300	12.00%
7	普通股	2700	15%	2400	15.00%	2300	15.00%
8	合计	5000		5000		5000	
9	综合资金成本	=SUMPRODUCT(B4:B7,C4:C7					

图 5-18　选择筹资方案的公式设置

筹资方式	A方案		B方案		C方案	
	筹资金额	个别成本	筹资金额	个别成本	筹资金额	个别成本
长期借款	800	6%	600	6.50%	900	7.00%
长期债券	1000	8%	1500	8.00%	1500	10.00%
优先股	500	12%	500	12.00%	300	12.00%
普通股	2700	15%	2400	15.00%	2300	15.00%
合计	5000		5000		5000	
综合资金成本	11.86%		11.58%		11.88%	

图 5-19　选择筹资方案的结果

视频：筹资方案选择

钩元提要

掌握单项资金成本和综合资金成本的计算方法，能够根据企业实际的筹资方案计算综合资金成本，进而选择筹资方案，做出筹资决策。

1+X证书相关试题

根据"X 证题训练-项目 5"工作簿中"5-3 欣欣公司筹资方案的选择"，欣欣公司欲筹资5 500 万元用于修建厂房，有三种筹资方案可供选择。三种方案的筹资构成和资本成本如图 5-20 所示。请选择最佳的筹资方案。

筹资方式	A方案		B方案		C方案	
	筹资金额	个别成本	筹资金额	个别成本	筹资金额	个别成本
长期借款	500	6%	500	6.50%	900	7.00%
长期债券	1000	8%	1200	8.00%	1500	10.00%
优先股	1000	12%	1300	12.00%	800	12.00%
普通股	3000	15%	2500	15.00%	2300	15.00%
合计	5500		5500		5500	

图 5-20　各筹资方案基础数据

豁目开襟

影响最佳资本结构的因素分析

1. 宏观经济政策

宏观经济政策是一个很重要影响因素，我国所有企业都是处于宏观环境中，宏观经济像一只看不见的手调控着我国企业的资本结构。

2. 金融市场发展情况

现在中国的企业尤其是上市公司，其融资渠道大多通过金融市场进行，因此金融市场的变化对企业的影响是至关重要的。当企业未能上市前，许多企业只能向银行贷款，互联网等发展潜力较大的企业，往往也只能依靠风险投资。而当企业规模做大后，可以充分利用金融市场，进行股权融资和债券融资等，以配合公司的发展战略，达到最佳的资本结构。

3. 利率和汇率情况

利率也是影响企业资本结构的重要因素。例如，向银行贷款，会被收取一定的利息作为资金占用成本，当宏观的利率调整上升时，那么所对应的借款成本也会随之增加，所以企业会避免向银行贷款的方式筹集资金，可以转换为其他成本较低的筹资方式。

4. 商业模式

每个行业的资本结构都会因自身的商业模式、主营业务、融资方式等的特殊性而产生差别。例如，房地产普遍的资产负债率都是偏高的，也就是更适合采用负债模式的融资方式。

此外，行业特点和企业所处的发展阶段都会对资本结构的发展产生影响。企业的成长能力通常使用一系列的财务指标进行衡量，较高的销售增长率表明企业未来的获利能力会逐渐上升，一个具有较好成长能力的企业，其资产负债率偏高。一些初创期的企业由于公司规模小，举债难，往往引入天使投资。而成熟的企业，有一定的经营规模，信贷信誉良好，可通过银行借款，利用较低的融资成本借款。所处阶段不同，企业融资方式不同，企业的最佳资本结构也不同。

提示：最佳资本结构是企业选择筹资方式的关键准则，相关的影响因素很多。企业筹资时应全面把握宏观与微观经济、政策现状与行业特点、企业成长阶段等影响因素，从大局着眼，从细节入手，趋利避害，做出适当的筹资决策。

学习情境三　投资决策分析

投资是企业资源配置的机制和实现形式，企业的经营过程伴随着大量的投资决策，如设备等固定资产是采购还是租用；是更新改造还是继续使用；闲置资金是投资股票还是投资债券，如何预估风险，选择投资方案等。企业投资是在总体战略的指导下，通过对各项条件进行分析，结合对未来情况的预测，最终形成的资源组合和运用方案。

任务一　一般投资业务分析

一、任务描述

投资决策是企业经常面临的决策问题之一。通过对净现值、现值指数、内含报酬率等指标的分析，将公司资金运用到收益高、见效快、风险小的项目上去，以达到最优投资效果。

二、入职知识准备

投资是企业发展生产和经营的必要手段，是提升企业核心价值和自主创新的必经之路，但投资有风险存在是必然的。如何比较企业投资项目的可行性，一般的方法是根据评价过程中是否考虑货币的时间价值，将评价指标分为两类：一类是贴现现金流量指标，主要包括净现值、现值指数、内含报酬率等，这类指标考虑了货币的时间价值；另一类是非贴现现金流量指标，即没有考虑货币时间价值因素，主要包括投资回收期、会计收益率等。

(一) 贴现现金流量指标

1. 净现值

净现值是指在项目计算期内，一项投资所产生的未来现金流入的现值与未来现金流出的现值之间的差额。用净现值衡量和评价方案优劣的方法，称为净现值法。净现值的计算在 Excel 中可采用 NPV( )函数来计算。

NPV(rate,value1,value2,…)函数是指在已知未来期间的现金流量(value1,value2,…)及贴现率的条件下，返回某项投资的净现值。

其中，rate 为某一期间的贴现率，通常为某投资方案的"必要报酬率"或"资金成本"，一般是一个固定值;"value1,value2,…"为现金流入量或流出量,至少一项,最多 29 项。在使用时,"value1,value2,…"在时间上必须具有相等的间隔,且发生时间在期末;其输入的顺序代表获取现金流量的时间先后,不能打乱;NPV( )函数假定投资开始于 value1 现金流量所在日期的前一期,并结束于最后一笔现金流量的当期。

若净现值为 0,即该项目的报酬率等于预定的贴现率,投资方案是可以接受的;若净现值大于 0,即该项目的报酬率大于预定的贴现率,投资方案也是可以接受的;若净现值小于 0,说明该项目的报酬率小于预定的贴现率,则投资方案是不可接受的。净现值越大,投资方案越优。

2. 现值指数

现值指数又称为获利指数,是指投资方案中未来现金流入的现值与现金流出的现值之间的比率。使用现值指数作为评价方案优劣的方法就是现值指数法。现值指数 PI 没有直接的计算函数,可以利用 NPV( )函数计算未来现金流入的现值与初始投资的现值之商计算求得。

现值指数大于或等于 1,说明其投资报酬率大于或等于预定的贴现率,方案可行;若现值指数小于 1,说明其投资报酬率小于预定的贴现率,方案不可行。对于现值指数大于或等于 1 的方案来说,现值指数越大,方案越优。

可将现值指数法看成 1 元投资可望获得的现值净收益,其优点是可以从动态的角度反映项目投资的资金投入与总产出之间的关系,缺点是无法直接反映投资项目的实际收益率。

3. 内含报酬率

内含报酬率又称为内部收益率,是项目投资实际可望达到的收益率,是指能使未来现金流入的现值等于未来现金流出的现值的贴现率,或者说是使投资方案净现值为 0 的收益率。内含报酬率法就是根据投资方案本身的内含报酬率来评价方案优劣的一种方法。内含报酬率的计算函数为 IRR( )。

IRR(values,guess)函数用来返回连续期间的现金流量的内含报酬。其中,values 表示含有数值的数组或参考地址。它必须含有至少一个整数及一个负数,否则内含报酬率可能会是无限解。IRR 函数根据 values 参数中数字的顺序来揭示现金流量顺序,values 参数中的文本、逻辑值或空白单元格都被忽略不计。guess 为猜想的接近 IRR 结果的数值。IRR 函数从猜想数开始,反复计算直到误差值小于 0.000 001%。如果反复计算 20 次仍无法求得结果,则返回错误值"#NUM",此时需要使用不同猜测数再试一次。通常使用函数不需提供 guess 值。

在内含报酬率的运用中,投资方案的内含报酬率必须大于或等于企业的资金成本或要求的最低报酬率,投资方案才具有可行性。

内含报酬率考虑了方案的寿命期内各年现金流量的分布,可以从动态的角度反映投资项目的实际收益水平,概念清楚,易于理解,是应用广泛、科学合理的投资决策指标,但是其计算过程较为复杂。在 Excel 中还提供了修正内含报酬率计算函数 MIRR( )。MIRR(values, finance_rate,reinvet_rate)函数在返回内含报酬率的同时,考虑了投入资金成本(finance_rate)和现金再投资收益率(reinvet_rate),相对来说更为客观准确。

(二) 非贴现现金流量指标

1. 投资回收期

投资回收期(PP)是指投资所引起的现金流入累积到与投资额相等所需要的时间。它代表收回投资所需要的年限,回收期越短,方案越有利。

当每年现金净流量相等时,是一种年金形式。因此,

回收期=原始投资额/每年现金净流量

当每年现金流量不相等时，应把每年的现金流量逐年加总，根据累计现金流量来确定投资回收期，即

回收期=收回全部投资前所需要的整年数+年初没有收回的成本/相应年度的现金流量

在使用投资回收期指标时，先设定一个基准投资回收期 N，当 $n \leq N$ 时，投资方案才具有可行性；当 $n \geq N$ 时，该方案应予以拒绝。

2. 会计收益率

会计收益率是指投资项目所带来的年平均收益与原始投资额的比值，它反映了投资支出的获利能力。会计收益率越高，方案越有利。其计算公式为

会计收益率=年平均收益/投资总额×100%

会计收益率的判别准则是设定一个基准的会计收益率 R，若 $r \geq R$，投资项目可以接受，若 $r \leq R$，则投资项目应予以拒绝。

会计收益率计算简便，便于人们理解，但是由于没有考虑资金的时间价值，在投资决策时只能起到辅助作用。

三、任务内容

宏发公司打算用闲置的资金做一些投资项目，现有 A、B 两套方案，两套方案的投入与收入金额如图 5-21 所示。如果贴现率为 10%，再投资报酬率为 12%，资金成本为 10%，假设建设期和经营期的现金流量均是期末发生的，分别计算两个方案的净现值、内含报酬率、修正内含报酬率和现值指数，并做出投资决策。

年份	A方案（万元）			B方案（万元）		
	投资	收入	净现金流量	投资	收入	净现金流量
1	3000	0	-3000	3000	0	-3000
2	1000	0	-1000	2000	0	-2000
3	0	1000	1000	0	3000	3000
4	0	2500	2500	0	3000	3000
5	800	3500	2700	0	5000	5000
6	0	3000	3000	1000	3000	2000
7	0	3000	3000	0	2000	2000

图 5-21　A、B 投资方案基础数据

四、任务执行

打开教材案例资源包中"5-3 投资决策"工作簿，创建"投资方案函数分析"工作表，在单元格中按照两方案各年的投资额、获取的收入额及发生的净现金流量输入系统，做好分析准备。

在单元格 C11 和 G11 中分别设置公式"=NPV(I4,D5:D10)+D4"和"=NPV(I4,H5:H10)+H4"，计算净现值。由于 NPV( )函数中的现金流量必须为期末现金流量，因此在第一年年初投入的 3 000 元不能列入函数内部。计算结果显示 A 方案的净现值为 4 195.96，B 方案的净现值为 5 700.96，以此作为标准，B 方案更优。

同理，在设定好的单元格分别计算两方案的内含报酬率、修正内含报酬率和现值指数，运用的公式和计算结果如图 5-22 所示。

年份	A方案（万元）			E		B方案（万元）			
	投资	收入	净现金流量			投资	收入	净现金流量	贴现率
1	3000	0	-3000		3000	0	-3000	10%
2	1000	0	-1000		2000	0	-2000	资金成本
3	0	1000	1000		0	3000	3000	10%
4	0	2500	2500		0	3000	3000	再投资报酬率
5	800	3500	2700		0	5000	5000	12%
6	0	3000	3000		1000	3000	2000	
7	0	3000	3000		0	2000	2000	
净现值		4195.96	→	=NPV(I4,D5:D10)+D4			5700.96	→	=NPV(I4,H5:H10)+H4
内含报酬率		33%	→	=IRR(D4:D10)			41.42%	→	=IRR(H4:H10)
修正内含报酬率		25%	→	=MIRR(D4:D10,I6,I8)			26%	→	=MIRR(H4:H10,I6,I8)
初始投资现值		4455.50	→	=NPV(I4,B5:B10)+B4			5439.10	→	=NPV(I4,F5:F10)+F4
现值指数		1.94	→	=(NPV(I4,C5:C10)+C4)/C14			2.05	→	=(NPV(I4,G5:G10)+G4)/G14

图 5-22　A、B 投资方案决策分析

由于 B 方案的各项指标均大于 A 方案，计算结果表明，宏发公司应选择 B 方案进行投资。

钩元提要

理解净现值、现值指数、内含报酬率等指标的含义，能够运用函数计算各投资方案的净现值、现值指数及内含报酬率，做出正确的投资决策。

视频：投资决策

1+X证书相关试题

根据"X 证题训练-项目 5"工作簿中"5-4 欣喜公司投资方案选择"，欣喜公司有两套投资方案，各方案的收支情况如图 5-23 所示，单位为万元。计算各方案的净现值、内含报酬率、修正内含报酬率及现值指数。

年份	方案1		方案2	
	投资	收入	投资	收入
1	4000	0	3000	0
2	2000	0	3000	0
3	0	2000	0	1500
4	0	3000	0	3000
5	800	3500	0	3500
6	0	2000	1000	3000
7	0	2500	0	2000

图 5-23　两套投资方案决策基础数据

豁目开襟

"中国风投之父"成思危

成思危先生，中国著名经济学家，主要研究领域为化工系统工程、软科学及管理科学，近年来致力于探索及阐明虚拟经济的特点与发展规律，并积极研究和推动风险投资在中国的发展。成思危被誉为"中国风险投资之父""创业板之父"，曾担任过全国人大常委会副委员长，民建中央主席，一生致力于推动中国的风险投资事业，是中国经济政策的重要高参和制定者。他的很多观点对中国的改革开放和社会发展都有着非常重要的影响。

成思危对中国风险投资事业的贡献尤其为人称道。

在主流经济学家中，成思危险是为风险投资正名的第一人。他肯定了风险投资对高科技产业发展的重要作用：为科技成果转化提供资金；为前沿技术"买单"，如信息技术、生物技术等；拓宽民资、外资投资渠道。这些都是今天的常识和事实，但在十六七年前提出这些观点需要智慧和勇气。

1997 年 9 月，在武汉到重庆的轮船上，成思危主持召开了一次以风险投资为主题的国际研讨会。美国花旗成长基金、穆迪公司等国际知名投资机构派员参加。1998 年，成思危在全国政协九届一次会议上提交了《关于尽快发展我国风险投资事业的提案》，史称"一号提案"。这一纸提案，开启了中国风险投资事业的大门，掀起高科技产业的投资浪潮。

成思危还创办风投研究院和风投杂志，出版风投年鉴，利用自身的影响力和号召力，通过一切可能的方式方法为风投事业奔走呼号，因此被称为"中国风投之父"。

成思危也是中国创业板最积极的推动者和最坚定的支持者之一。

1999 年 8 月，党中央、国务院首次提出"在上海、深圳证券交易所专门设立高新技术企业板块。"2000 年至 2003 年期间，经历募股暂停、纳斯达克崩盘的波折，中国的创业板迟迟未能推出。成思危提出参照主板的条件适当降低门槛设立二级市场的构想，深圳中小板由此而来。

2004 年，在深圳中小企业板开盘仪式上，成思危明确提出向创业板进军的目标。最终，中国创业板于 2009 年开板，大批新兴科技公司完成首次公开募股。所以，成思危亦被称为"创业板之父。"

提示：爱国报国，自强不息，老一辈经济学家用奉献求实的一生为我们树立了光辉的榜样。

任务二　股票投资决策分析

一、任务描述

企业进行股票投资有两种形式，一种是持有的短期内会出售以赚取差价的从二级市场购入的股票，一般称为交易性金融资产；另一种是企业长期持有的，以对被投资单位实施控制或施加重大影响，或用来改善和巩固贸易关系的股票，以及持有不易变现的长期股权投资等。股票投资决策分析多针对后者展开。

二、入职知识准备

股票是股份公司为筹集资金而发行给股东作为持股凭证并借以取得股息和红利的一种有价证券。股票持有者就是该公司的股东，对该公司财产有要求权。股票可以转让、买卖或作价抵押，是资金市场的主要长期信用工具。

企业进行股票投资的目的，一方面是获利，主要是未来获取股利收入及股票买卖差价；另一方面是控股，即通过购买某一企业的大量股票达到控制该企业的目的。要对股票投资的风险和报酬做出评价，就要了解股票的股票价格、股利、股票的预期报酬率及股票价值与估值等概念。

(一) 股票价格

股票价格有狭义和广义之分：狭义的股票价格就是股票的交易价格；广义的股票价格包括股票的发行价格和交易价格两种形式。股票上市的交易价格分为开盘价、收盘价、最高价和最低价等。股票价格主要由预期股利和当时的市场利率来决定，此外还受整个经济环境变化和投资者心理等复杂因素的影响。

(二) 股利与股票的预期报酬率

股利是股息和红利的总称。股利是公司从税后利润中分配给股东的，是公司对股东投资的一种报酬。股票的预期报酬率包括两部分，即预期股利收益率和预期资本利得收益率。只有股票的预期报酬率高于投资者要求的最低报酬率，投资者才肯投资。最低报酬率是该投资的机会成本，通常可用市场利率计量。

(三) 股票价值与估值

股票价值是股票预期的未来现金流入量的现值。股票预期的未来现金流入包括两部分：每期的预期股利和将来出售股票时的变价收入。因此，股票的价值由两部分构成：每期的预期股利现值和出售股票时的变价收入的现值。股票价值与股票市价比较，视其低于、高于或等于市价，决定买入、卖出或继续持有。

实际工作中，常利用 NPV( )函数来计算股利现值，利用 PV( )函数计算变价收入现值，二者之和即为股票的价值。

PV(rate,nper,pmt,fv,type)函数返回投资的现值。现值为一系列未来付款的当前值的累积和。其中，rate 为利率；nper 为总投资(或贷款)期；pmt 为各期所应支付的金额(年金)，其数值在整个投资(或贷款)期间保持不变；fv 为未来值，又称终值，指在最后一次支付后希望得到的现金余额；type 为数字 0 或 1，用以指定各期的付款时间是在期初还是期末。type 为 0 或省略，表示期末；type 为 1，表示期初。

使用 PV( )函数，rate 与 nper 参数的单位应保持一致，即如果投资期 nper 按年计算，那么利率 rate 必须为年利率；如果投资期为按月计算，则 rate 也必须折合成月利率。pmt 参数与 fv 参数可以同时存在，此时的现值函数返回年金现值与终值现值之和；二者可以省略其一，但不能都省略，此时的现值函数仅返回年金现值或终值现值。如果省略 fv，则假设其值为 0。

与 PV( )函数对应的是 FV( )函数，用途和用法皆与 PV( )函数相似，用来返回年金和现值的终值，其构成为 FV(rate,nper,pmt,pv,type)。参数的意义和规则同 PV( )函数中对应参数，pmt 参数与 pv 参数只能省略其一。

如果长期持有股票且年股利固定，其支付过程是一个永续年金，则股票价值计算公式为

$$P=D/K$$

式中，P 为股票价值；D 为每年固定的股利；K 为股票必要报酬率或折现率。

如果企业长期持有股票且各年股利按照固定比例增长，则股票价值计算公式为

$$P=D_0*(1+g)/(K-g)$$

式中，D_0 为评价时的股利；g 为股利每年增长率；K 为股票必要报酬率或折现率，此时 $g<K$。

⊕ 扩展阅读

大师的选股策略

巴菲特被投资者奉为大师，其选股标准可以概括为"三个一流"。一流管理：公司管理者德才兼备。一流业绩：有很好的盈利能力。一流业务：业务发展前景良好，有相当的竞争优势。

符合"三个一流"标准且价格合理的公司股票就是巴菲特相中的超级明星股："我们始终在寻找那些业务清晰易懂、业绩持续优异、由能力非凡并且为股东着想的管理层来经营的大公司。这种目标公司并不能充分保证我们投资获利，因为我们不仅要在合理的价格上买入，而且我们买入的公司的未来业绩还要与我们的估计相符，但是这种寻找超级明星的投资策略给我们提供了走向真正成功的唯一机会。"

巴菲特之所以在选股时坚持严格的标准，只选具有一流业务、一流管理、一流业绩的超级明星公司，是因为只有超级明星公司的股票才可能成为超级明星股。

资料来源：江河. 跟巴菲特学投资[M]. 北京：中国华侨出版社，2012.

三、任务内容

宏发公司计划对博艺公司进行股票投资，预计未来 5 年每股获取股利分别为 2 元、2.2 元、

3.8 元、4 元、3.5 元。预计 5 年后出售该股票的价格为每股 15 元，市场利率为 10%，请计算股票价值。如果当前股票售价为 18 元，请做出投资决策。

四、任务执行

打开教材案例资源包中"5-3 投资决策"工作簿，创建"股票投资模型"工作表，在单元格中输入年份、各年股利及股票的未来出售价格，为模型构建做好准备。运用 NPV( )函数在单元格 B4 中计算未来 5 年股利的现值为 11.4 元；运用现值函数 PV( )计算股票未来售价的现值为9.31 元；二者之和即得到股票的当前价值为 20.71 元。具体的公式和计算结果如图 5-24 所示。

视频：股票投资决策

图 5-24　股票投资决策分析

股票的当前价值为 20.71 元，高于售价 18 元，说明购进股票对公司有利，所以宏发公司应执行此项投资计划。

钩元提要

了解股票的构成要素，理解并掌握股票价值的构成及估算方法，能够根据实际业务选择适当的估价方法计算股票价值。

1+X证书相关试题

打开"X 证题训练-项目 5"工作簿，完成"5-4 欣蔚公司股票投资"决策。

欣蔚公司计划对天翼公司进行股票投资，预计未来 5 年每股获取股利分别为 5 元、5.2 元、5.5 元、5 元、6.5 元。预计 5 年后出售该股票的价格为每股 20 元，市场利率为 10%，请计算股票价值。如果当前股票售价为 35 元，请做出投资决策。

豁目开襟

股票价格波动背后的逻辑分析

在股票市场上，股票价格既反映股票的内在价值(所谓股票的内在价值就是股票所有者持有股票期间所能收到的现金流量)，又反映股票的供求关系。从长期来看，股票价格也围绕着股票内在价值发生变化。但与商品市场不同的是，在股票市场上，买主购买股票存在强烈的逐利动机。在股票市场上获利可以是从股票的分红派息、送股等形式中取得的投资收益，也可以是从股票价格波动产生的价格差中取得的投机收益。前者是由股票的内在价值决定的，而后者则是由股票的短期投机供求关系决定的。因此，由股票的供求关系变化引起的股票价格的波动除了受股票的内在价值制约外，还在很大程度上受股票的短期投机供求关系的影响，而股票的短期投机供求关系由于受股市中所特有的非理性逐利行为的影响，在短期内可以完全脱离股票的内在价值而发生巨大变化，从而容易引起股票价格的异常波动。

股票的价格波动当然是由股票的供求关系变化引起的，但股票的供求关系是由证券市场货币资金的供求关系、基于股票内在价值的长期投资供求关系和基于股票投机收益的短期投机供求关系三方面共同决定的。因此，所有能够影响股票的内在价值、股票的短期投机供求关系和证券市场货币资金的供求关系的因素都是影响股票价格波动的因素。

提示：股价的变化受到多种因素影响，仅估计内在价值的方法在实践中可能无法适用。

任务三　债券投资决策分析

一、任务描述

债券投资是一种常见的投资活动，是企业减少资金闲置，增加资金利用率和企业收益的途径之一。债券投资以未来的利息收入及出售时的价差为收益，在决策时，应将未来收益折现与债券价格做比较。

二、入职知识准备

债券是发行者为筹集资金，向债权人发行的，在约定时间支付一定比例的利息，并在到期时偿还本金的一种有价证券。债券可以根据不同的分类标准进行分类：按照发行主体的不同，分为政府债券、金融债券和公司债券三种；按期限长短的不同，分为短期债券、中期债券和长期债券三种；按利率是否固定，分为固定利率债券和浮动利率债券；按是否记名，分为记名债券和无记名债券两种。

债券未来现金流入的现值，称为债券的价值或债券的内在价值。债券作为一种投资，现金流出是其购买价格，现金流入是利息和归还的本金，或者出售时得到的现金。债券价值包括未来利息的现值及归还的本金的现值，它是债券投资决策时使用的主要指标之一。只有债券的价值大于购买价格时，才值得购买。

三、任务内容

宏发公司计划于2023年1月1日购买云行公司发行的期限为5年，面值为1000元的债券，债券的票面利率为10%，每年末付息，本金到期支付。市场利率为12%，债券市场价格为980元。计算云行公司债券的价值，判断宏发公司是否应进行投资决策。

四、任务执行

打开教材案例资源包中"5-3 投资决策"工作簿，创建"债券投资模型"工作表，在单元格中输入年份、各年利息及债券的未来出售价格，为模型构建做好准备。运用PV()函数在单元格B4中计算未来五年债券利息的现值为360元，计算债券本金的现值为567元；二者之和即得到债券的当前价值为 928 元。具体的公式和计算结果如图 5-25 所示。

图 5-25 债券投资价值分析

视频：债券投资决策

由于债券价值 928 元小于当前债券的出售价格 980 元，价格高于价值，购买不利，宏发公司应放弃该项投资计划。

钩元提要

了解债券的分类，理解并掌握债券价值的构成及计算方法，能够根据实际业务进行债券投资决策。

1+X证书相关试题

打开"X 证题训练-项目 5"工作簿，完成"5-4 欣琪公司债券投资"。

欣琪公司计划于 2024 年 8 月 1 日购买东方公司发行的期限为 10 年，面值为 1 000 元的债券。债券票面利率为 8%，每年末付息，本金到期支付。市场利率为 10%，债券市场价格为 850 元。请计算债券的价值并说明企业是否可以进行债券投资。

豁目开襟

财商知多少

实现财务自由是每个人的梦想，而在积累财富的过程中，所需的能力除了智商(IQ)、情商(EQ)和逆商(AQ)之外，还有财商。

财商是一个人认识金钱和驾驭金钱的能力，指一个人在财务方面的智力，是理财的智慧。它包括两方面的能力：一是正确认识金钱及金钱规律的能力；二是正确应用金钱及金钱规律的能力。

财商是一种最现实需要也最容易被人们忽略的能力。一个财商高的人，懂得合理地运用自己的时间，科学地管理自己的金钱，并享受努力的成果；反之，漠视财商的人，则可能使自己在其他方面的努力事倍功半。

那么，该如何提高财商呢？简单讲就是 4 个方面：掌握理财知识、熟悉投资渠道、懂得财务管理、学会风险管控。

理财知识，主要包括学会如何管理金钱、知道货币的时间价值、读懂简单的财务报表、学会投资成本和收益的基本计算方法。掌握基本的理财知识的方法有很多，最快、最便捷的方法就是大量阅读，大量思考与实践，形成正确的理财观念。

有了理财知识之后，选择投资渠道就有优势了。现在的投资渠道很多，包括固定收益类，如信托、债券等；股权类，如基金、股票等。不管哪一类投资，所用方法和策略都不一样。其中的关键因素一定要弄懂、学会。

财务管理，就是了解自己有多少资产、多少负债，学会调整资产配置，让家庭的财务状况处于一个良性运转的状态。要勤记账，清楚了解家庭的收支情况，知晓钱究竟花在哪里，如何理性消费，制定合理的理财目标和理财规划。

对于投资，大家都有自己的理念，但有一条是绝对需要遵守的，那就是对投资风险的把控。巴菲特有两条投资铁律：第一，永远不要亏损；第二，永远不要忘记第一条。所以，我们不仅要了解自己的风险承受能力，还要注意自己对风险的态度。

提示：培养个人财商，从筹资、投资、财务管理与财务分析开始。

任务四　投资风险分析

一、任务描述

不同的投资方案存在不同的收益和风险，采用风险调整贴现率法可计算企业的各投资项目的风险调整贴现率，并以此为依据折算各方案现金流量的净现值，进而做出投资决策。

二、入职知识准备

(一) 风险调整贴现率法的含义

风险调整贴现率法是根据项目的风险程度来调整贴现率，然后再根据调整后的贴现率来计算项目的净现值，根据计算的净现值来进行投资方案决策的方法。在投资风险决策中最常用的就是风险调整贴现率法。

运用风险调整贴现率进行互斥投资方案的选择时，应选择净现值大的方案；运用风险调整贴现率法决定是否投资决策时，净现值大于 0 的方案都可以接受。

(二) 风险调整贴现率法的应用

风险调整贴现率法的主要问题是如何确定风险调整贴现率，有代表性的方法是用风险报酬率来调整贴现率。项目投资的总报酬分为无风险报酬和风险报酬两部分，对应的含风险的调整贴现率可以分为无风险报酬率和风险报酬率两部分。其计算公式为

$$k = i + b \times Q$$

1. 风险程度 Q

以标准离差为衡量风险的尺度，投资方案现金流量的标准差越大，则说明其离散趋势越大，风险越大；反之，则说明该投资方案离散趋势较小，风险也越小。计算风险程度 Q，主要经过以下步骤。

(1) 计算投资方案现金净流量期望值 E。某现金净流量期望值是某期各种可能的现金净流量按其概率进行加权平均得到的现金净流量。它反映了现金净流量的集中趋势，其计算公式为

$$E = \sum \text{CFAT} \times P$$

式中，E 为某期的现金流量期望值；CFAT 为某期各种情况下的现金净流量；P 为各种情况下

现金净流量发生的概率。

(2) 计算各期现金净流量的期望值的现值 EPV，即将各期现金流量的期望值按无风险贴现率折现之和。

(3) 计算各期现金净流量的标准离差 d。标准离差是各种可能的现金净流量偏离期望现金净流量的综合差异。其计算公式为

$$d = \sqrt{\sum (CFAT - E)^2 \times P}$$

(4) 计算各期现金净流量综合标准离差 D，即

$$D = \sqrt{\sum \frac{d_t^2}{(1+i)^{2t}}}$$

式中，d 为第 t 期现金净流量的标准离差；D 为各期现金净流量综合标准离差。

(5) 确定风险程度 Q。标准离差率(风险程度)为标准离差与期望值的比值，即

$$Q = D/EPV$$

2. 风险报酬率 b

风险报酬率是直线方程 $K = i + b \times Q$ 的系数 b，其高低反映风险程度变化对风险调整最低报酬率影响的大小。如果投资者愿意冒风险，风险报酬率就取小值；如果投资者不愿意冒风险，风险报酬率就取大值。在实际工作中，风险报酬率 b 是经验数据，可以根据历史数据用高低点法或回归直线法求出。

3. 用风险调整贴现率计算方案的净现值

风险程度 Q 和风险报酬率 b 确定后，风险调整贴现率 K 也就确定了，就可以用风险调整贴现率作为计算净现值的贴现率，利用 NPV( )函数计算净现值并选择净现值较大的方案。

三、任务内容

宏发公司拟进行的一项投资项目有三个方案，各方案的现金净流量情况如图 5-26 所示。已知无风险报酬率 i 为 5%，风险报酬率 b 为 0.1，请运用风险调整贴现率法对投资项目的风险进行分析并决策。

年序	方案一		方案二		方案三	
	现金净流量	概率	现金净流量	概率	现金净流量	概率
t	CFAT	PI	CFAT	PI	CFAT	PI
0	−1000	1	−500	1	−500	1
1	600	0.25				
	400	0.5				
	200	0.25				
2	800	0.2				
	600	0.6				
	400	0.2				
3	500	0.3	600	0.1	400	0.1
	400	0.4	800	0.7	800	0.8
	300	0.3	1000	0.2	1200	0.1

图 5-26　投资方案决策基础数据

四、任务执行

打开教材案例资源包中"5-3 投资决策"工作簿，创建"投资风险贴现率法分析模型"工

作表，建立投资方案的基本数据区域，为模型构建做好准备，如图 5-27 所示。

图 5-27　投资风险贴现率法分析模型建立

（一）方案一

1. 计算现金净流量期望值 E

选择单元格 B22，输入公式"=SUMPRODUCT(B9:B11,C9:C11)"，得到第一年的现金流量期望值为 400 元；同理，分别在单元格 B23、B24 中输入公式"=SUMPRODUCT(B12:B14, C12:C14)"和"=SUMPRODUCT(B15:B17,C15:C17)"，计算出第二年与第三年的现金流量期望值分别为 600 元和 400 元。

2. 计算标准离差 d

选择单元格 C22，输入公式"=SQRT((B9-B22)^2*C9+(B10-B22)^2*C10+(B11-B22)^2*C11)"，得到第一年的标准离差为 141.421 356 2 元。同理，分别在单元格 C23、C24 中输入公式"=SQRT((B12-B23)^2*C12+(B13-B23)^2*C13+(B14-B23)^2*C14)"和"=SQRT((B15-B24)^2*C15+(B16-B24)^2*C16+(B15-B24)^2*C17)"，计算出第二年与第三年的标准离差分别为 126.491 106 4 元和 77.459 666 92 元。

视频：投资风险贴现
率法分析（一）

3. 计算期望值现值 EPV 和综合标准差 D

选择单元格 D22，输入公式"=NPV($B$3,B22:B24)"，计算方案一的期望值现值 EPV 为 1270.71 元；在单元格 E22 中输入公式"=SQRT((C22/(1+$B$3)^$A$22)^2+(C23/(1+$B$3)^$A$23)^2+(C24/(1+$B$3)^$A$24)^2)"，可计算出方案一的综合标准差为 189.158 984 8 元。

4. 计算风险程度 Q 和风险调整贴现率

运用综合标准差 D 与期望值现值 EPV 的比值获得风险程度为 0.15，列示于单元格 F22 中；同时选择单元格 G22，输入公式"=B3+F22*B4"，计算风险调整贴现率为 6.49%。

5. 计算净现值 NPV

选择 H22 单元格，按风险调整贴现率计算方案一各年现金流量期望值的净现值为 235.98 元。方案一全部计算结果如图 5-28 所示。

图 5-28　方案一的投资风险贴现率法分析结果

(二) 方案二与方案三

采用类似方法和步骤,可以完成方案二和方案三风险调整贴现率及净现值 NPV 的计算,具体计算结果如图 5-29 和图 5-30 所示。

期数T	现金流量期望值E	标准离差D	方案二 期望值现值EPV	综合标准差D	风险程度Q	风险调整贴现率	净现值NPV
1	0	0	¥708.35	93.03815669	0.13	6.31%	182.42
2	0	0					
3	820	107.7032961					

图 5-29　方案二的投资风险贴现率法分析结果

期数T	现金流量期望值E	标准离差D	方案三 期望值现值EPV	综合标准差D	风险程度Q	风险调整贴现率	净现值NPV
1	0	0	¥691.07	154.5279673	0.22	7.24%	148.74
2	0	0					
3	800	178.89					

图 5-30　方案三的投资风险贴现率法分析结果

从三个方案的风险调整贴现率来看,方案三最高为 7.24%,方案二最低为 6.31%,方案一居中为 6.49%;从最终的净现值来看,方案一为 235.98 元,远远超过方案二的 182.42 元和方案三的 148.74 元。宏发公司应选择方案一作为投资项目。

视频:投资风险贴现率法分析(二)

钩元提要

掌握风险调整贴现率法的原理和计算程序,能够根据实际项目计算风险调整贴现率,计算各投资方案的净现值,进而做出投资决策。

1+X证书相关试题

根据"X 证题训练-项目 5"工作簿中的"5-5 欣悦公司投资决策基础数据",欣悦公司拟进行的一项投资项目有三个方案,各方案的现金净流量情况如图 5-31 所示。已知无风险报酬率 i 为 6%,风险报酬率 b 为 0.1,请运用风险调整贴现率法对投资项目的风险进行分析并决策。

无风险报酬率i	6%					
风险报酬率b	0.1					
年序	方案一		方案二		方案三	
	现金净流量	概率	现金净流量	概率	现金净流量	概率
t	CFAT	PI	CFAT	PI	CFAT	PI
0	-5000	1	-2000	1	-2000	1
1	3000	0.25				
	2000	0.5				
	1000	0.25				
2	4000	0.2				
	3000	0.6				
	2000	0.2				
3	2500	0.3	2500	0.2	3000	0.1
	2000	0.4	4000	0.6	4000	0.8
	1500	0.3	5500	0.2	5000	0.1

图 5-31　风险调整贴现率法分析数据基础

国际知名企业的风险意识

英特尔公司原总裁兼首席执行官安德鲁·葛洛夫(Andrew Grove)有句名言叫"惧者生存"。这位世界信息产业巨子将其在位时取得的辉煌业绩归结于"惧者生存"四个字。

海尔公司总裁张瑞敏在谈到海尔的发展时感叹地说，这些年来他的总体感觉可以用一个字来概括——"惧"。他对"惧"的诠释是如临深渊、如履薄冰、战战兢兢。他认为市场竞争太残酷了，只有居安思危的人才能在竞争中获胜。

德国奔驰公司董事长埃沙德·路透(Eshad Reuters)的办公室里挂着一幅巨大的恐龙照片，照片下面写着这样一句警语："在地球上消失了的不会适应变化的庞然大物比比皆是"。

通用电气公司前首席执行官杰克·韦尔奇(Jack Welch)说："我们的公司是个了不起的组织，但是如果在未来不能适应时代的变化就将走向死亡。如果你想知道什么时候达到最佳模式，答案是永远不会。"

美国《大西洋》月刊载文指出，成功企业必须自我"毁灭"才能求生。如果它们不自我"毁灭"，别人将把它们毁灭，让其永无再生之日。

提示：风险无处不在，我们要懂得居安思危、未雨绸缪，提前做好风险管控。

参 考 文 献

[1] 林宏谕，姚瞻海．Excel 数据分析与市场调查[M]．北京：中国铁道出版社，2009．

[2] 杨世莹．Excel 数据统计与分析范例应用[M]．北京：中国青年出版社，2008．

[3] 李爱红，韩丽萍．新编 Excel 在财务中的应用[M]．北京：电子工业出版社，2014．

[4] 董明秀．高效办公 Excel 数据分析实例精粹[M]．北京：清华大学出版社，2012．

[5] 贾俊平．统计学[M]．北京：中国人民大学出版社，2015．

[6] 刘玉洁，周鹏．市场调研与预测[M]．大连：大连理工大学出版社，2007．

[7] 李洪发．Excel 2016 中文版完全自学手册[M]．北京：人民邮电出版社，2017．

[8] Excel Home．Excel 人力资源与行政管理[M]．北京：人民邮电出版社，2014．